L'HISTOIRE NATURELLE

MISE A LA PORTÉE DE LA JEUNESSE

Avec Questionnaires

Par G. BELEZE

CHEF D'INSTITUTION DE PARIS,
CHEVALIER DE LA LÉGION D'HONNEUR, OFFICIER D'ACADÉMIE.

Ouvrage approuvé pour les écoles publiques
par décision du Ministre de l'Instruction publique.

PARIS

IMPRIMERIE ET LIBRAIRIE CLASSIQUES

MAISON JULES DELALAIN ET FILS

DELALAIN FRÈRES, Successeurs

56, RUE DES ÉCOLES.

SUB CICONIIS

NOUVEAU COURS

D'ENSEIGNEMENT ÉLÉMENTAIRE

HISTOIRE NATURELLE.

COURS D'ENSEIGNEMENT ÉLÉMENTAIRE
mis à la portée de la jeunesse
Par M. G. BELEZE, chef d'institution de Paris.
Chaque volume in-18, de 360 pages, cart. 1 fr. 50 c.

Livre de Lecture courante, contenant des conseils sur les devoirs des enfants, avec exemples historiques et 30 vignettes; in-18.

Exercices de Mémoire et de Style, recueil de morceaux choisis en vers et en prose; in-18.

Grammaire Française, suivant les principes de l'Académie; in-18.

Exercices Français, gradués sur la Grammaire; in-18.

Dictées et Lectures ou Notions élémentaires sur l'industrie, l'agriculture, les arts, etc.; in-18.

Petit Dictionnaire de la Langue française; in-18.

Le même, suivi d'un Dictionnaire géographique et historique; in-18, 2 f.

Éléments de Littérature, mis à la portée de la jeunesse; in-18.

La Géographie, mise à la portée de la jeunesse; in-18, gravures et cartes.

Atlas élémentaire de Géographie moderne (dix cartes); in-4°, 2 f. 50 c.

L'Histoire Sainte, mise à la portée de la jeunesse; in-18, carte.

L'Histoire de France, mise à la portée de la jeunesse; in-18, carte.

L'Histoire d'Angleterre, mise à la portée de la jeunesse; in-18, carte.

L'Histoire Ancienne, mise à la portée de la jeunesse; in-18, carte.

L'Histoire Romaine, mise à la portée de la jeunesse; in-18, carte.

L'Histoire du Moyen Age, mise à la portée de la jeunesse; in-18, carte.

L'Histoire Moderne, mise à la portée de la jeunesse; in-18, carte.

L'Histoire Contemporaine, mise à la portée de la jeunesse; in-18, cartes.

La Mythologie, mise à la portée de la jeunesse; in-18, gravures.

L'Arithmétique, mise à la portée de la jeunesse; in-18, gravures.

La Physique et la Chimie, mises à la portée de la jeunesse; in-18, gravures.

L'Histoire Naturelle, mise à la portée de la jeunesse; in-18, gravures.

La Cosmographie, mise à la portée de la jeunesse; in-18, gravures.

PETIT COURS D'ENSEIGNEMENT PRIMAIRE
publié pour le premier âge
Par M. G. BELEZE, chef d'institution de Paris.
Chaque volume in-18, de 180 pages, cart. 75 c.

Petit Syllabaire; in-18, 10 c.

Syllabaire et Premières Lectures; in-18.

Le Syllabaire, seul, 40 c.

Les Premières Lectures, seules, 40 c.

Tableaux de Lecture; in-fol., 1 f. 25 c.

Méthode d'Écriture; in-4°, 75 c.

Premiers Exercices de Récitation; in-18.

Petite Grammaire Française, avec exercices; in-18.

Petite Géographie Moderne; in-18, gravures et cartes.

Petit Atlas de Géographie moderne (huit cartes); grand in-18, 90 c.

Petite Histoire Sainte; in-18, gravures historiques et carte.

Petite Histoire Ecclésiastique; in-18, carte.

Petite Histoire de France; in-18, portraits historiques et carte.

Petite Histoire Ancienne; in-18.

Petite Histoire Romaine; in-18.

Petite Histoire du Moyen Age; in-18.

Petite Histoire Moderne; in-18.

Petite Arithmétique; in-18, gravures.

L'Histoire Sainte a été approuvée par quarante-quatre de NNgrs les archevêques et évêques. La plupart des volumes ont été approuvés par le conseil de l'instruction publique ou recommandés par les conseils académiques.

L'HISTOIRE NATURELLE

MISE A LA PORTÉE DE LA JEUNESSE

Avec Questionnaires

Par G. BELEZE

CHEF D'INSTITUTION DE PARIS

CHEVALIER DE LA LÉGION D'HONNEUR, OFFICIER D'ACADÉMIE.

Ouvrage approuvé pour les écoles publiques
par décision du Ministre de l'Instruction publique.

CINQUANTE ET UNIÈME ÉDITION

ORNÉE DE GRAVURES DANS LE TEXTE.

PARIS

IMPRIMERIE ET LIBRAIRIE CLASSIQUES

MAISON JULES DELALAIN ET FILS

DELALAIN FRÈRES, Successeurs

56, RUE DES ÉCOLES.

La première édition de cet ouvrage avait été approuvée pour les écoles publiques, par décision du Ministre de l'Instruction publique, en date du 6 octobre 1837.

Grands Tableaux d'Histoire naturelle d'un mètre sur quatre-vingts centimètres, à l'usage des écoles et des classes d'adultes, dessinés par *M. H. Morin*, professeur de dessin à Paris.

Chaque Tableau, imprimé sur toile blanche et contenant plusieurs sujets coloriés, se vend séparément. — Première Série : Mammifères ; 5 tableaux, 15 f. — Deuxième Série : Oiseaux ; 2 tableaux, 6 f. — Troisième Série : Reptiles et Poissons ; 1 tableau, 3 f. — Quatrième Série : Annelés et Zoophytes ; 1 tableau, 3 f. 50 c. — Cinquième Série : Botanique ; 1 tableau, 4 f.

Toute contrefaçon sera poursuivie conformément aux lois ; tous les exemplaires sont revêtus de notre griffe.

Delalain frères

Août 1881.

AVANT-PROPOS.

Dans son Traité des Études, ouvrage qui renferme de si excellents préceptes, Rollin recommande d'enseigner aux enfants l'Histoire naturelle, mais de la manière qui convient à cet âge. « J'appelle, dit-il, *Physique des enfants* une étude de la nature qui ne demande presque que des yeux, et qui, par cette raison, est à la portée de toutes sortes de personnes, et même des enfants. Elle consiste à se rendre attentif aux objets que la nature nous présente, à les considérer avec soin, à en admirer les beautés. Cette étude, d'ailleurs, loin d'être pénible et ennuyeuse, n'offre que du plaisir et de l'agrément. On peut commencer à l'apprendre aux enfants dès l'âge le plus tendre, mais en se proportionnant à leur faiblesse, et en ne leur proposant rien qui ne soit à leur portée, soit pour les faits, soit pour les réflexions qu'on y joint. Il est incroyable combien cet exercice, continué régulièrement depuis l'âge de six ou sept ans jusqu'à l'âge de douze ou quinze ans, remplirait l'esprit des jeunes gens de connaissances utiles et agréables.... Un maître attentif trouve par là le moyen de former le cœur de ses élèves, et de les conduire par la nature à la religion. »

Ces principes du sage et vertueux recteur, nous les avons religieusement suivis dans la rédaction de ce livre. Quant à l'exposition des faits, nous avons tenu compte des progrès de la science, sans oublier que nous nous adressons à de jeunes intelligences. L'étude de l'Histoire naturelle n'a pas seulement pour objet d'offrir un puissant attrait à la curiosité des enfants, en décrivant l'organisation et les caractères si divers des êtres de la création. Elle est aussi et surtout très-utile en ce qu'elle nous fait connaître les produits des trois règnes de la nature et leurs applications les plus importantes pour les usages de la vie et les besoins de l'industrie. Ces applications, nous les avons mentionnées dans la suite des chapitres consacrés aux trois grandes divisions de l'Histoire naturelle.

Ce volume, comme tous ceux dont se compose notre Cours d'enseignement, est divisé en un certain nombre de chapitres d'une longueur à peu près égale. Chaque chapitre, devant faire l'objet d'une leçon, est suivi d'un questionnaire développé, à l'aide duquel le maître peut s'assurer si les élèves ont bien compris ce qu'ils ont lu. D'ailleurs cette interrogation fréquemment répétée, faite avec soin, habitue de bonne heure les enfants à se rendre compte de leurs idées et à s'exprimer facilement.

Nous indiquerons en peu de mots la méthode qui peut être suivie dans les écoles pour étudier avec fruit les leçons que renferme ce volume. Les élèves d'une même division ont tous entre les mains le livre qui renferme la leçon du jour. Ils lisent à haute voix et à leur tour un paragraphe du chapitre; le chapitre terminé, la lecture se fait une seconde fois de la même manière. Puis, tous les livres sont fermés, et le maître, à l'aide du questionnaire, interroge tous les élèves l'un après l'autre, n'adressant à chacun qu'une question à la fois. C'est après une seconde répétition de ces deux exercices ayant pour objet le même chapitre que les élèves passent à un autre travail, à la rédaction écrite, qui est le complément nécessaire de la lecture et de l'interrogation. On ne saurait croire, outre les avantages que présentent ces divers exercices, combien ce mode d'enseignement, qui met en jeu à la fois la mémoire et l'intelligence, grave sans effort dans l'esprit des enfants tous les faits soumis à leur attention. Ce mode si simple, si facile à mettre en pratique dans les écoles d'enseignement mutuel ou simultané, peut également recevoir son application non-seulement dans les institutions de jeunes enfants, quelle que soit d'ailleurs la méthode qu'elles aient adoptée, mais encore dans les familles où les enfants reçoivent une éducation particulière.

L'étude analytique des grandes classifications zoologiques et de la botanique ne pouvant bien se faire qu'à l'aide de figures, nous avons joint à cette nouvelle édition des gravures exécutées avec soin, et destinées à donner une idée générale des parties constitutives des plantes, et à reproduire la forme et les caractères distinctifs des animaux, que comprennent non-seulement les classes, mais aussi les ordres de chaque classe. Les principaux fossiles décrits dans la géologie sont également représentés par des figures.

TABLE DES MATIÈRES.

HISTOIRE NATURELLE.

CHAPITRE PREMIER.

INTRODUCTION.

Objet et définition de l'histoire naturelle. — Divisions de l'histoire naturelle : règne animal, règne végétal, règne minéral. — Classifications ou méthodes : classes, ordres, familles, genres, espèces, variétés. — Utilité de cette science.

Objet et définition de l'histoire naturelle. La nature, c'est-à-dire l'ensemble de la création, est le spectacle le plus imposant que l'homme ait sous les yeux. Qui ne serait pas dans l'admiration à la vue de cette innombrable variété d'êtres et d'objets répandus sur toute la surface de la terre? Cependant cette création, si variée dans ses œuvres, ne fait qu'un tout dans son ensemble : le grain de sable et la montagne, l'humble verdure des prés et l'arbre majestueux, l'insecte le plus vil et l'animal le plus intelligent, forment une chaîne étroite dont les anneaux sont autant de merveilles. La nature, considérée sous ce point de vue, n'est pas une étude d'amusement ou de vaine curiosité : c'est la preuve la plus éclatante de l'existence de Dieu et de sa providence infinie.

Pour avoir une idée de cette providence jusque dans les plus petites choses, il suffit d'examiner, au moyen d'un instrument appelé microscope, certains

êtres ou objets qui s'offrent journellement à notre
vue. Quelques grains de poussière deviennent un
monde habité ; une goutte d'eau est une vaste mer
pour les atomes vivants qu'elle renferme. Les petits
animaux, examinés à l'aide de ce même instrument,
redoublent notre étonnement et notre admiration :
le corps des insectes brille de couleurs métalliques
aux reflets variés ; l'aile d'une mouche étincelle d'or,
d'azur et de pourpre. En outre, si l'on compare les
œuvres de la nature et les produits de l'art, on peut
se convaincre combien l'inimitable perfection des
premières est supérieure à ce que les seconds ont
de plus parfait. La toile d'un ver à soie, vue à travers le microscope, conserve la même délicatesse et
le même lustre ; un morceau de toile fine, grossi
par le même moyen, ressemble, en quelque sorte,
à un treillage mal fait. L'aiguillon d'une abeille a le
même brillant, sa pointe a la même finesse ; mais
une aiguille, qui nous paraît si ténue et si polie,
n'est plus, pour ainsi dire, qu'une barre de métal
irrégulière et pleine de crevasses.

C'est l'histoire naturelle qui nous donne la connaissance des merveilles de la création. L'histoire
naturelle peut donc se définir la science de tous le
corps animés ou inanimés dont se compose l'en
semble de notre globe. Elle étudie leurs formes ex
térieures, leur organisation ou structure interne, e
un mot tous les caractères qui servent à les distin
guer les uns des autres. Il serait impossible d
dénombrer tous ces êtres si divers : les progrè
de la science ont fait connaître successivement un
foule d'animaux, de végétaux et de minéraux qu

étaient restés longtemps inconnus; mais on ne saurait dire le nombre de ces êtres ou objets qui n'ont pas encore été observés ou qui se cachent aux regards de l'homme. Sans parler des pays lointains, des contrées non encore explorées, il est certain que les profondeurs de la mer, que les fentes des rochers nous en dérobent une quantité considérable. Une seule plante sert souvent d'habitation à beaucoup d'insectes différents de formes et de mœurs : tel arbre en recèle un nombre infini sous son écorce et dans son feuillage.

Divisions de l'histoire naturelle. Parmi les êtres ou les corps dont la connaissance constitue le domaine de l'histoire naturelle, les uns sont *organisés* ou *vivants*, et forment deux groupes distincts, les *animaux* et les *végétaux;* les autres sont *inorganiques* ou *privés de la vie*, ce sont les *minéraux*. Tous ces êtres ou corps ont été répartis en trois grandes séries appelées *règnes,* savoir : le *règne animal*, le *règne végétal* et le *règne minéral.* De là, la science des animaux, êtres doués de la vie et du sentiment, ou la *zoologie;* la science des végétaux, êtres doués de la vie, mais incapables de sentir, ou la *botanique;* la science des minéraux, corps inanimés et bruts, ou la *minéralogie.* A cette dernière partie se rattache la *géologie,* dont l'étude a pour objet de faire connaître la structure du globe terrestre, c'est-à-dire les diverses substances dont il se compose et l'ordre dans lequel elles sont groupées.

Classifications ou Méthodes. Au milieu de la prodigieuse variété de genres et d'espèces compris dans les trois règnes, il aurait été impossible, malgré

i

l'ordre parfait, l'harmonie qui règne dans la nature, d'étudier avec fruit les êtres et les objets dont s'occupe l'histoire naturelle, si l'on n'eût établi entre eux des subdivisions méthodiques qui permissent de les reconnaître. Aussi, afin d'arriver plus sûrement à la connaissance des corps disséminés sur tous les points du globe, on a inventé les *classifications naturelles* ou *méthodes*[1], sortes de catalogues raisonnés, dans lesquels les êtres que l'on veut distinguer sont groupés entre eux d'après leurs différents degrés d'analogie ou de ressemblance. On a dû d'abord remarquer que les propriétés de tous les corps ne sont pas les mêmes. Après avoir constaté que l'argent est plus lourd que le charbon, ou le saphir plus brillant que le marbre, on s'est servi de ces propriétés de pesanteur et d'éclat comme de termes de comparaison pour distinguer les différents corps. Mais, à mesure que les expériences se sont multipliées et que les connaissances scientifiques se sont étendues, on a trouvé des corps plus lourds que le charbon ou plus brillants que le marbre : cependant ni les uns ni les autres ne ressemblaient à l'argent ni au saphir. Alors on a dû observer toutes les propriétés de chaque corps, au lieu d'en considérer une seule, et cette connaissance une fois acquise a permis de classer les substances dans un ordre méthodique.

Dans la classification adoptée en histoire naturelle, les êtres et les objets qu'on doit étudier sont

---

1. Il y a aussi les *classifications artificielles*, dites *systèmes*, exclusivement fondées sur la considération d'un seul organe.

d'abord partagés en *séries* ou *embranchements,* s'il y a lieu, puis en un certain nombre de divisions appelées *classes* : chacune de ces divisions comprend les êtres ou les objets qui se ressemblent par des caractères généraux. Ainsi, dans le règne animal, les *mammifères,* qui appartiennent à l'embranchement des animaux désignés sous le nom de *vertébrés,* forment une classe; les *oiseaux,* ainsi que les *reptiles,* qui appartiennent à ce même embranchement, forment également deux classes distinctes.

Chaque classe, à son tour, se partage en divisions moins grandes et compose des groupes appelés *ordres.* Ainsi, les animaux connus sous le nom de *carnassiers,* de *rongeurs,* de *ruminants,* sont des ordres de la classe des mammifères. A leur tour, les ordres se divisent en *familles* ou *tribus,* les familles ou tribus en *genres,* les genres en *espèces,* les espèces en *variétés.* Dès lors tous les êtres de la même espèce appartiennent au même genre, à la même famille, à la même tribu, au même ordre et à la même classe. Ainsi le *chat,* le *loup,* le *renard,* sont des genres de l'ordre des carnassiers; le *lion,* le *tigre,* la *panthère,* sont des espèces du genre *chat* : le chat *angora* est une variété du chat *domestique.*

En résumant ce qui vient d'être dit, on voit que les espèces sont la réunion de toutes les variétés semblables, ou, en d'autres termes, la collection de tous les êtres ou objets qui se ressemblent plus entre eux qu'ils ne ressemblent à tous les autres. De même qu'en groupant ensemble les espèces qui ont entre elles une analogie marquée, on en fait des genres, de même, en réunissant les genres qui se ressemblent beaucoup, on en compose des tribus ou familles et des ordres. Les ordres, groupés ensuite d'après un caractère plus général, forment les classes. Enfin les classes, réparties d'après les mêmes principes, peuvent constituer, comme on l'a déjà dit, des séries ou embranchements qui sont les divisions les plus grandes et les plus élevées. Cette méthode ou classification indiquée pour le règne animal s'applique également au règne végétal et au règne minéral.

Utilité de l'histoire naturelle. La définition de l'histoire naturelle, de cette science qui embrasse tous les corps animés ou inanimés que renferme notre globe, suffit pour nous faire comprendre l'importance et l'utilité de l'étude dont nous allons nous occuper. Quel intérêt puissant, en effet, cette étude n'offre-t-elle pas à notre curiosité, en faisant passer sous nos yeux les êtres si divers des trois règnes de la nature, en nous initiant à la connaissance de leur structure et de leur organisation, de leurs instincts et de leurs mœurs ? Ainsi, l'une des trois branches de l'histoire naturelle et la plus importante, la zoologie, décrit cette foule d'animaux dont la plupart sont si utiles à l'homme, et dont l'instinct nous pénètre d'admiration ; une autre, la botanique, nous fait connaître les nombreux végétaux qui nous donnent, outre leurs fruits et des produits si variés, l'abri de leur ombre ou le parfum de leurs fleurs ; la troisième enfin, la minéralogie, nous fournit des indications précises sur les caractères extérieurs, la constitution et les propriétés des minéraux répandus à la surface du globe ou enfouis dans le sein de la terre.

Les trois règnes de la nature nous offrent chacun

des produits non-seulement utiles, mais de première nécessité pour les besoins et les usages de la vie. Au règne animal appartiennent nos meilleures substances alimentaires, la chair des animaux domestiques ou sauvages, des oiseaux, des poissons; les matières premières pour nos vêtements, la laine, la soie, les fourrures, les cuirs. Au règne végétal nous devons d'autres substances alimentaires non moins indispensables, les céréales, les légumes, les fruits; d'autres matières non moins utiles, le coton et le chanvre, pour confectionner des vêtements et tant d'objets d'économie domestique; des bois de toutes sortes pour construire et chauffer nos demeures; une foule de plantes qui nous fournissent des aliments accessoires ou des remèdes salutaires. Enfin, pour le règne minéral, il suffit de mentionner les pierres diverses qui servent à construire nos édifices, les métaux employés dans presque tous les arts nécessaires à la vie, et la houille, ce précieux combustible qui alimente un si grand nombre d'industries.

La science de l'histoire naturelle a rendu aussi d'importants services à l'humanité en détruisant une foule de préjugés et d'erreurs qui attribuaient à certains animaux ou végétaux des qualités, les unes malfaisantes, les autres merveilleuses, qui n'existaient pas réellement. Enfin cette étude instructive, variée, pleine d'intérêt, si digne de l'homme, sert aussi, plus que toute autre, à nous élever à la connaissance de la grandeur de Dieu, de sa sagesse, de sa bonté, et nous apprend à remonter jusqu'à lui par la considération des merveilles de la nature. Elle nous rappelle sans cesse l'idée de cette Divinité qui meut tout, qui produit tout, qui se montre à nous partout, et se fait sentir à chaque moment par ses bienfaits et ses libéralités. Dans cette étude, la zoologie occupe le premier rang, parce qu'elle renferme les êtres les plus remarquables, ceux que le Créateur a doués de la vie et du sentiment. Vient ensuite la botanique, comprenant les êtres doués de la vie, mais incapables de sentir; enfin, la minéralogie, qui nous fait connaître les corps bruts et inertes.

Questionnaire.

Comment le spectacle de la nature prouve-t-il l'existence de Dieu? — Montrez par quelques exemples que les œuvres de la création sont bien supérieures aux produits de l'art. — Quelle est la science qui nous fait connaître les merveilles de la nature? — Qu'est-ce que l'histoire naturelle? — Connait-on tous les animaux et toutes les plantes qui existent? — Quelles sont les trois grandes divisions de l'histoire naturelle? — Qu'est-ce que la zoologie et quels sont les êtres qu'elle renferme? — Qu'est-ce que la botanique et quels sont les êtres dont elle s'occupe? — Qu'est-ce que la minéralogie et quels sont les corps qu'elle renferme? — Comment est-on parvenu à classer avec ordre tous les êtres? — A quoi sert la connaissance de toutes les propriétés de chaque corps? — Qu'appelle-t-on classifications ou méthodes? — En quoi consiste la classification adoptée en histoire naturelle? — Quelle est dans cette classification la division la plus élevée? — Qu'est-ce qu'une classe? — Donnez un exemple. — Qu'est-ce qu'une famille? — Citez quelques exemples. — Qu'est-ce qu'un genre? une espèce? une variété? — Citez divers exemples. — Démontrez par quelques faits l'importance et l'utilité de l'histoire naturelle. — Quels sont les principaux produits que nous offre chacun des trois règnes de la nature?

CHAPITRE II.

ZOOLOGIE.

Organisation générale des animaux. — Nutrition, respiration, sensibilité, mouvement. — Classification des animaux: embranchements, classes, ordres. — Rapport des facultés des animaux avec leur organisation. — Produits utiles donnés par les animaux.

Organisation générale des animaux. Les *animaux*, comme on l'a déjà vu, sont des êtres organisés ou vivants; ce caractère leur est commun avec les végétaux qui, comme eux, se nourrissent et respirent. Mais les plantes respirent l'air ou pompent les sucs nourriciers par tous les points de leur surface extérieure, tandis que les animaux sont doués d'organes particuliers pour la nutrition et la respiration. De plus, les animaux jouissent de la faculté de sentir et de se mouvoir. L'ensemble des êtres qui offrent dans leur organisation ces caractères réunis forme ce qu'on appelle le *règne animal*.

Nutrition. La *nutrition* est la fonction par laquelle les animaux entretiennent, réparent et accroissent leur corps; elle se compose de plusieurs actes successifs ou simultanés, dont les principaux sont la mastication, la digestion et l'absorption. Les substances alimentaires sont en rapport avec l'organisation particulière des animaux, c'est-à-dire avec la forme de leur estomac et de leur bouche. Celle-ci est le plus souvent armée de dents dures et tranchantes qui écrasent ou déchirent les aliments ; mais beaucoup d'animaux sont privés de dents : ils ont seulement une langue filiforme et allongée en manière de trompe. L'estomac est l'organe principal de la digestion ; il est tapissé de petits vaisseaux qui aspirent la nourriture et rejettent dans les intestins la matière privée des sucs nutritifs. L'absorption des substances alimentaires transformées et dissoutes par les liquides digestifs, tels que la salive et le suc gastrique, commence dans l'estomac et se continue dans tout le reste du tube digestif, où se rencontrent de petits suçoirs qui puisent dans l'intestin les matériaux de la nutrition. Les voies de l'absorption intestinale sont les veines et les vaisseaux chylifères ou lactés, qui portent dans le sang tous les matériaux de la digestion.

Respiration. Tous les animaux éprouvent le besoin de respirer l'air atmosphérique. Cet acte, connu sous le nom de *respiration*, s'opère de diverses manières, en raison de l'organisation différente des animaux et suivant qu'ils vivent dans l'air ou dans l'eau. Ainsi les poissons respirent au moyen de *branchies*, organes en forme de peignes, sur lesquels se ramifient les vaisseaux sanguins ; l'appareil respiratoire des insectes consiste en tubes aérifères nommés *trachées ;* les oiseaux et les animaux d'un ordre supérieur respirent au moyen de *poumons*, qui sont des poches plus ou moins subdivisées en cellules. Chez l'homme, de même que chez tous les mammifères, les poumons, au nombre de deux, logés et pour ainsi dire suspendus dans la poitrine, l'un à droite, l'autre à gauche, et communiquant au dehors par un tube particulier appelé *trachée-artère*, reçoivent l'air extérieur pour le décomposer et le mettre en contact avec le sang. Le sang, renouvelé sans cesse à l'aide de la respiration, parcourt tout le corps par un mouvement successif et pour ainsi dire circulaire qui a fait donner au phénomène de la marche du sang le nom de *circulation*.

Les organes ou les agents qui concourent à produire le phénomène de la circulation sont le cœur, les artères et les veines. Le *cœur*, muscle creux ou poche musculeuse, est situé entre les deux poumons à gauche de la poitrine; enveloppé d'une large membrane, il se divise intérieurement en deux moitiés à peu près semblables, adossées l'une à l'autre, et partagées chacune en deux cavités, l'une supérieure, appelée *oreillette*, l'autre inférieure, appelée *ventricule*. Les cavités droites du cœur, oreillette et ventricule, ne renferment que du sang veineux; les cavités gauches ne contiennent que du sang artériel. Les *artères* et les *veines* sont les vaisseaux dans lesquels circule le sang. Les artères servent à porter le sang du cœur dans toutes les parties du corps; elles naissent du ventricule gauche par un seul tronc nommé *artère-aorte*. Les veines ramènent le sang de toutes les parties du corps dans le cœur, où elles se terminent par deux troncs qui s'ouvrent dans l'oreillette droite, et qui ont reçu les noms de *veines caves supérieure* et *inférieure*.

Voici maintenant comment s'opère la circulation du sang. Il est poussé dans les artères par le cœur, puis ramené par les veines à cet organe, cédant sur son passage à tous les tissus ce qui est nécessaire à la vie et se chargeant de matières qui doivent être rejetées du corps. Le sang des veines, versé dans l'oreillette droite du cœur par les veines caves supérieure et inférieure, passe dans le ventricule droit correspondant; de là, il va aux poumons par les artères pulmonaires, s'y purifie sous l'influence revivifiante de l'air atmosphérique, et reprend ses premiers caractères de sang artériel. Il revient ensuite à l'oreillette gauche par les veines pulmonaires, puis il passe dans le ventricule gauche, et de là dans l'aorte qui le distribue de nouveau aux artères.

C'est aux phénomènes chimiques déterminés dans l'économie animale par la respiration et par la circulation du sang qu'on attribue généralement ce qu'on appelle la *chaleur animale*. La faculté de produire de la chaleur paraît être commune à tous les animaux, mais cette faculté n'est pas la même chez tous. Les animaux chez lesquels la respiration et la circulation se font d'une manière énergique et complète conservent une température à peu près constante au milieu des variations ordinaires de la température extérieure, et sont désignés sous le nom d'*animaux à sang chaud* : tels sont les oiseaux et les mammifères. Ceux, au contraire, dont la respiration et la circulation se font d'une manière incomplète, et qui ne produisent pas assez de chaleur pour avoir une température propre et indépendante des variations atmosphériques, sont appelés *animaux à sang froid* : tels sont les poissons, les reptiles et presque tous les animaux qui n'appartiennent pas à l'embranchement des vertébrés.

Sensibilité, mouvement. Les animaux n'ont pas seulement une manière de se nourrir et de respirer qui leur est propre ; ils jouissent aussi, comme on l'a vu, de la faculté de sentir et de se mouvoir, ou, en d'autres termes, de la *sensibilité* et du *mouvement.* La sensibilité est la faculté qui donne aux animaux le sentiment de leur existence, le sentiment de la joie et de la douleur, enfin la conscience de toutes les sensations qu'ils éprouvent. Le mouvement est la faculté qui leur permet de se mouvoir en tous sens, de se transporter d'un lieu à un autre, suivant le caprice de leur volonté. L'exercice de ces deux facultés donne aux animaux une immense supériorité sur tous les autres êtres ou corps de la nature.

Classification des animaux. Embranchements, classes, ordres. Pour parvenir à classer les animaux dans un ordre régulier, de manière à pouvoir les distinguer facilement les uns des autres, on a imaginé une méthode ou classification zoologique, c'est-à-dire qu'on a distribué les animaux en plusieurs groupes d'après les différences et les analogies de leurs organes. Linné, illustre naturaliste suédois du dix-huitième siècle, qui a principalement attaché son nom à la science de l'histoire naturelle par son système botanique, avait divisé les animaux en six classes : les mammifères, les oiseaux, les amphibies, les poissons, les insectes et les vers. Lamarck, naturaliste français qui publia sa méthode au commencement du dix-neuvième siècle, divisa les animaux en deux grandes séries, les vertébrés et les invertébrés : les premiers, caractérisés par un squelette intérieur et comprenant les mammifères, les oiseaux, les reptiles et les poissons; les seconds, dépourvus d'un squelette intérieur et comprenant les mollusques, les crustacés, les insectes, les vers, les rayonnés, les infusoires. La science de l'histoire naturelle ayant fait des progrès, ces classifications ont dû subir quelques changements, et un célèbre naturaliste de notre siècle, Georges Cuvier, a donné un système zoologique généralement adopté aujourd'hui avec les modifications que les nouvelles découvertes de la science ont pu y introduire. Cette méthode repose essentiellement sur la structure des animaux et sur la conformation de leur système nerveux.

Les animaux sont partagés en cinq embranchements, qui se subdivisent en classes, comme on le voit dans le tableau ci-après.

Tableau de la Classification du règne animal.

Ier EMBRANCHEMENT : les Vertébrés.

CLASSES : Mammifères, Oiseaux, Reptiles, Batraciens, Poissons.

IIe EMBRANCHEMENT : les Annelés.

CLASSES : Insectes, Myriapodes, Arachnides, Crustacés ; Annélides, Helminthes, Rotateurs.

IIIe EMBRANCHEMENT : les Mollusques.

CLASSES : Céphalopodes, Gastéropodes, Acéphales, Brachiopodes, Tuniciers, Bryozoaires.

IVe EMBRANCHEMENT : les Rayonnés. ou Zoophytes.

CLASSES : Échinodermes, Polypes.

Ve EMBRANCHEMENT : les Protozoaires.

CLASSES : Spongiaires, Rhizopodes, Infusoires.

Dans l'étude des diverses classes et des différents ordres, nous suivrons la classification générale qui vient d'être donnée, en nous attachant à mentionner surtout les genres les plus importants ainsi que les espèces les plus dignes de notre attention.

Rapport des facultés des animaux avec leur organisation. Les facultés spéciales qui distinguent les animaux et qui sont leurs caractères communs ne sont pas également développées chez tous ces êtres si variables de forme, de mœurs et d'instinct. Entre le mammifère et le zoophyte il y a une distance immense, et, chez les animaux en général, les facultés sont d'autant plus simples que l'organisation est moins compliquée.

Ainsi, en parcourant rapidement l'échelle animale, on trouve d'abord, en commençant par les êtres dont l'organisation est la plus simple, le *protozoaire*, privé d'yeux, de cerveau, de moelle et même d'intestins. S'il est divisé en plusieurs fragments, chaque parcelle continue de vivre et devient bientôt un individu complet : il en est de même pour beaucoup de *zoophytes*. La vie de ces animaux ne ressemble-t-elle pas à la vie des plantes?

Vient ensuite le *mollusque*, dont le corps n'est pas formé de pièces distinctes et dont la peau est molle. Quelquefois cette peau est recouverte par une enveloppe calcaire; alors le mollusque est un coquillage. Il a une bouche visible, un estomac, un cœur; mais quelquefois il est privé, pour ainsi dire, de mouvement, il est fixé sur le rocher qui l'a vu naître : telle est l'existence de l'huître.

L'*annélide,* qui appartient aux animaux annelés ou articulés, a le corps allongé et composé d'anneaux placés à la suite les uns des autres; il change de place par le mouvement de ses anneaux. Le lombric ou ver de terre, genre d'annélide, ne l'emporte guère sur le mollusque. Il est privé de presque tous les organes des sens; la tête n'est point distincte du reste du corps; il vit dans la terre et dans les lieux humides.

Le *crustacé,* tel que l'écrevisse, a le corps articulé et revêtu d'une sorte de cuirasse; sa tête est munie d'antennes; il a des yeux pour la vision, des pattes pour le mouvement, et manifeste ainsi une organisation bien supérieure à celle des animaux qui précèdent : il vit généralement dans l'eau et montre peu d'instinct.

Les *insectes,* d'une taille beaucoup plus petite, d'un corps beaucoup plus faible, étonnent notre admiration déjà accoutumée aux merveilles, quand on considère l'œuvre de Dieu. Ces petits êtres vivent en société, ils combattent d'après des règles et des lois qu'ils n'ont pas établies. Voyez les fourmis réduire en esclavage une autre espèce d'insectes, les pucerons. Le peuple vainqueur dispose de l'esclave, il en fait presque un animal domestique. Voyez l'abeille passer par des métamorphoses successives et prendre son essor vers la campagne. Elle va cueillir dans le calice des fleurs cette matière sucrée si connue sous le nom de miel; elle en remplit les alvéoles de la ruche destinées à la recevoir, et les ferme ensuite hermétiquement avec un couvercle. La cire n'est autre chose que la poussière des étamines, que l'abeille mâche et pétrit avec des sucs particuliers pour la rendre imperméable à l'eau. Les *myriapodes* et les *arachnides* ont beaucoup de rapport avec les insectes, soit pour l'instinct, soit surtout pour l'organisation. Chez presque tous ces animaux, la respiration s'effectue par des trachées, espèces de tubes aérifères.

En remontant toujours les degrés de l'échelle animale, on arrive aux *poissons*, les plus simples des animaux vertébrés, c'est-à-dire pourvus d'un squelette. Bien que leur structure les mette au-dessus des insectes, leur instinct grossier, qui se réduit au besoin de leur nourriture et de leur conservation, les en éloigne considérablement. Les poissons respirent au moyen d'organes particuliers appelés branchies.

Le *reptile*, qui n'est pas forcé de vivre dans l'eau, a les sens plus développés que le poisson. Il a une voix, quoique peu distincte; il respire par des poumons, comme les animaux des classes suivantes. Le sens du toucher est encore peu développé, mais celui de la vue est excellent. Chez le reptile, comme chez le poisson, le sang est froid.

L'*oiseau*, qui vient après, nous offre une organisation presque complète; il respire par des poumons, et son sang est chaud. L'oiseau aperçoit de loin, et peut fixer sa vue sur les objets les plus brillants; il entend le moindre bruit, et fuit avec une rapidité inconnue aux autres animaux. Il manifeste un instinct admirable, une sollicitude touchante dans les soins dont il entoure sa progéniture; il sait choisir les matériaux de sa petite habitation, il les assemble avec art, il les suspend avec prévoyance. Si quelque danger menace ses petits, tout son instinct s'anime à la vue de l'agresseur; son courage lui fait affronter un ennemi vingt fois plus fort que lui. Voyez la poule défendre ses poussins contre l'épervier; ses plumes se hérissent, son cri est bref et menaçant, souvent même elle se jette au-devant de son ennemi et le force à prendre la fuite.

Enfin le *mammifère,* c'est-à-dire l'animal à mamelles, est au degré le plus élevé de l'échelle animale. Chez lui, les organes de la nutrition, de la circulation et de la respiration constituent les parties les plus importantes, telles que l'estomac, le foie, les poumons et le cœur. Les mammifères font preuve d'un admirable instinct, soit pour leur propre conservation, soit pour celle de leurs petits; mais cet instinct que nous remarquons non-seulement chez les animaux domestiques, qui partagent les travaux et les fatigues de l'homme, mais aussi chez les hôtes féroces des forêts et des déserts, est bien faible, comparé à l'intelligence dont l'homme a été doué, et qui lui donne la conscience de ses actions en lui faisant discerner le bien et le mal.

Produits utiles donnés par les animaux. Des trois règnes de la nature, c'est le règne animal qui est pour nous la source des avantages les plus précieux. Les oiseaux qui volent dans les airs, les poissons qui nagent dans les eaux de la mer, des fleuves et des lacs, les animaux qui marchent ou rampent sur la terre, en un mot, tous ces êtres si variables de forme, d'instinct et d'habitudes, sont mis à contribution pour les besoins ou les jouissances de la vie. Aux uns nous devons nos meilleures substances alimentaires, aux autres une grande partie de nos vêtements; à ceux-ci des fourrures contre les froids rigoureux de l'hiver, à ceux-là diverses matières employées dans les arts. Qui ne sait tous les services que nous rendent les animaux domestiques? le cheval et le bœuf partagent les travaux du laboureur; le chien est un ami fidèle et un gardien vigilant; l'âne et le chameau sont des bêtes de somme très-laborieuses, aussi remarquables par leur patience que par leur sobriété. Le bœuf, le veau, le mouton, nourrissent l'homme de leur chair; la vache, la brebis, la chèvre, lui donnent leur lait, avec lequel on prépare le beurre et le fromage. Ce sont encore les animaux domestiques qui nous procurent le suif pour les chandelles, la laine pour les draps, le cuir pour nos chaussures. Les poules, les pigeons, les oies, les canards, nous fournissent des plumes, des œufs et une chair délicate. C'est à l'abeille que nous devons le miel et la cire; c'est aussi à un faible insecte, à la chenille d'un papillon, que nous devons la soie, qui sert à faire de si belles étoffes. Enfin, il serait trop long de détailler ici tous les services que nous rendent les animaux et tous les avantages que nous en retirons; nous aurons plus d'une fois l'occasion de les énumérer, en étudiant les genres les plus importants et les principales espèces du règne animal.

Questionnaire.

Quels sont les caractères distinctifs des animaux? — De quelles facultés spéciales jouissent-ils? — Leur mode de nutrition et de respiration est-il le même que celui des

plantes? — Qu'est-ce que la nutrition? — Donnez quelques
détails sur le mode de nutrition des animaux et sur les
principaux actes de cette fonction. — Tous les animaux
respirent-ils de la même manière? — Qu'est-ce que les
branchies? les trachées? les poumons? — Qu'est-ce que la
circulation du sang? — Donnez quelques détails sur le
cœur, les artères et les veines. — Comment s'opère la
circulation du sang? — Qu'est-ce que la chaleur animale?
— Quels sont les animaux à sang chaud? les animaux à
sang froid? — Qu'est-ce que la sensibilité? le mouvement?
— Quel moyen a-t-on pris pour distinguer facilement les
animaux les uns des autres? — Faites connaître la classification de Linné et celle de Lamarck. — Sur quoi repose
la classification de Cuvier? — Quelles sont les différentes
divisions qu'elle comprend? — En combien de séries ou
d'embranchements les animaux sont-ils partagés? — Combien de classes chacune de ces séries comprend-elle? — Tous
les animaux jouissent-ils des mêmes facultés également
développées? — Montrez, en parcourant les divers degrés
de l'échelle animale, que les facultés sont d'autant plus
simples chez les animaux que leur organisation est moins
compliquée. — Donnez quelques détails sur le protozoaire,
le mollusque, l'annélide, le crustacé, l'insecte, le poisson,
le reptile, l'oiseau et le mammifère. — Dites quels sont
les produits utiles que nous retirons des animaux.

CHAPITRE III.

L'homme. — Supériorité de l'homme sur les animaux. — Facultés des sens. — Les races humaines. — Les quatre âges de la vie humaine.

L'homme. *L'homme*, considéré sous le point de vue de la place qu'il occupe dans la classification zoologique, appartient à l'embranchement des vertébrés, à la classe des mammifères et à l'ordre des *bimanes* (à deux mains), qui ne renferme que lui comme genre et espèce.

Le corps humain est composé de parties dures nommées *os*, de parties molles appelées *chairs*, de parties liquides, telles que le *sang*, la *bile*, *etc*. Les os forment la charpente qui soutient les chairs; leur ensemble constitue le *squelette*, dans lequel on distingue : les os de la tête (pariétal, frontal, maxillaires, etc.) ; les os du tronc (vertèbres, côtes, etc.); les os des membres supérieurs, bras et mains (omoplate, clavicule, cubitus, radius, etc.); les os des membres inférieurs, jambes et pieds (fémur, tibia, péroné, etc.). Les chairs, très-diverses dans leur structure, s'offrent tantôt sous la forme de *muscles*, tantôt sous la forme de substances de nature variable qui, par leur combinaison, constituent les organes désignés sous le nom de *viscères*. Ce sont les contractions des muscles qui permettent l'exécution des mouvements du corps. Les principaux viscères sont : dans la tête, le cerveau; dans la poitrine ou partie supérieure du tronc, les poumons et le

cœur ; dans l'abdomen ou partie inférieure du tronc,
les intestins et le foie. La partie liquide du corps
humain la plus essentielle à la vie est le sang, qui
est projeté du cœur dans les artères et y retourne
par les veines.

Supériorité de l'homme sur les animaux. Les
parties constituantes du corps humain se retrouvent,
avec certaines différences, chez les animaux vertébrés,
qui occupent le premier rang dans la classification
zoologique. Mais sous les autres rapports, même en
ne tenant compte que des caractères extérieurs de
son organisation, l'homme doit être regardé comme
un être à part dans la création. L'harmonie de ses
proportions, sa stature droite, l'élévation de son
front et l'ampleur de son crâne, la mobilité des traits
de son visage, l'ouverture de son angle facial [1], la
conformation de ses membres inférieurs réservés
pour la marche, la perfection de ses mains, tels sont
les caractères extérieurs qui séparent l'homme de
tous les animaux.

« Son port majestueux, dit Buffon, sa démarche
ferme et hardie, annoncent sa noblesse et son rang.
Sa tête regarde le ciel et présente une face august
sur laquelle est imprimé le caractère de sa dignité. »
L'homme seul se tient droit ; cette attitude lui es
naturelle, au lieu qu'elle est instantanée chez le

1. On appelle *angle facial* l'angle formé par la rencontre d
deux lignes, l'une verticale, qu'on suppose passer par l
bord des dents supérieures et par le point le plus saillant d
front, l'autre horizontale, qu'on suppose tirée du conduit
l'oreille aux mêmes dents.

animaux qui éprouvent le moins de difficulté à se tenir droits. L'orang-outang, par exemple, n'a pas les muscles de la jambe assez forts pour imiter longtemps la démarche humaine; il saute par gambades, ou s'avance lourdement appuyé sur une branche d'arbre qui lui sert autant de soutien que de défense. Chez l'homme, les membres inférieurs sont destinés à soutenir et à mouvoir le corps. La plante des pieds est large; les orteils sont courts; le pouce ou premier orteil, le plus développé, n'est pas opposable aux autres. Les membres supérieurs sont terminés par une main formée de doigts longs, flexibles, profondément divisés et très-mobiles; le pouce est opposable aux autres doigts, ce qui fait de la main un puissant organe de préhension; elle est en même temps un merveilleux instrument de travail.

Si l'organisation physique de l'homme le sépare tout à fait des animaux, ses facultés intellectuelles et morales lui donnent sur eux une incontestable supériorité. Créé à l'image de Dieu, animé du souffle divin, l'homme a reçu en partage la raison et la parole. Par la raison, il discerne le bien et le mal, il a la conscience de ses actes; il conçoit l'idée de l'Être suprême qui a créé et qui gouverne le monde; il croit à l'immortalité de l'âme et conséquemment à une vie future. Par la parole, il exprime ses sentiments et ses pensées.

Enfin, un autre caractère qui distingue l'homme des animaux, c'est qu'il peut vivre sous tous les climats, sous toutes les latitudes; les plages glacées de l'Amérique du Nord ont leurs habitants aussi bien que les sables brûlants de l'Afrique. La plupart des animaux, au contraire, restent cantonnés dans les limites que la nature leur a assignées. Les singes, par exemple, qui habitent les pays chauds de l'ancien et du nouveau monde, s'ils sont transportés dans les contrées froides, ne peuvent y vivre longtemps. Il faut encore remarquer que l'homme se nourrit indifféremment de ce qu'il trouve à sa portée, de chair ou de végétaux, du lait de ses troupeaux ou du produit de ses moissons.

Facultés des sens. L'homme, ainsi que la plupart des animaux, est doué de certains organes spéciaux, nommés *organes des sens*, au moyen desquels il perçoit et apprécie les diverses propriétés des corps qui l'environnent. Les organes des sens sont au nombre de cinq : le *toucher*, le *goût*, l'*odorat*, la *vue* et l'*ouïe*, auxquels il faut ajouter l'organe de la *voix*.

Le *toucher* est le sens qui nous fait connaître les qualités palpables des corps. Chez l'homme, il a son siége sur toute la surface du corps, et principalement dans la main. Chez la plupart des animaux, le sens du toucher réside dans d'autres parties du corps : ainsi la trompe de l'éléphant, les lèvres du cheval et des ruminants, le nez du chien, le bec des oiseaux, sont pour ces animaux l'organe du toucher. Le *goût* est une faculté qui permet à l'homme et aux animaux de percevoir et de discerner les saveurs des corps. Il a pour siége principal la langue, qui est recouverte d'une peau fine et d'un grand nombre de papilles, c'est-à-dire de petites saillies nerveuses très-sensibles. L'*odorat* est le sens à l'aide duquel nous percevons les odeurs. Le siége de cet organe est placé dans les cavités du nez, sur le passage de l'air qui se rend aux poumons. L'*ouïe* a pour organe l'oreille ; c'est une faculté délicate, qui discerne sans hésiter les sons différents et les bruits les plus confus : les vibrations rapides des corps mis en mouvement sont transmises à l'oreille par le moyen de l'air. Le sens de la *vue* a pour organe l'œil, merveilleux instrument de vision qui, par l'intermédiaire de la lumière, nous fait connaître la couleur, la figure, la grandeur, la distance et le mouvement des corps ou des objets extérieurs.

Sous le rapport de la perfection des sens l'homme est supérieur aux animaux, surtout en ce qui concerne le toucher, la vue et l'ouïe. «Le toucher, dit Buffon, est le sens le plus relatif à la pensée et à la connaissance : l'homme a ce sens plus parfait que les animaux. Le sens de la vue ne peut avoir de sûreté et ne peut servir à la connaissance que par le secours du sens du toucher : aussi le sens de la vue est-il plus imparfait, ou plutôt acquiert moins de perfection dans l'animal que dans l'homme. L'oreille, quoique peut-être aussi bien conformée dans l'animal que dans l'homme, lui est cependant beaucoup moins utile, par le défaut de la parole, qui dans l'homme est une dépendance du sens de l'ouïe.» Mais l'odorat et le goût étant relatifs à l'instinct et à l'appétit, ces deux sens semblent être plus sûrs chez la plupart des animaux, qui choisissent, sans se tromper, les aliments qui leur conviennent. Tout le monde connaît la finesse de l'odorat du chien, qui perçoit merveilleusement les émanations du gibier, qui suit son maître à la piste, et sait le retrouver, guidé seulement par les faibles indices que les traces de ses pas ont laissés sur la terre.

La *voix*, chez les animaux, ne consiste qu'en des cris ; la voix modulée ou le chant appartient à un certain nombre d'oiseaux ; la voix articulée, c'est-à-dire la parole ou le langage, est le privilége de l'homme.

Les races humaines. Bien que tous les hommes aient une origine commune et ne forment qu'une seule et même espèce répandue dans toutes les parties habitables du globe terrestre, on remarque parmi les individus dont se compose l'espèce humaine des différences de conformation ordinairement unies à des différences de couleur qui ont fait admettre trois variétés physiques ou trois races distinctes, qui sont : 1° la *race blanche* ou *caucasique;* 2° la *race jaune* ou *mongolique;* 3° la *race noire* ou *éthiopienne (fig. 1).*

Race blanche.   Race jaune.   Race noire.

Fig. 1.

La *race blanche* ou *caucasique* occupe toute l'Europe, l'Afrique septentrionale, l'Égypte, l'Asie occidentale jusqu'au Gange, l'Arabie, la Perse et le Turkestan. Elle se distingue par la forme régulièrement ovale de la tête et la largeur du front; le nez est généralement aquilin; la chevelure flexible et le peau blanche ou légèrement brune. Cette race est la plus importante par la civilisation qui la distingue, et par les grands hommes qu'elle a produits dans toutes les branches des connaissances humaines.

La *race jaune* ou *mongolique*, bien inférieure sous tous les rapports à la race précédente, occupe une grande partie de l'Asie centrale et orientale, la Chine, le Japon, la Malaisie, l'Australie et les contrées les plus glacées ou régions polaires de l'Asie et de l'Amérique. Les peuples de cette race ont la face aplatie, le front bas et oblique, les pommettes saillantes, les yeux étroits et obliques, les cheveux noirs et plats, la peau olivâtre.

La *race noire* ou *éthiopienne* occupe une grande partie de l'Afrique centrale et méridionale : les Éthiopiens, les Cafres, les Hottentots, lui appartiennent ; elle est aussi répandue dans un grand nombre d'îles de l'Océanie. Ces peuples ont la peau noire, le front déprimé, les lèvres épaisses et saillantes, le nez épaté, les cheveux noirs, frisés et crépus ; l'œil est arrondi et saillant ; les dents sont fortes, longues et obliques en avant.

On distingue encore deux races secondaires : la race *rouge* ou *américaine*, disséminée dans diverses parties de l'Amérique, et la race *olivâtre* ou *malaisienne*, répandue dans une grande partie de l'Océanie et une partie de l'Asie.

Les quatre âges de la vie humaine. Selon le cours ordinaire de la vie, l'homme passe par quatre états successifs et distincts : l'*enfance*, divisée en deux périodes, l'une qui finit vers sept ans, l'autre vers douze ou quinze ans : l'*adolescence* ou la *jeunesse*, qui commence à l'époque où finit l'âge précédent et se termine à vingt-cinq ans ; l'*âge adulte*, qui prend le nom d'*âge viril*, de vingt-cinq à quarante ans, et d'*âge mûr*, de quarante à cinquante-cinq ou soixante ans ; enfin la *vieillesse*, qui succède à l'âge mûr, et se termine par la mort.

Mais tout ne meurt pas avec l'homme : si son corps est périssable, son âme paraît devant le juge suprême pour recevoir sa récompense ou sa punition. Ainsi cette vie n'est qu'un passage à une autre vie, où Dieu nous jugera selon nos œuvres, selon nos mérites.

Qüestionnaire.

A quel embranchement, à quelle classe et à quel ordre appartient l'homme, considéré sous le point de vue de la place qu'il occupe dans la classification zoologique ? — Quelles sont les parties constituantes du corps humain ? — Quels sont les caractères extérieurs qui doivent faire considérer l'homme comme un être à part ? — Par quelles facultés se distingue-t-il des animaux ? — Quelle est la fonction des organes des sens ? — Combien de sens l'homme possède-t-il ? — Qu'est-ce que le sens du toucher ? — Quel en est le siége principal ? — Donnez quelques détails sur les autres organes des sens et sur l'organe de la voix. — Combien de races distingue-t-on dans l'espèce humaine ? — Quelle est la plus importante de ces races ? — Quels sont les pays occupés par la race blanche ? — Par quels caractères se distingue-t-elle ? — Dans quels pays la race jaune est-elle répandue ? — Quels sont les caractères extérieurs des hommes de cette race ? — Donnez les mêmes indications sur la race nègre. — Quels sont les quatre états successifs du cours ordinaire de la vie humaine ? — Tout meurt-il avec l'homme ?

CHAPITRE IV.

Premier Embranchement : les Vertébrés; leur division en classes. — Classe des Mammifères; leur division en ordres. — Ordre des Quadrumanes. — Ordre des Carnassiers. — Ordre des Chéiroptères. — Ordre des Insectivores.

1er Embranchement. Les Vertébrés.

Les animaux vertébrés sont de tous les êtres animés ceux dont les organes sont les plus nombreux et les plus compliqués; ce sont aussi ceux dont les facultés sont les plus variées et les plus parfaites. Ils sont pourvus d'un squelette intérieur généralement osseux, qui a pour base une partie centrale composée de pièces appelées *vertèbres*, dont l'ensemble constitue la colonne vertébrale : c'est ce qui a fait donner à ces animaux le nom de *vertébrés*. Ils ont tous, pour caractères communs, un sang rouge, un cœur à deux, trois ou quatre cavités, et cinq sens plus ou moins développés. La respiration se fait au moyen de poumons chez les vertébrés qui vivent dans l'air, et par des branchies chez ceux qui vivent dans l'eau. Parmi ces animaux, les uns sont *vivipares*, c'est-à-dire que leurs petits viennent au monde tout vivants ; les autres sont *ovipares*, c'est-à-dire que leurs petits sortent d'un œuf dans lequel ils se sont formés.

Quoique les vertébrés se ressemblent tous par les caractères généraux de leur organisation, ils offrent néanmoins dans leur structure des modifications assez variées pour qu'on ait établi entre eux, comme

il a été déjà dit, cinq divisions formant cinq classes
distinctes, qui sont : les *Mammifères*, les *Oiseaux*,
les *Reptiles*, les *Batraciens* et les *Poissons*.

Classe des Mammifères.

Les *Mammifères*, qui forment la première classe
des vertébrés, sont des animaux à mamelles, c'est-
à-dire qu'ils allaitent leurs petits. Ils ont le sang
rouge et chaud et une double circulation; ils respirent au moyen de poumons, et leurs fonctions nu-
tritives s'exécutent comme chez l'homme. On désigne
quelquefois les mammifères par le nom de *quadrupèdes* ou animaux à quatre pieds; cette dénomina-
tion n'est point exacte, parce qu'elle ne peut pas
s'appliquer à un certain nombre d'espèces. Ainsi la
chauve-souris qui vole dans les airs, la baleine qui
nage dans les eaux, sont des mammifères et ne sont
pas des quadrupèdes; il ne faut pas non plus confondre la première avec les véritables oiseaux et la
seconde avec les véritables poissons. Les mammifères doivent être placés à la tête du règne animal,
parce qu'ils jouissent des facultés les plus développées et les plus nombreuses. C'est parmi eux que
nous trouvons les animaux doués de l'instinct le plus
admirable et nos serviteurs les plus utiles.

La classe des mammifères peut être partagée en
douze groupes naturels auxquels on donne le nom
d'*ordres*. Cette division repose sur les caractères tirés de la conformation des doigts et des dents. Ces
divers ordres sont : les *Bimanes*, les *Quadrumanes*,
les *Carnassiers*, les *Chéiroptères*, les *Insectivores*, les

Rongeurs, les *Édentés*, les *Pachydermes*, les *Rumi-nants*, les *Marsupiaux*, les *Amphibies* et les *Cétacés*.

Les *Bimanes*, représentés par une seule espèce qui est l'*homme*, forment un ordre exceptionnel, dont il a été déjà parlé.

Ordre des Quadrumanes.

Les *Quadrumanes*, ainsi que leur nom l'indique, sont pourvus de mains aux quatre membres; ils imitent par leurs mouvements les gestes de l'homme, avec lequel ils ont quelque ressemblance. Plusieurs d'entre eux peuvent se tenir dans une position presque verticale, mais leur allure principale consiste en sauts et en bonds, et ils sont doués d'une agilité et d'une adresse très-remarquables.

Presque tous les quadrumanes appartiennent à la famille des *singes*. Ils vivent en troupes nombreuses dans les forêts des contrées méridionales de l'ancien et du nouveau monde : ils se tiennent presque constamment sur les arbres, sautant de branche en branche et saisissant les insectes et surtout les œufs d'oiseaux, dont ils sont très-friands. Leur nourriture principale se compose de racines tendres, de fruits et de cannes à sucre; et comme ils sont en général gourmands et voleurs, ils commettent des dégâts considérables dans les jardins et dans les champs cultivés. Leurs mouvements sont brusques, leurs gestes grimaciers; leur humeur est mobile, leur caractère irascible. Les uns ont une queue longue et flexible qui se roule autour des objets; les autres ont des ongles crochus qui déchirent l'écorce des arbres et leur servent de point d'appui. Les singes en général sont dociles dans leur jeunesse et peuvent être dressés à une foule de tours; mais l'âge affaiblit de plus en plus en eux cette qualité, et ils finissent même, en vieillissant, par devenir méchants et dangereux.

Parmi les genres les plus remarquables de l'ancien continent, nous nommerons : les *orangs*, vulgairement connus sous le nom d'*hommes des bois*; — les *gibbons*, qui sont doux et timides, mais peu susceptibles d'éducation; — les *macaques*, dont une espèce, le *magot*, se trouve en Europe. — L'*orang-outang*, espèce d'orang de l'île Bornéo, est celui de tous les animaux qui, extérieurement, ressemble le plus à l'homme. Cet animal a un instinct très-développé, et il est susceptible de quelque éducation. A l'état sauvage, il est très-farouche; on dit même qu'il se fait tuer plutôt que de se laisser prendre. Il marche assez bien à deux pieds, quand il s'appuie sur une branche d'arbre. — Le *chimpanzé*, de l'île de Sumatra, offre à peu près autant d'analogie que l'orang-outang avec l'homme et s'apprivoise aussi aisément; mais il ne supporte pas la captivité et ne vit jamais longtemps dans les ménageries d'Europe.

Parmi les singes qui appartiennent au nouveau continent, il faut citer les *sapajous*, distingués par une queue mobile et prenante, dont ils se servent comme d'une cinquième main pour se suspendre et se balancer aux branches des arbres; — les *sakis*, remarquables par la beauté de leur pelage et par leur gentillesse; — les *ouistitis*, qui vivent comme les écureuils, dont ils ont l'agilité et la douceur, et qui se nourrissent principalement d'insectes.

Près de la famille des singes se range celle des *makis*, appartenant également à l'ordre des quadrumanes. Nommons, parmi les genres principaux, d'abord les *makis*, servant de type à la famille ; — puis les *indris*, animaux aussi remarquables par l'élégance de leurs formes que par leur agilité ; — les *loris*, auxquels la lenteur extrême de leurs mouvements a fait donner le nom de *singes paresseux*.

Ordre des Carnassiers. Les *Carnassiers*, comme leur nom l'indique, se nourrissent à peu près exclusivement de matières animales et principalement de chair. Ils ont généralement le sens de l'odorat très-développé, et sont en même temps doués de beaucoup de vigueur et d'une grande agilité dans les mouvements. Cet ordre comprend tous les animaux vulgairement connus sous le nom de *bêtes féroces*

Fig. 2. — Ours.

et caractérisés par des dents canines très-fortes, des dents molaires tranchantes et des dents incisives à chaque mâchoire : la plupart sont armés de griffes propres à saisir et à déchirer leur proie. Cet ordre est divisé en deux familles : les *plantigrades* et les *digitigrades*.

Les *plantigrades,* qui forment la première famille des carnassiers, marchent sur la plante des pieds, comme l'indique leur nom. Nous citerons les genres principaux.

L'*ours* (*fig.* 2) est un animal à corps trapu et à membres robustes, qui mène une vie solitaire dans les forêts épaisses ou sur les hautes montagnes. Il est doué d'une vue excellente, d'un odorat très-fin, et dans le danger il fait preuve d'une extrême circonspection. L'espèce la plus commune dans nos climats est l'*ours brun,* qui habite principalement les Alpes et les Pyrénées. Il se nourrit plutôt de racines et de fruits que de chair ; il passe presque tout l'hiver dans une sorte de léthargie, et ne sort de sa tanière qu'avec les beaux jours. Cet animal est susceptible de quelque éducation, et les bateleurs forains parviennent à lui faire exécuter avec assez d'adresse divers exercices. L'*ours noir,* très-commun dans les immenses forêts du nord de la Russie, est celui dont la fourrure est la plus recherchée. L'*ours blanc* habite les régions polaires, où il se nourrit de phoques et de poissons ; il nage avec célérité, et se blottit l'hiver dans les cavernes des rochers ou dans les creux des montagnes de glace. Il est beaucoup plus farouche et plus redoutable que l'ours brun. — Le *raton,* animal d'Amérique, plus pe-

tit que l'ours, ressemble à ce dernier par sa forme extérieure et par ses habitudes. Comme lui, il se nourrit de chair ou de fruits. Sa fourrure est également
recherchée.

Le *blaireau* a un pelage long et bien fourni, gris
en dessus, noir en dessous ; sa taille est celle d'un
chien ordinaire, mais ses jambes sont beaucoup plus
courtes. C'est un animal défiant et solitaire, qui
passe une grande partie de sa vie dans des terriers
profonds et sinueux : il se nourrit indifféremment
de tout ce qu'il peut prendre, fruits, insectes, mulots et grenouilles. Quand il est attaqué, il se renverse sur le dos et se défend avec courage. Son poil
sert à faire des pinceaux et des brosses. — Le *glouton*, qui est de la grosseur du blaireau, doit son nom
à sa voracité. Il grimpe facilement sur les arbres, et
là, se plaçant en embuscade, il se jette sur la proie
vivante qui vient à sa portée.

Les *digitigrades* forment la seconde famille des
carnassiers ; ils marchent sur le bout des doigts et
non sur la plante des pieds : aussi leur marche est-
elle très-rapide. Examinons les principaux genres.

Le genre *chat*, qui peut être considéré comme le
type des carnassiers, comprend non-seulement les
chats proprement dits, mais aussi tous les animaux
que distinguent une tête arrondie, des mâchoires
courtes, une langue rude, des ongles crochus et ré-
tractiles, des dents très-fortes. La faculté qu'ils ont
de contracter ou de dilater leur prunelle leur permet de voir également bien, soit le jour, soit la nuit.

Ce genre renferme les carnassiers les plus redoutables par leur courage, leur force et leurs appétits

Fig. 3. — Lion.

sanguinaires. Citons les espèces les plus remarquables. — Le *lion* (*fig.* 3), d'une couleur fauve uniforme, est orné d'une crinière qui flotte sur ses épaules et sur son cou; c'est le plus fort des animaux carnassiers. Il habite diverses contrées de l'Afrique et de l'Asie. Il dort ordinairement le jour, et sort pendant la nuit pour chercher sa proie; c'est alors qu'il fait entendre son terrible rugissement, qui épouvante tous les animaux. — Le *tigre* est à peu près de la même taille que le lion; son corps est rayé de bandes noires et transversales; il recherche les bords des fleuves et des taillis épais, parce qu'il y trouve une proie plus assurée; il s'élance d'un bond sur les troupeaux et sur l'homme, les renverse, les déchire et se désaltère dans leur sang.

La *panthère* d'Afrique, dont la fourrure est mouchetée, est encore plus féroce que le tigre. — Le *jaguar* et le *couguar*, tous deux originaires d'Amérique, ont la fourrure mouchetée comme celle de la panthère. — Le *léopard*, dont le pelage, jaune sur le dos, blanc sous le ventre, est partout couvert de taches noires en forme de roses ; le *lynx* ou *loup-cervier* et le *guépard* ou tigre chasseur des Indiens ont à peu près les mêmes instincts et les mêmes mœurs que les animaux précédents. — Le *chat ordinaire* a les ongles crochus et tranchants ; il s'élance par bonds légers et grimpe avec rapidité. Il existe à l'état sauvage dans les forêts d'Europe. A l'état domestique, il varie de couleur et de finesse de poil ; ses services consistent à détruire les rats et les souris ; mais il montre peu d'attachement pour la main qui le nourrit.

L'*hyène*, qui habite quelques contrées de l'Afrique et des Indes, se distingue des animaux du genre chat par le nombre de ses doigts, qui est de quatre à tous les pieds, et par ses pattes de derrière, plus courtes que celles de devant. Cet animal sauvage et solitaire demeure dans les cavernes des montagnes et dans les fentes des rochers ; il n'en sort guère que la nuit pour chercher sa proie.

Le genre *chien* comprend les *chiens proprement dits* et quelques animaux qui offrent les mêmes caractères distinctifs. Citons les espèces principales. — Le *chien*, si remarquable par sa vigilance, son courage et son attachement, a la vue excellente, l'odorat subtil et l'ouïe très-délicate. On en compte une foule de variétés, dont les plus remarquables sont, parmi les *mâtins* ou chiens à pelage ras ou à poils courts : le *chien de berger*, d'un admirable instinct pour la garde des troupeaux ; le *lévrier*, d'une course si rapide ; le *chien des Alpes*, dressé à secourir les voyageurs égarés dans les neiges ; parmi les *épagneuls* ou chiens à poils longs : le *chien-loup*, excellent gardien ; le *basset* et l'*épagneul français*, employés à la chasse ; le *caniche* ou *barbet*, si intelligent et si fidèle ; le *chien de Terre-Neuve*, qui nage facilement et qu'on dresse à retirer de l'eau les personnes en danger de se noyer ; enfin le *chien de Sibérie*, très-précieux pour les peuplades des régions polaires, et qui, attelé à des traîneaux, parcourt de grandes distances avec une incroyable rapidité. Tous ces chiens existent seulement à l'état domestique. Le *chien sauvage* a les oreilles courtes et droites, et se rapproche, pour la forme, du chien de berger.

Le *loup* a la taille et la physionomie du chien sauvage : ses oreilles sont droites et sa couleur est en général d'un gris fauve ; il vit ordinairement seul, attaque et se défend avec fureur, et sent le gibier de fort loin ; si la faim le presse, il quitte les bois, se rapproche des lieux habités et se jette sur tout ce qu'il rencontre. — Le *chacal* ou *loup doré* ressemble également au chien pour la forme ; seulement son museau est plus allongé, et son pelage est d'un fauve clair ; ses hurlements sont aigus et sinistres : il habite par troupes nombreuses les contrées de l'Inde et de l'Afrique. — Le *renard* a la queue longue et touffue et le museau pointu ; il est naturellement rusé, et se loge sur la lisière des bois ou à l'entrée des hameaux pour être à portée des basses-cours ; d'autres fois il chasse les lièvres et les perdrix, et montre autant de patience que d'adresse ; il est également très-friand de miel et de raisins. Sa peau est assez recherchée comme fourrure.

Le genre des *martres* ou *martes* comprend, outre

les martres proprement dites, plusieurs petits animaux qui se ressemblent par la forme et les habitudes : voici les principales espèces. Les *putois*, qui
doivent leur nom à l'odeur désagréable qu'ils répandent, ont la tête arrondie et le museau court;
ils s'introduisent dans les poulaillers ou dans les ga-
rennes, où ils commettent beaucoup de ravages. —
Le *furet*, originaire de l'Afrique septentrionale, ne
se trouve chez nous qu'en domesticité; on s'en sert
pour chasser les lapins et les faire sortir de leurs
terriers. — La *belette*, pendant l'hiver, habite ordinairement les greniers et les granges et fait la guerre
aux rats et aux souris; pendant l'été, elle parcourt
les prairies, attaquant les taupes, les mulots, les
couleuvres, et se cachant dans les buissons pour
s'introduire dans les nids des oiseaux et dévorer les
œufs. — Les *hermines* sont très-communes dans
tout le Nord, surtout en Russie et en Norwége; elles
sont rares dans les pays tempérés, et ne se trouvent
point dans les pays chauds : leur fourrure est très-
recherchée à cause de son éclatante blancheur.

Sous le nom de *martres* proprement dites on désigne plusieurs espèces, dont les principales sont
la *martre commune*, la *martre zibeline* et la *fouine*.
La *martre commune* vit dans les bois, particulièrement dans les bois de sapins : sa fourrure est de
couleur brune assez brillante. La *martre zibeline*,
qui vit dans les forêts des contrées les plus froides
de l'ancien et du nouveau continent, est remarquable
par sa belle fourrure d'un brun lustré très-brillant.
La *fouine* est la terreur des poulaillers et des faisan-
deries; elle guette aussi les souris et les taupes. —

La *civette*, dont la forme ressemble à celle des martres, porte sous sa queue une poche dans laquelle se
trouve la matière odorante employée dans la parfumerie et connue sous le nom de civette. — La *loutre*
a la tête large, les ongles courts et réunis par une
forte membrane, ce qui en fait un animal nageur; sa
queue est aplatie. Elle vit principalement de poissons
qu'elle chasse pendant la nuit; le jour, elle reste cachée dans un trou tapissé de mousse et d'herbes sèches.

Ordre des Chéiroptères. Les *Chéiroptères*, dont
le nom signifie *mains devenues ailes* ou mains
ailées, sont des animaux qui paraissent au premier
aspect n'appartenir ni aux oiseaux ni aux mammifères; ils tiennent cependant aux premiers par leur
vol et aux seconds par les autres traits de leur organisation. Ce sont des animaux nocturnes; le soir ils
quittent leur retraite pour se mettre à la recherche
des insectes dont ils font leur principale nourriture.
Citons les genres principaux.

Fig. 4. — Chauve-souris.

La *chauve-souris* (*fig. 4*) a les yeux très-petits et
les oreilles très-grandes : aussi est-elle très-sensible
à la moindre impression de l'air. Elle saisit les in-

sectes au vol, à la manière de l'hirondelle. La chauve-souris se retire le jour dans les grottes et dans les caves, où elle se suspend par ses griffes pointues, recouverte de ses longues membranes comme d'un manteau. Dans les climats froids, elle s'engourdit pendant l'hiver et reste en léthargie jusqu'au retour du printemps. — Une espèce de chauve-souris d'Amérique, connue sous le nom de *vampire*, suce, dit-on, le sang des animaux quand ils sont endormis. — L'*oreillard* est remarquable par la longueur démesurée de ses oreilles, qui égale celle de son corps. La *roussette*, qui vit dans l'Inde, est reconnaissable à ses petites oreilles et à sa grande taille.

Ordre des Insectivores. Les *Insectivores* sont de petits animaux qui se nourrissent principalement d'insectes et de vers et aussi de racines tendres. Examinons les genres les plus importants.

Le *hérisson* habite, dans les bois, un terrier bien construit d'où il ne sort que la nuit pour chercher sa nourriture et où il reste engourdi pendant l'hiver. Comme sa vue est très-faible, il marche toujours le nez au vent et sent l'approche de ses ennemis. Son corps est couvert de piquants qui se hérissent au moment du danger pendant que l'animal s'arrondit en boule. La chasse assidue qu'on fait au hérisson n'est justifiée par aucun motif ; non-seulement il est inoffensif et ne nuit à aucun produit utile des champs et des bois, mais encore il rend des services réels en détruisant une multitude d'insectes nuisibles dont il se nourrit. — La *musaraigne* ressemble à une petite souris par ses poils et par son museau effilé.

Elle vit dans les trous des vieux murs, sous les tas de pierres, sous les racines des plantes ; on la retrouve également au bord des fontaines, dans les prairies humides et dans les plaines arides. Ce petit animal se nourrit surtout d'insectes et de vers. — La *taupe* est reconnaissable à ses petites mains armées d'ongles aigus et à son museau prolongé en groin. Ses yeux sont extrêmement petits ; mais elle voit cependant et n'est point aveugle, comme on l'a prétendu. Elle creuse de longues galeries souterraines et rejette la terre avec son museau. Elle se prépare ainsi un domicile sûr où elle trouve, sans en sortir, une subsistance abondante. Il lui faut une terre douce, fournie de racines succulentes, et surtout bien peuplée d'insectes et de vers, dont elle fait sa principale nourriture. Dans les prairies où les taupes sont trop multipliées, elles font beaucoup de dégât en bouleversant le sol pour former ces monticules nommés taupinières et en coupant entre deux terres les racines des plantes. On leur fait une guerre assidue au moyen de divers piéges.

Questionnaire.

Quels sont les animaux désignés sous le nom de vertébrés ? — Quels sont leurs caractères communs ? — Combien de classes comprennent-ils ? — Quelles sont-elles ? — Qu'est-ce que les mammifères ? — Donnez quelques détails sur leur organisation et sur leurs facultés. — Combien d'ordres comprennent-ils ? — Quels sont ces ordres ? — Quels sont les animaux compris dans l'ordre des quadrumanes ? — A quelle famille appartiennent-ils généralement ? — Donnez quelques détails sur les singes. — Mentionnez les genres les plus remarquables de l'ancien et du nouveau continent. — Qu'est-ce que les carnassiers? — Quels sont leurs caractères distinctifs? — En combien de familles les distingue-t-on? — Qu'est-ce que les plantigrades? —Mentionnez les genres les plus importants, l'ours, le raton, le blaireau, le glouton. — Qu'est-ce que les digitigrades? — Indiquez les genres les plus remarquables, et donnez quelques détails sur les animaux compris dans le genre chat, tels que le lion, le tigre, la panthère, l'hyène, le chat ordinaire. — Quels sont les animaux que comprend le genre chien? — Mentionnez les diverses espèces de chiens, et donnez quelques détails sur le loup, le chacal et le renard. — Faites connaître les principales espèces du genre des martres.— Quelles sont les espèces désignées sous le nom de martres proprement dites? — Quels sont les animaux désignés sous le nom de chéiroptères? — Citez les genres principaux. — Quels sont les animaux compris dans l'ordre des insectivores? — Donnez quelques détails sur le hérisson, la musaraigne et la taupe.

CHAPITRE V.

Suite des Mammifères. — Ordre des Rongeurs. — Ordre des Édentés. — Ordre des Pachydermes.

Ordre des Rongeurs. Les *Rongeurs*, ainsi nommés parce qu'ils ont l'habitude de ronger leurs aliments, ont, à l'extrémité de chaque mâchoire, deux dents incisives et tranchantes; leurs doigts sont armés d'ongles aigus; ils se nourrissent principalement de racines, d'écorces, de fruits. Ils vivent presque tous dans des terriers ou dans des huttes qu'ils construisent pour loger leur famille; quelques-uns dorment pendant l'hiver. Citons les genres les plus remarquables.

L'*écureuil* est un joli animal qui se sert fort adroitement de ses pattes de devant comme de petites mains pour saisir sa nourriture et la porter à sa gueule ; sa queue, longue et touffue, se redresse en panache sur son dos. Agile, intelligent et gai, il passe sa vie sur les arbres élevés, dans un nid mollement garni de mousse et abrité contre la pluie ; les oiseaux de proie sont les seuls ennemis qu'il ait à redouter. Dans nos climats, l'écureuil commun a le dos roux et le ventre blanc ; mais dans le Nord ces couleurs se changent pendant l'hiver en un beau cendré bleuâtre : c'est ce qu'on appelle le *petit-gris*, fourrure très-recherchée. — Le *polatouche* est une espèce d'écureuil chez lequel un repli de la peau forme, entre les jambes, une sorte de parachute qui permet à l'animal de faire des sauts très-allongés et même de se soutenir quelques instants en l'air, ce qui lui a fait donner le nom d'*écureuil volant*.

La *marmotte* a la tête plate, le corps ramassé, les membres assez forts, la fourrure épaisse et la démarche lourde ; elle vit en famille dans le fond de son terrier, et reste engourdie pendant toute la saison des froids. Malgré son apparence stupide, la marmotte fait preuve d'intelligence dans la construction de son terrier, divisé en compartiments et soigneusement garni de foin et de mousse. La marmotte des Alpes est commune en Savoie et en Suisse. Cet animal, timide et doux, s'apprivoise facilement en captivité : il sert de gagne-pain aux petits Savoyards, qui le montrent comme une curiosité.

Le *loir* ressemble à l'écureuil ; il a la queue longue et touffue, le museau fin, le poil gris cendré en des-

sus, blanc roussâtre en dessous ; il vit sur les arbres,
se nourrissant de fruits et de petits oiseaux. Pendant
l'hiver il reste engourdi dans un profond sommeil.
Une de ses espèces, connue sous le nom de *lérot*,
fait sa demeure dans les trous des murailles et dé-
vaste les espaliers des jardins. — Le *chinchilla* habite
le Pérou et le Chili : sa fourrure, d'une belle couleur
grise, est très-recherchée.

Le *rat ordinaire* a la queue longue et arrondie,
l'œil vif et le museau garni de moustaches. Cet animal, dont les espèces et les variétés sont très-nombreuses, est un véritable fléau pour les habitations : viande, fruits, légumes, livres, linge et bois,
il attaque et dévore tout. — La *souris*, espèce de
rat, est bien connue par les dégâts qu'elle cause dans
les appartements. — Le *mulot* est une autre espèce
vulgairement désignée sous le nom de *rat des champs.*
— La *gerboise,* surnommée *rat à deux pieds*, est
remarquable par la longueur de ses membres postérieurs ; son allure ordinaire est le saut. — Le
hamster est un animal assez semblable au rat, mais
il est un peu plus grand et il a une queue courte ; il
passe sa vie dans un terrier profond et y accumule
toutes sortes de grains. Cet animal est communément
répandu en Allemagne, en Russie et dans le nord de
l'Asie.

Le *lièvre* a les oreilles longues, la queue courte,
les pattes de derrière plus grandes que celles de
devant, de sorte qu'il saute plutôt qu'il ne marche ;
ses oreilles mobiles entendent le bruit le plus léger.
C'est un animal timide qui vit seul dans les sillons,
où il dort le jour quand le chasseur lui laisse un in-

stant de repos. Le lièvre s'élève difficilement en domesticité et ne s'apprivoise jamais qu'à demi. — Le *lapin*, qui est une espèce de lièvre, se creuse pour demeure un terrier profond, et multiplie avec une prodigieuse fécondité, soit à l'état sauvage, soit à l'état domestique. — Le *cochon d'Inde*, originaire d'Amérique, est aujourd'hui fort répandu dans toute l'Europe. On en a fait un animal domestique, parce qu'on prétend que son odeur chasse les rats.

Le *porc-épic* est couvert de piquants noirs et blancs qui se redressent comme les pointes du hérisson. On le trouve en Italie et dans les pays chauds, habitant des terriers à plusieurs issues. Il se nourrit indifféremment de fruits et de racines : l'hiver il reste engourdi. Les piquants du porc-épic sont si peu adhérents à la peau, qu'ils tombent souvent dans les secousses que l'animal imprime à son corps pour se débarrasser des insectes qui le tourmentent : c'est ce qui a donné lieu à la fable accréditée chez les **anciens**, que le porc-épic pouvait lancer ses dards contre ses ennemis.

Le *castor* (*fig. 5*) est reconnaissable à sa queue

Fig. 5. — Castor.

aplatie et revêtue d'écailles, à ses dents incisives assez fortes pour attaquer les arbres les plus durs. Cet animal industrieux bâtit tous les ans de petites huttes ou cabanes qu'il habite en famille. Assez communément répandu autrefois dans diverses contrées, il ne se trouve plus guère aujourd'hui qu'aux bords de quelques grands lacs déserts de l'Amérique septentrionale. C'est ordinairement vers le mois de juillet que les castors se réunissent pour commencer leurs travaux. « Le lieu du rendez-vous, dit Buffon, est ordinairement le lieu de l'établissement, et c'est toujours au bord des eaux ; si ce sont des eaux plates et qui se soutiennent toujours à la même hauteur, comme dans un lac, ils se dispensent d'y construire une digue ; mais dans les eaux courantes et qui sont sujettes à hausser ou à baisser comme sur les rivières, ils établissent une chaussée, et par cette retenue ils forment une espèce d'étang ou de pièce d'eau qui se soutient toujours à la même hauteur. La chaussée traverse la rivière comme une écluse et va d'un bord à l'autre. L'endroit de la rivière où ils établissent cette digue est ordinairement peu profond ; s'il se trouve sur le bord un gros arbre qui puisse tomber dans l'eau, ils commencent par l'abattre pour en faire la pièce principale de leur construction ; ils le scient, ils le rongent au pied, et, sans autre instrument que leurs quatre dents incisives, ils le coupent en assez peu de temps et le font tomber du côté qu'il leur plaît, c'est-à-dire en travers sur la rivière ; ensuite ils coupent les branches pour en faire des pieux. A mesure que les uns plantent les pieux, les autres vont chercher de la terre qu'ils

gâchent avec leurs pieds et battent avec leur queue ;
ils la portent dans leur gueule et avec les pieds de
devant, et ils en transportent une si grande quantité, qu'ils en remplissent tous les intervalles de leurs
pilotis. » Ce grand ouvrage d'utilité commune
achevé, les castors songent à la construction de leurs
habitations particulières, espèces de cabanes presque
toujours ovales ou rondes, qu'ils bâtissent au bord
du lac, et dans lesquelles sont pratiquées deux issues
opposées, l'une pour aller à terre, l'autre du côté de
l'eau : ces asiles sont non-seulement très-sûrs, mais
encore très-propres et très-commodes. Une bourgade
de castors se compose de dix ou douze cabanes,
quelquefois de vingt ou vingt-cinq. Près des habitations est établie une réserve où sont déposées les
provisions : ce sont des écorces fraîches, des racines aquatiques et des branches tendres. Chaque famille a sa réserve particulière proportionnée au
nombre de ses membres. La fourrure des castors
étant beaucoup plus fournie en hiver qu'en été,
c'est principalement durant la première saison
qu'on leur fait la guerre. Cette fourrure est recherchée pour la fabrication des chapeaux.

Ordre des Édentés. Les mammifères qui n'ont
pas de dents composent l'ordre des *Édentés ;* quelques-uns sont privés seulement de dents incisives :
la nature a remplacé leurs dents par des ongles
très-forts. Ces animaux sont généralement remarquables par une certaine lenteur dans tous leurs
mouvements. Ils sont défiants et timides et vivent
retirés dans les terriers ou dans les fentes des ro-

chers, quelquefois aussi dans le feuillage des arbres touffus. Ils habitent presque tous les contrées de l'Amérique méridionale. Citons les genres les plus remarquables.

Le *paresseux,* qui mérite ce nom par la lenteur de sa démarche, passe sa vie sur un arbre dont il dévore les feuilles : ses yeux sont couverts, son poil est rude, ses jambes sont trop courtes ; tout en lui semble ébauché. L'*aï* et l'*unau* sont deux espèces de ce genre.

Le *tatou* (*fig.* 6) a le corps couvert d'écailles mobiles ; il se roule en boule comme le hérisson, et se cache dans des terriers où il se nourrit de végétaux et d'insectes.—Le *pangolin* est aussi revêtu de fortes écailles ; il se nourrit presque exclusivement de fourmis qu'il prend avec sa langue mince et gluante. Cet animal se trouve dans l'Inde et dans les contrées centrales de l'Afrique. — Le *fourmilier* et le *tamanoir* se nourrissent aussi de fourmis, qu'ils prennent en enfonçant avec une grande vitesse leur langue charnue et fort longue dans les immenses fourmilières dont est couvert le sol des contrées qu'ils habitent.

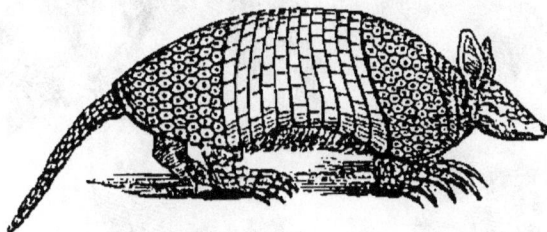

Fig. 6. — Tatou.

Ordre des Pachydermes. Les mammifères qui ont une peau épaisse, peu fournie de poils, et qui n'ont pas, comme les animaux de l'ordre suivant, la faculté

de ruminer, sont appelés *Pachydermes* : ce nom signifie *cuir épais*. Ils ne peuvent se servir du pied
que pour la marche, et paissent les végétaux. Cet
ordre renferme les plus gros animaux terrestres,
l'éléphant, l'hippopotame, le rhinocéros, ainsi que
des quadrupèdes très-utiles à l'homme, tels que le
cheval et l'âne. Les uns, comme l'éléphant, ont le
nez prolongé en une longue trompe, et sont appelés
proboscidiens; d'autres, comme le cheval, qui se distinguent par la conformation du pied garni d'un sabot
unique, ont reçu le nom de *solipèdes*; enfin ceux
qui ont un sabot fendu, tels que le sanglier, sont
nommés *fissipèdes*. Examinons les principaux genres.

L'*éléphant* (*fig.* 7), cet énorme mammifère dont la
trompe conique remplit à la fois les fonctions d'un
nez et celles d'une main capable de saisir par aspi-
ration les plus petits objets, est encore remarquable
par deux grandes dents qui, se montrant hors de la
bouche, forment ce qu'on appelle ses défenses. Il

Fig. 7. — Éléphant.

n'est pas naturellement féroce : il vit, à l'état sauvage, en troupes nombreuses, s'enfonce dans les forêts et se baigne dans les rivières, dont il trouble l'eau avant de la boire. Sa nourriture ordinaire se compose d'herbe et de bois tendre : aussi fait-il un dégât prodigieux dans les champs cultivés. On distingue deux espèces d'éléphants : l'éléphant des Indes ou d'Asie et l'éléphant d'Afrique. Dans les Indes on a fait de l'éléphant un animal domestique, aussi utile par sa force, comme bête de somme, que précieux pour son instinct et sa docilité. L'éléphant d'Afrique, que les anciens employaient aux combats, est plus sauvage et plus petit que celui des Indes, mais ses défenses sont plus grandes. Les éléphants vivent à peu près deux cents ans. On leur fait une guerre acharnée pour s'emparer de leurs défenses, qui fournissent la matière connue sous le nom d'*ivoire*. Le *mastodonte*, décrit par Cuvier d'après les débris découverts en Amérique, et le *mammouth*, dont les restes fossiles ont été retrouvés en Russie, sont deux grandes espèces d'éléphants dont la race n'existe plus depuis longtemps.

L'*hippopotame*, dont le nom signifie *cheval de rivière*, quoiqu'il n'ait aucune ressemblance avec le cheval, a le corps robuste, la peau épaisse, le naturel féroce ; il vit dans les rivières du centre et du midi de l'Afrique, et se nourrit de végétaux aquatiques. Pendant la nuit, il quitte sa demeure pour aller dans les champs voisins dévorer les plantations de cannes à sucre, de millet et de riz. — Le *rhinocéros*, originaire d'Asie et d'Afrique, est remarquable par la corne épaisse qu'il porte sur le nez. Il est lourd et de grande taille comme le précédent, et d'un naturel farouche. Sa peau, dit-on, est trop dure pour être entamée par le fer ou par le plomb. On a trouvé en France et dans d'autres pays des débris de rhinocéros fossiles dont les types n'existent plus.

Le *porc* ou *cochon domestique* a le museau terminé par un groin ou boutoir propre à fouiller et à creuser la terre. Cet animal, quoiqu'on l'ait rendu domestique, conserve toujours un naturel intraitable : d'une extrême voracité, il mange tout ce qu'on lui offre et se nourrit de résidus de toute espèce. C'est un des animaux les plus utiles à l'homme pour sa graisse ferme, nommée lard, et sa chair, qui est celle qui se conserve le mieux au moyen du sel et par l'exposition à la fumée. Ses poils, roides et durs, sont connus sous le nom de soies et servent à faire des brosses. — Le *sanglier* ou *cochon sauvage* vit de fruits et de racines en fouillant la terre avec son boutoir : il défend courageusement ses petits ou marcassins, et se jette avec fureur sur le chasseur qui l'a blessé. — Le *tapir*, qui a la forme du cochon avec une taille plus grande, a le museau allongé en trompe courte et mobile. Il vit dans les forêts, surtout dans les lieux humides et marécageux de l'Amérique méridionale et de l'Inde.

Le *cheval* a l'œil grand et plein de feu, l'oreille mobile, l'ouïe délicate et la marche rapide; son instinct et sa docilité égalent la beauté de ses formes. Originaire de la Tartarie, le cheval, dont la race a été améliorée par les soins de l'homme, est aujourd'hui acclimaté et communément répandu dans presque toutes les parties du monde; c'est un des animaux domestiques les plus précieux. En France, les meilleures races de chevaux sont les *normands*, les *limousins*, les *percherons* et les *ardennais*. Le *cheval arabe* est sans rival pour la beauté des formes et la légèreté à la course; le *cheval anglais* est moins élégant, mais presque aussi bon coureur que l'arabe; le *cheval mecklembourgeois* est surtout recherché pour les attelages de luxe. Le cheval n'existe plus à l'état sauvage que dans les lieux où des chevaux domestiques ont recouvré leur liberté, comme dans les grandes plaines de l'Asie et de l'Amérique. L'importation de ces animaux dans le nouveau monde ne date que de la conquête des Espagnols, et les chevaux sauvages s'y sont tellement multipliés, qu'on les rencontre vivant en troupes immenses dans les parties désertes des deux Amériques. — L'*âne*, humble, patient et sobre, remplace le cheval à la campagne; il s'attache à son maître malgré les coups qu'il en reçoit trop souvent, et marche d'un pas plus sûr que le cheval dans les chemins escarpés. Cet animal, qui se contente des aliments les plus grossiers, fournit cependant la plus forte somme de services utiles en proportion des frais de son entretien. Il est également propre à porter, à traîner et à servir de monture. Les meilleures races d'ânes sont, en France, celle des Pyrénées, dite de Gascogne, et celle du Poitou. — Le *mulet*, qui tient du cheval et de l'âne, est communément répandu dans le midi de la France; il est plus sobre, moins délicat que le cheval sur le choix des aliments, et supporte mieux la chaleur et la fatigue. La sûreté de sa marche, et sa vigueur pour gravir les sentiers les plus escarpés, en font un animal très-utile. Il n'est pas seulement propre au service du bât, il est aussi employé comme bête d'attelage. — Le *zèbre*, originaire d'Afrique, est généralement plus petit que le cheval et plus grand que l'âne, auquel il ressemble par ses formes. Toute sa peau est rayée de bandes noires et blanches, disposées avec beaucoup de symétrie et de régularité.

Questionnaire.

Qu'est-ce que les rongeurs? — Quels sont leurs caractères distinctifs? — De quoi se nourrissent-ils principalement? — Donnez quelques détails sur l'écureuil et la marmotte. — Qu'est-ce que le loir? le chinchilla? — Faites connaître les habitudes du rat, de la souris et du hamster. — Donnez quelques détails sur le lièvre, le lapin et le porc-épic. — Quels sont les caractères extérieurs qui distinguent le castor? — Décrivez l'industrie et les travaux de cet animal. — A quoi sert sa fourrure? — Qu'est-ce que les édentés? — Quels sont les caractères distinctifs de ces animaux? — Dans quelles contrées les trouve-t-on principalement? — Quels sont les genres les plus remarquables? — Qu'est-ce que les pachydermes? — Quels sont les principaux animaux renfermés dans cet ordre? — Décrivez l'éléphant. — Combien d'espèces en distingue-t-on? — Vit-il longtemps? — Pourquoi lui fait-on la chasse? — Qu'est-ce que le mastodonte et le mammouth? — Donnez quelques détails sur l'hippopotame et le rhinocéros. — Décrivez le cochon domestique, le sanglier et le tapir. — Quels sont les caractères extérieurs qui distinguent le cheval? — Quelles sont, en France, les meilleures races de chevaux? — Quelles sont les plus belles races étrangères? — Dans quelles contrées trouve-t-on des chevaux sauvages vivant en troupes nombreuses? — Donnez quelques détails sur l'âne, le mulet et le zèbre.

CHAPITRE VI.

Suite des Mammifères. — Ordre des Ruminants. — Ordre des
Marsupiaux. — Ordre des Amphibies. — Ordre des Cétacés.

Ordre des Ruminants. On désigne sous le nom
de *Ruminants* les mammifères qui ont la faculté de
ruminer, c'est-à-dire de mâcher une seconde fois
leurs aliments après les avoir avalés une première
fois. Cet acte, appelé *rumination*, s'accomplit au
moyen de quatre poches distinctes dont se compose
leur estomac. Les aliments, mâchés une première
fois et engloutis dans la première poche, nommée
panse, passent dans une seconde poche, le *bonnet*,
où, après s'être ramollis, ils remontent jusque dans
la bouche pour être soumis à une seconde mastication. Avalés de nouveau, ils descendent dans une
troisième poche, le *feuillet*, et de là ils tombent dans
une quatrième et dernière poche, la *caillette*, qui
remplit chez ces animaux les fonctions de l'estomac
des autres mammifères. Parmi les ruminants, les
uns sont armés de cornes, comme le taureau, les
autres, de protubérances osseuses, comme la girafe,
ou de larges ramifications, comme le cerf. Ils se
nourrissent d'herbes, de racines, de feuilles, de
bourgeons. Nommons les genres les plus remarquables.

Le *bœuf*, appelé *veau* dans son jeune âge, est un
des animaux les plus utiles à l'homme, soit comme
bête de trait pour les travaux agricoles, soit pour
les divers produits qu'il donne. Sa chair est excel-

lente; sa graisse, comme celle du mouton, donne le
suif, qui sert à la fabrication des chandelles; avec sa
peau on fait des chaussures et des harnais; avec ses
cornes divers objets, tels que des peignes, des boutons, des tabatières; avec son poil, de la bourre;
avec la membrane de ses intestins, la peau de *bau-
druche;* enfin, avec son sang, qui est d'ailleurs employé pour raffiner le sucre, un excellent engrais,
et plusieurs produits chimiques, notamment le *bleu
de Prusse.* La *vache*, femelle du bœuf, fournit en
abondance le meilleur lait. En France, les races de
bœufs les plus estimées, soit comme bêtes de travail, soit comme bêtes soumises à l'engraissement
pour la boucherie, sont celles de *Salers* en Auvergne, du *Charollais* dans Saône-et-Loire, de *Chollet*
dans Maine-et-Loire, et la race des bœufs de Ga-
ronne répandue tout le long du bassin de ce fleuve.
En Angleterre, où les bœufs ne travaillent pas et
sont exclusivement élevés pour être engraissés et
abattus, la race la plus estimée est celle de *Durham*
à courtes cornes. On recherche surtout comme
vaches laitières les vaches de Hollande et de Suisse,
dont les meilleures ne donnent pas moins de vingt-
cinq à trente litres de lait par jour, et aussi les *écos-
saises* de la *race d'Ayr* et les *bretonnes :* ces dernières, qui sont de petite taille, donnent un lait
riche en beurre d'excellente qualité.

　　Les espèces sauvages du bœuf les plus remarquables sont l'*aurochs,* le *buffle* et le *bison.* — L'*aurochs,* d'une taille énorme et d'une force prodigieuse,
habite par troupes les grandes forêts de la Pologne.
— Le *buffle,* de couleur noire, se trouve en Afrique,

en Grèce et en Italie; réduit à l'état de domesticité, il est employé aux mêmes usages que le bœuf. Il est farouche, difficile à dompter, mais très-vigoureux. Sa peau donne un cuir à la fois léger, solide et presque imperméable. — Le *bison,* qui habite les parties tempérées de l'Amérique septentrionale, a pour caractères distinctifs des cornes courtes et noires, une bosse placée sur le dos, des jambes grosses et tournées en dehors, une longue barbe de crin; le reste du corps est couvert d'une laine noire que les habitants du pays filent pour en faire des couvertures. Cet animal, naturellement farouche, s'apprivoise aisément quand il est pris jeune.

La *chèvre* existe en domesticité et à l'état sauvage; elle donne des produits avantageux, et sa nourriture ne coûte presque rien : elle aime les collines escarpées, où elle broute les herbes incultes et les jeunes arbrisseaux. Son lait est préféré à celui de la vache pour l'allaitement des enfants; il sert aussi à faire des fromages. La chèvre, bien qu'elle s'accoutume facilement à la vie domestique, conserve cependant toujours quelque chose de son humeur capricieuse et vagabonde. Les chèvres du Tibet et celles de la province de Cachemire, en Asie, donnent un poil fin et soyeux qui sert à faire des étoffes très-recherchées, et particulièrement l'étoffe qui est connue sous le nom de *cachemire.* — Le *mouton* domestique, appelé *agneau* dans son jeune âge, suffit aux besoins les plus essentiels de l'homme, la nourriture, le vêtement et l'éclairage. Sa chair constitue un de nos aliments les plus sains et les plus nourrissants; sa toison abondante et souple fournit la laine pour toutes sortes d'étoffes, et sa graisse est le suif employé à la fabrication des chandelles. La *brebis*, femelle du mouton, donne avec assez d'abondance du lait qui sert à faire d'excellents fromages. Parmi les principales espèces de moutons, il faut citer le *mouflon*, qui a pour signe distinctif des cornes recourbées en cercle, et qui habite la Sardaigne, la Corse et la Grèce ; le *mérinos*, ou mouton d'Espagne, remarquable par la finesse de sa laine. Il y a de nombreuses variétés de moutons ; ceux qui donnent la meilleure laine, outre les mérinos d'Espagne, sont les moutons de Saxe ou *Saxons*, les *southdowns* et les *dishley* de la Grande-Bretagne et les *mauchamps* de France.

Le *chameau* a le pied large, les jambes longues, la lèvre supérieure fendue et le dos surmonté de deux bosses, qui ne sont que des amas de graisse. Le *dromadaire* est une espèce de chameau, mais il n'a qu'une bosse. Ces deux animaux ont les mœurs douces : le premier est presque seul employé en Turquie, au Tibet et en général dans l'Asie méridionale, pour porter les fardeaux ; le second est plus commun en Arabie et dans toute l'Afrique. Admirons encore ici la prévoyance et la bonté du Créateur. L'Arabie est le pays du monde le plus aride, celui où l'eau est le plus rare ; le chameau est le plus sobre de tous les animaux, celui qui peut le mieux supporter la soif. Le terrain est presque partout sec et sablonneux ; le chameau a le pied large et fait pour marcher dans le sable, mais il ne peut au contraire avancer qu'avec difficulté dans les terrains humides et glissants. L'herbe et les pâturages manquent à cette terre, le bœuf et les autres animaux domestiques y manquent également. Le chameau les remplace : sa force et sa docilité en font une bête de somme des plus commodes; sa chair est un bon aliment, son lait donne du beurre et d'excellents fromages, et son poil fin et moelleux, qui se renouvelle chaque année, sert à fabriquer des étoffes pour les vêtements : aussi les Arabes regardent le chameau comme un présent du ciel, sans lequel ils ne pourraient ni voyager, ni commercer, ni subsister. Cet animal est si sobre qu'il ne fait qu'un repas par jour, et qu'il se contente d'un peu de farine ou de quelques herbes grossières. Il peut aussi supporter des jeûnes assez longs et se passer de boire pendant plusieurs jours.

Le *lama*, espèce de petit chameau sans bosse, sert au Pérou et dans quelques autres contrées de l'Amérique méridionale à porter des fardeaux. Il fait quinze à vingt kilomètres par jour dans des pays impraticables pour tous les autres animaux. Il broute de l'herbe chemin faisant et partout où il en trouve; la nuit, il rumine et dort les pieds repliés sous le ventre. — La *vigogne* et l'*alpaca*, animaux originaires d'Amérique, sont couverts d'une épaisse toison dont les poils soyeux servent à fabriquer d'excellentes étoffes.

La *girafe*, originaire du centre de l'Afrique, a le cou très-long et les jambes de devant très-élevées; sa peau est tachetée comme celle du léopard, et sa taille dépasse sept mètres. Elle a des mœurs très-douces, et se nourrit d'herbes et de feuilles d'arbres. — L'*antilope des Indes*, la *gazelle* et le *chamois* sont remarquables par leurs cornes creuses et recourbées en arrière, par la légèreté de leur course et l'élégance de leurs formes. La peau de chamois sert à faire des gants et d'autres objets d'habillement.

Fig. 8. — Cerf.

Le *cerf* (*fig.* 8) a la tête ornée de cornes de nature osseuse, connues sous le nom de bois, qui tombent et repoussent chaque année. Cet animal est remarquable par la légèreté de ses formes, l'élégance de ses proportions, l'aisance de ses mouvements et la rapidité de sa course. Sa peau donne un cuir souple et durable, et son bois est employé pour faire des manches de couteaux et d'autres instruments. La femelle du cerf ne porte pas de bois et s'appelle *biche*.

Le *daim*, un peu plus petit que le cerf, s'apprivoise facilement : son pelage est fauve en été et brun en hiver; ses bois sont dentelés à leur extrémité supérieure; avec sa peau on fabrique des gants excellents. — Le *chevreuil*, une des petites espèces du genre cerf, est remarquable par l'élégance de sa taille et la vivacité de ses mouvements. C'est un des gibiers les plus estimés pour la bonté de sa chair. Le cerf, le daim et le chevreuil sont communément répandus dans les forêts de l'Europe. — *L'élan*, dont le bois pèse souvent vingt-cinq ou trente kilogrammes, habite le nord de l'Amérique et de l'Europe; il est doué d'une force considérable et se défend vigoureusement contre les attaques de l'ours. Dans les contrées où l'homme s'est établi, il ne va paître que la nuit, et se retire pendant le jour dans les abris les plus solitaires des forêts. On vient difficilement à bout de l'apprivoiser.

Le *renne* a la taille du cerf, mais il est plus robuste. En Laponie, il est réduit à l'état domestique et rend les plus grands services aux peuples des terres polaires : c'est à la fois le cerf, le cheval et la vache de ces contrées. Son tempérament robuste qui le rend insensible au froid, son industrie à trouver sous les neiges, même profondes, les lichens et les mousses dont il se nourrit, l'excellence de son lait, sa chair succulente, sa peau solide et douce, tout rend précieuse la possession de cet animal. Attelé à des traîneaux, le renne tire avec rapidité des poids énormes et peut faire cent vingt kilomètres par jour.

Ordre des Marsupiaux. Les *Marsupiaux* ou *animaux à bourse* doivent leur nom à une poche extérieure placée sous le ventre, dans laquelle la mère reçoit et allaite ses petits. Cependant cette poche n'existe pas chez toutes les espèces de cet ordre. La plupart de ces animaux vivent sur les arbres et ne se meuvent à terre qu'avec beaucoup de difficulté. Voici les plus importants.

Le *sarigue,* reconnaissable à sa gueule démesurément fendue, à son poil terne, à son odeur fétide et à sa queue de serpent, est un animal nocturne et paresseux ; il grimpe sur les arbres pour saisir les insectes et les oiseaux endormis ; à défaut de cette proie, il se contente de fruits et de racines. Ses petits, lorsqu'ils sont sortis de la poche abdominale qui jusqu'alors leur avait servi de demeure, y cherchent encore pendant longtemps un refuge contre les dangers dont ils sont menacés. Les sarigues n'habitent que les contrées chaudes ou tempérées de l'Amérique. — Le *phalanger* vit sur les arbres élevés, dans les forêts de l'Australie, se nourrissant surtout de fruits, de feuilles et de racines. — Le *kangourou* est aussi originaire de l'Australie ; ses pieds de devant sont très-courts et ceux de derrière très-longs, de sorte qu'il se tient toujours sur les membres postérieurs, appuyé sur sa queue, pour faire des bonds considérables. Cet animal est d'un naturel doux et se nourrit d'herbes et de fruits. On l'élève aisément en domesticité dans les pays chauds et tempérés de l'Europe.

Ordre des Amphibies. Les *Amphibies* se composent d'animaux qui vivent dans la mer et sur la terre, mais plus habituellement dans la mer : ils ne viennent à terre que pour se reposer au soleil et allaiter leurs petits. Ils ont les pieds tellement courts, qu'ils ne peuvent s'en servir que pour ramper ou se traîner; mais les doigts sont réunis par de fortes membranes qui font l'office d'excellentes nageoires : aussi ces animaux sont-ils très-agiles dans l'eau. Nommons les genres les plus remarquables.

Le *phoque* (*fig.* 9), appelé vulgairement *lion* ou *veau marin*, est un animal intelligent et doux, mais d'une grande force et disputant chèrement sa vie quand on l'attaque. Il s'apprivoise facilement, et témoigne beaucoup d'attachement et de reconnaissance aux personnes qui le soignent. Il se nourrit de poissons, et fréquente par grandes troupes les mers glaciales ou tempérées. On fait la chasse aux phoques à cause de l'énorme quantité d'huile qu'ils fournissent et qui est employée dans diverses industries. — Le *morse*, nommé aussi *cheval marin* ou *vache marine*, dont la mâchoire supérieure porte deux énormes défenses dirigées en bas, habite les mers polaires et atteint jusqu'à sept ou huit mètres de longueur : on le recherche pour l'huile que donne sa graisse et pour ses défenses, qui s'emploient comme l'ivoire.

Fig. 9. — Phoque.

Ordre des Cétacés. Les *Cétacés*, dont le nom vient d'un mot grec qui signifie *baleine*, sont entièrement privés des membres postérieurs; ils ont la forme des poissons et se trouvent toujours dans les eaux; mais ils sont forcés de venir à la surface pour respirer : les uns se nourrissent d'herbes, les autres sont carnivores. Les plus grands de ces animaux habitent les mers glacées du Nord et du Sud; on en fait la pêche tous les ans, pour obtenir la graisse qui recouvre leur corps monstrueux. Tous leurs caractères extérieurs les font ressembler à des poissons, si ce n'est qu'ils ont, comme les amphibies, la queue terminée par une large nageoire horizontale, mais ils appartiennent aux mammifères par leur organisation intérieure. Citons les genres les plus importants.

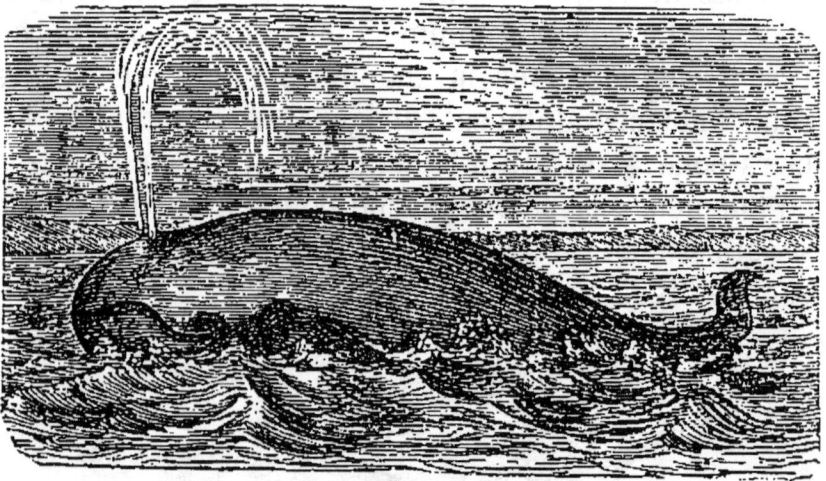

Fig. 10. — Baleine.

La *baleine* (*fig.* 10), le plus grand des mammifères, a vingt et même trente mètres de longueur; sa mâchoire, au lieu de dents, est garnie transversalement de fanons ou lames cornées, découpées comme les dents d'un peigne. La partie la plus saillante de la tête est trouée par deux orifices appelés *évents* :

c'est par là que la baleine reçoit l'air qui s'introduit dans ses poumons, lorsqu'elle vient respirer à la surface des mers. C'est par les mêmes orifices qu'elle rejette avec force l'eau absorbée avec sa proie dans sa vaste gueule, et forme ainsi ces jets d'eau qui ont fait donner aux animaux de ce genre, comme à tous les cétacés de la même famille, le nom de *souffleurs*. Elle ne vit que de très-petite proie, et surtout de mollusques et de zoophytes; mais elle en engloutit, à chaque instant et sans choix, des quantités immenses. La couche graisseuse située sous la peau des baleines fournit une grande quantité d'huile qui sert à l'éclairage, à la préparation des cuirs et à la fabrication du savon. Les fanons, qui ne sont autre chose que ces lames élastiques connues sous le nom de *baleines*, trouvent également leur emploi dans différentes industries.

La pêche de la baleine est une branche importante du commerce maritime. Tous les ans, de nombreux navires armés pour cette pêche se rendent dans les mers glacées du Nord, au Groënland, dans le détroit de Davis, dans la baie de Baffin. Dès qu'une baleine est signalée, les pêcheurs, montés dans leur chaloupe, s'approchent de l'animal en silence et avec précaution, et l'un d'entre eux, le plus robuste et le plus adroit, lui lance un harpon. La baleine plonge aussitôt, emportant avec elle le fer du harpon, auquel est attachée une longue corde qu'on déroule à mesure; bientôt elle reparaît à la surface de la mer pour respirer; on la frappe encore, et l'on répète les coups jusqu'à ce qu'elle soit épuisée et meure. Elle est ensuite traînée aux vaisseaux ou au rivage, où on la dépèce pour faire fondre la graisse.

Le *cachalot,* dont plusieurs espèces atteignent la taille des baleines, a, comme celles-ci, une tête énorme qui fait à elle seule le tiers ou la moitié de la longueur du corps; sa mâchoire inférieure est armée de dents; mais il n'a point de fanons. La partie supérieure de la tête ne consiste qu'en grandes cavités remplies d'une matière grasse connue dans le commerce sous le nom de *blanc de baleine,* et qui sert à faire de la bougie. La substance odorante appelée *ambre gris* paraît être une concrétion qui se forme dans les intestins du cachalot. La pêche du cachalot se fait principalement dans les mers glacées du Sud.

Le *dauphin,* dont la taille est de trois ou quatre mètres, nage et bondit dans les eaux avec une merveilleuse agilité; il suit les vaisseaux en troupes nombreuses et avale gloutonnement les débris jetés à la mer : sa peau est d'un noir foncé, et ses mâchoires sont armées de dents aiguës. — Le *narval,* vulgairement appelé *licorne de mer,* est muni d'une double défense attachée à la mâchoire supérieure; sa taille est plus grande que celle du dauphin et atteint jusqu'à sept ou huit mètres. L'ivoire de sa défense est fort recherché et peut être employé aux mêmes usages que l'ivoire de l'éléphant. — Le *marsouin,* nommé aussi *cochon de mer,* à cause de la couche épaisse de lard qui recouvre son corps, est si vorace et si cruel, qu'il est un des tyrans les plus redoutables des mers qu'il habite; mais il a lui-même pour ennemis le requin et le cachalot, qui lui font une guerre acharnée.

Tous les cétacés dont nous venons de parler se nourrissent de proie vivante. Il en est quelques autres qui sont herbivores, c'est-à-dire mangeurs d'herbe : tels sont les *lamantins*, qu'on désignait autrefois sous le nom de *sirènes*. Ils habitent les grands fleuves de l'Amérique méridionale et broutent, en nageant, les herbes qui croissent sur les bords; quelquefois même ils vont paître sur le rivage. Ils sont très-doux, et leur chair est bonne à manger.

Questionnaire.

Quels sont les animaux désignés sous le nom de ruminants? — Comment s'accomplit l'acte appelé rumination? — Quels services rend le bœuf? — Quels produits donne-t-il? — Quelles sont, en France, les meilleures races de bœufs? — Quelles sont les vaches laitières les plus estimées? — Donnez quelques détails sur l'aurochs, le buffle et le bison. — Décrivez les mœurs de la chèvre. — Quel emploi fait-on de son lait? — A quoi sert le poil des chèvres du Tibet et de Cachemire? — Quels sont les produits que donnent le mouton et la brebis? — Citez quelques espèces remarquables de moutons. — Donnez quelques détails sur le chameau et le dromadaire. — Quels sont les services que rendent ces animaux dans les pays où ils sont réduits à l'état de domesticité? — Qu'est-ce que le lama? la vigogne? l'alpaca? — Où habite la girafe? — Sous quel rapport est-elle remarquable? — Qu'est-ce que l'antilope, la gazelle et le chamois? — Donnez quelques détails sur le cerf et l'élan, sur le daim, le chevreuil et le renne. — Quels services ce dernier animal rend-il aux peuples des contrées polaires? — Qu'est-ce que les marsupiaux? — Par quoi se distinguent-ils? — Décrivez le sarigue, le phalanger et le kangourou. — Quels animaux sont compris dans l'ordre des amphibies? — Donnez quelques détails sur le phoque et le morse. — Quels sont les caractères qui distinguent les cétacés? — Quelle est la taille de la baleine? — De quoi se nourrit-elle? — Quels sont les produits qu'elle fournit? — Donnez quelques détails sur le cachalot, le dauphin, le narval et le marsouin. — Qu'est-ce que les lamantins?

CHAPITRE VII.

Classe des Oiseaux : leur division en ordres. — Ordre des Rapaces. — Ordre des Grimpeurs.

Classe des Oiseaux.

Les *Oiseaux*, qui forment la seconde classe des vertébrés, sont les animaux dont l'organisation se rapproche le plus de celle des mammifères ; comme les mammifères, ils ont le sang chaud, à circulation double et complète, et ils respirent au moyen de poumons. Mais tandis que les mammifères sont vivipares, c'est-à-dire mettent bas leurs petits vivants, les oiseaux sont ovipares, c'est-à-dire qu'ils pondent des œufs d'où sortent leurs petits après avoir été couvés. Ce qui les distingue surtout, c'est la faculté qu'ils ont de voler et de vivre sur terre et dans l'air. Tous les oiseaux sont revêtus de plumes en quantité plus ou moins grande, et ils ont un bec formé de deux mandibules enveloppées dans une substance cornée qui tient lieu de dents ; leurs membres antérieurs, ou ailes, sont conformés pour le vol ; leurs membres postérieurs, ou pattes, sont terminés par quatre doigts, dont les trois antérieurs sont tantôt séparés, tantôt réunis entre eux en tout ou en partie par une membrane. Quelques oiseaux sont couverts de poils et dépourvus d'ailes, comme le casoar ; d'autres, tels que le pingouin, ne volent pas et marchent très-difficilement, mais ils nagent comme des poissons.

Les oiseaux sont les seuls animaux chez lesquels on rencontre immédiatement à la division de la trachée-artère un second larynx dans lequel se produit la voix. L'appareil de la digestion se fait remarquer par le triple renflement de l'œsophage : le premier appelé *jabot*, le second appelé *ventricule*, et le troisième, qui est le véritable estomac, connu sous le nom de *gésier*. Une autre particularité bien remarquable, c'est que l'air respiré ne s'arrête pas dans les poumons, comme chez les mammifères, mais qu'il se transmet des poumons dans plusieurs grandes cavités, nommées *poches aériennes*, d'où il pénètre dans toutes les parties du corps et jusque dans l'intérieur des os et des plumes, d'où l'oiseau peut le retirer à volonté, selon les besoins de sa locomotion aérienne. Les mœurs des oiseaux sont aussi variées que leur régime alimentaire. Les uns se nourrissent de graines, comme le pigeon ; les autres d'insectes, comme l'hirondelle, ou de fruits, comme le loriot ; quelques-uns vivent de chair morte, comme le vautour, ou de proie vivante, comme l'aigle ; d'autres, comme le héron, se nourrissent principalement de poissons. La forme de leur bec varie suivant l'espèce de nourriture qu'ils recherchent.

Si l'on examine les sens des oiseaux, on trouve

qu'ils ont l'ouïe très-fine et la vue perçante. Mais le toucher est défectueux, à cause des plumes dont le corps est couvert; les sens du goût et de l'odorat, très-faibles chez la plupart des oiseaux, sont très-délicats chez d'autres. Quant à leur instinct, il nous pénètre d'admiration, surtout quand il s'agit de la défense de leur progéniture ou de la construction du nid dans lequel ils couvent leurs œufs et élèvent leurs petits. On trouverait difficilement un charpentier plus actif, un maçon plus adroit, pour façonner leurs petites demeures; les fondements sont de boue et de paille pétries avec leur bec, pressées de tout le poids de leur corps. L'un, redoutant l'attaque des serpents et des oiseaux de proie, tresse en herbe délicate un petit panier et l'attache à l'extrémité d'une faible branche; le nid, suspendu par un léger fil, se balance au gré des vents, surveillé par la mère attentive, tandis que le père amuse sa jeune famille par de joyeuses modulations. L'autre, le loxia du Bengale, rapproche et tisse cent brins de gazon et leur donne la forme d'une bouteille, qu'il suspend à la cime d'un palmier; ce nid se sépare en compartiments éclairés par des vers luisants que le loxia fixe aux parois de sa chaumière aérienne. Le pic à bec d'ivoire entame l'écorce des bois les plus durs, coupe l'aubier, arrive au cœur de l'arbre et s'y arrondit une demeure.

Certains oiseaux passent d'une contrée dans une autre à des époques déterminées. Ces voyages, connus sous le nom de migrations, ne sont pas seulement entrepris par les oiseaux doués d'une grande puissance de vol, tels que les grues, les hérons, les

oies, les canards sauvages, etc. Les oiseaux les plus
petits et les plus faibles, l'hirondelle, le rossignol,
la caille, vont aussi tous les ans, à certaines époques,
chercher une température plus douce; ils semblent
voyager constamment à la rencontre du printemps.
Le vol de ces oiseaux, et surtout des premiers, se
fait dans un ordre et avec des combinaisons admirables. Ainsi, pour ne parler que des canards sauvages, n'est-il pas étonnant de les voir se ranger en
triangle, afin de pouvoir fendre l'air avec plus de
facilité et moins de fatigue pour la troupe entière?
Chacun garde son rang avec précision et vigilance;
le premier seulement, quand il est fatigué, va se
reposer à la dernière place, tandis qu'un second lui
succède dans son poste.

La classe des oiseaux est généralement divisée
en six ordres, d'après les modifications diverses du
bec et des pattes, parce que la forme du bec indique
le genre de nourriture et que celle des pattes indique le mode d'habitation. Ces six ordres sont : les
Rapaces, les *Grimpeurs*, les *Passereaux*, les *Gallinacés*, les *Échassiers* et les *Palmipèdes*.

Ordre des Rapaces. Les *Rapaces* ou *Oiseaux de
proie*, ainsi nommés parce qu'ils vivent de rapine,
ont le bec crochu, les griffes ou serres tranchantes,
pour déchirer la chair, et les ailes puissantes : les
uns volent le jour, et les autres la nuit; d'où on
les divise en deux sections, celle des *rapaces diurnes*
et celle des *rapaces nocturnes*.

La plupart des oiseaux de proie qui appartiennent aux rapaces diurnes habitent dans les forêts,

sur le sommet des montagnes et des rochers inaccessibles, où ils se bâtissent un nid très-solide appelé *aire*. Ils sont en général farouches et cruels; ils ne souffrent dans leur voisinage aucun oiseau de leur espèce : c'est pour eux une nécessité de s'assurer la possibilité de chasser seuls dans un espace assez étendu pour qu'ils y trouvent leur subsistance. Examinons les principaux genres.

Le *vautour* a le cou dégarni de plumes, le corps massif et robuste, le vol lourd, mais soutenu. Naturellement lâche et vorace, il ne s'attaque qu'aux petits animaux; à défaut de proie vivante, il se nourrit de chair morte, qu'il découvre à des distances incroyables, grâce à la finesse de son odorat, et qu'il préfère à tout. Il mange si gloutonnement que, lorsqu'il est repu, il reste comme engourdi et ne peut plus s'envoler. Les vautours sont répandus dans les contrées méridionales et tempérées des deux mondes.
— Le *condor* ou *vautour des Andes* est remarquable par l'étendue de ses ailes, qui ont jusqu'à près de quatre mètres d'envergure. Il habite les plus hauts pics de la chaîne des Andes, en Amérique, et ne descend dans les vallées que pour y chercher sa proie.
— Le *gypaète* ou *vautour des agneaux* est presque aussi grand que le condor; il attaque les agneaux, les chevreaux, les chamois, et se jette même sur les enfants [1].

1. Il convient de faire remarquer ici qu'aucun oiseau ne peut enlever beaucoup au delà de son propre poids. Les récits de gros animaux ou d'enfants enlevés par des vautours ou des aigles sont de pure invention. Ces oiseaux ne peuvent emporter leur proie qu'en la dépeçant.

L'*aigle* (*fig.* 11) est le genre le plus remarquable de tous les rapaces. Ce noble oiseau s'élève à une région inaccessible aux regards de l'homme ; indifférent aux variations de la température, il se retrouve sur le sommet glacé des plus hautes montagnes et dans les plaines de la zone torride. La fierté de son regard, la puissance de son vol, l'audace de ses attaques, l'ont fait nommer le roi des oiseaux. Il a été considéré dans tous les temps comme l'emblème de la force et de la majesté, et il a été adopté pour enseigne militaire chez plusieurs peuples soit anciens soit modernes. — L'*autour*, le *milan*, l'*épervier* et la *buse* sont des oiseaux de proie plus petits que l'aigle et qu'on trouve assez communément dans toutes les contrées de l'Europe. — Les *faucons* ont la tête et le cou garnis de plumes ; leur taille varie de celle d'une poule à celle d'une grive. Dans le moyen âge on les dressait pour la chasse, à cause de leur intelligence, de leur courage et de la rapidité de leur vol. Ils se montraient aussi adroits à saisir le gibier que prompts à revenir à la voix de leur maître.

Les rapaces nocturnes se distinguent des autres oiseaux de proie par certains caractères extérieurs, et surtout par la conformation particulière des yeux, qui ne leur permet pas de voir pendant le

Fig. 11. — Aigle.

jour ; c'est pourquoi ils ne quittent leur retraite qu'à l'entrée de la nuit pour aller à la recherche de leur nourriture. Voici quels sont les principaux genres.

Le *hibou* a la tête grosse et couverte de plumes, le bec court et crochu, les yeux très-grands, avec une pupille ronde qui, comme celle de tous les animaux nocturnes, ne peut supporter la lumière du jour. Il choisit pour demeure les trous des rochers, les creux des arbres ou les vieux édifices ; il vit d'insectes, d'oiseaux et de petits animaux. Il fait rarement un nid et dépose ses œufs dans les nids abandonnés des pies et des corbeaux. — Le *grand-duc*, espèce de hibou, est le plus grand de tous les rapaces nocturnes. Il vit solitaire ou par paires dans les forêts de l'Europe et de l'Afrique. Il se nourrit de mulots, de souris, d'oiseaux et de reptiles. — La *chouette* a les yeux de couleur jaune, à pupilles énormes, dirigés en avant, et plus ou moins complétement entourés par un cercle de plumes effilées. Elle se tient ordinairement dans les carrières, dans les rochers, dans les bâtiments ruinés ; elle habite aussi les bois et passe la journée entière sur les branches des arbres les plus touffus. Elle sort de sa retraite au crépuscule et surprend les petits oiseaux endormis ; mais si, en plein jour, elle est forcée de quitter son réduit, elle erre en aveugle, pousse des cris de détresse, et elle est à son tour poursuivie par les petits oiseaux jusqu'à ce qu'elle ait trouvé un refuge. — Le *chat-huant* n'a pas, comme le hibou, la tête surmontée d'une aigrette ; ses yeux sont de couleur bleuâtre et entourés d'un disque complet de plumes ; on ne le trouve guère ailleurs que dans les bois, où il habite le creux des arbres.

Ordre des Grimpeurs. Les *Grimpeurs* ont été ainsi nommés parce qu'ils ont les doigts disposés de telle manière qu'ils peuvent s'accrocher et grimper aux branches des arbres avec la plus grande facilité. Ils ont un bec de forme variable et le vol généralement peu étendu. Ils se nourrissent de grains et de fruits ; quelques-uns néanmoins recherchent les insectes et les vers. Voici les genres les plus importants.

Le *perroquet* est connu de tout le monde. Son plumage vert, jaune et rouge suffirait pour le faire rechercher, quand il n'aurait pas la faculté de reproduire les sons de la voix humaine. Il imite aussi avec une rare facilité les bruits dont il est frappé, entre autres, le bruit du tambour et celui de la trompette. Il doit cette faculté à la forme de sa langue épaisse et arrondie par le bout. Cette faculté est tellement naturelle à ces oiseaux, que dans toutes les colonies des contrées intertropicales, les perroquets sauvages qui nichent dans le voisinage des plantations répètent les noms qu'ils entendent habituellement prononcer, assurément sans y attacher aucun sens et sans autre but que celui d'obéir à l'instinct d'imitation des sons, instinct qu'ils tiennent de la nature et que l'éducation peut développer à un haut degré. Les perroquets habitent par troupes nombreuses les forêts des contrées méridionales des deux continents. Ils recherchent surtout les fruits tendres, et ils ont le bec assez fort pour casser les noyaux les plus durs, dont ils mangent l'amande. Parmi les plus grandes espèces de perroquets, i faut mentionner les *aras*, si remarquables par l'écla de leur plumage nuancé de rouge et de bleu.

Les *toucans* se distinguent par leur énorme bec, presque aussi gros que le corps, dentelé sur le bord. Ils ne pourraient porter ce bec, disproportionné au volume de leur tête, si ce bec n'était formé d'une substance spongieuse qui le rend très-léger par rapport à son volume. Leur vol est lourd et pénible. Ils habitent l'Amérique méridionale, et vont par petites troupes, toujours défiants et dans une agitation continuelle. Ils se nourrissent d'insectes, de fruits et d'œufs d'oiseaux.

Les *pics*, dont le *pic vert* ou *pivert* est une espèce, ont un bec droit et robuste qui leur sert à fendre l'écorce des arbres pour y saisir les larves d'insectes ou les insectes mêmes dont ils font leur principale nourriture. — Le *coucou* est un oiseau voyageur, qui passe l'été en Europe, et l'hiver en Afrique ou en Asie. Il habite les bois voisins des prairies, et se nourrit exclusivement d'insectes et de chenilles. C'est au printemps qu'il arrive dans nos climats et qu'il fait entendre le cri monotone auquel il doit son nom. Il ne construit pas de nid, et dépose ses œufs dans le nid des autres oiseaux.

Questionnaire.

Quelle classe forment les oiseaux? — Décrivez leur organisation. — De quoi se nourrissent-ils? — Ont-ils les sens bien développés? — Donnez quelques détails sur leur instinct et sur leurs migrations. — En combien d'ordres la classe des oiseaux est-elle divisée? — Quels sont ces ordres? — Quels sont les oiseaux que renferme l'ordre des rapaces? — Nommez les principaux genres parmi les rapaces diurnes. — Donnez quelques détails sur les vautours et les faucons. — Quelle est l'espèce la plus remarquable de tous les rapaces? — Quels sont les signes distinctifs des rapaces nocturnes? — Donnez quelques détails sur les principaux genres tels que le hibou et la chouette. — Quels sont les oiseaux que renferme l'ordre des grimpeurs? — Nommez les principaux genres. — Donnez quelques détails sur les perroquets, les toucans, les pics et les coucous.

CHAPITRE VIII.

Suite des Oiseaux. — Ordre des Passereaux. — Ordre des Gallinacés.

Ordre des Passereaux. L'ordre des *Passereaux*, ainsi nommés d'un mot latin qui signifie *moineau* ou *petit oiseau*, comprend tous les petits oiseaux sauteurs dont le bec et les ongles sont presque droits; ils sont en très-grand nombre, et composent plusieurs familles d'après la forme de leur bec et de leurs doigts. Il y en a qui ne vivent que d'insectes; d'autres se nourrissent de fruits ou de graines. Nommoms les genres les plus remarquables.

La *pie-grièche*, petite de taille, mais assez courageuse pour attaquer les corbeaux et les milans et pour les mettre en fuite, est un véritable oiseau de proie. Son attachement pour ses petits lui fait pres-

que pardonner son humeur querelleuse et méchante.
— Le *gobe-mouches*, qui se nourrit exclusivement
de mouches et d'insectes, est un oiseau triste et solitaire ; comme la pie-grièche, il montre beaucoup de
tendresse pour ses petits ; mais, comme elle aussi,
il est méchant et querelleur. — Le *merle* et la *grive*,
communs en Europe, vivent d'insectes et de fruits :
le premier siffle facilement et imite même la voix
de l'homme ; la seconde a le plumage moucheté de
petites taches brunes ou noires, et chante agréablement. — Le *loriot*, distingué par sa belle couleur
jaune, est un oiseau timide et défiant qui vit dans
les bois, où il se nourrit d'insectes et de fruits. —
— A côté du *roitelet*, du *rossignol* et du *rouge-gorge*,
oiseaux si connus, distinguons la *fauvette*, vive,
agile et légère, dont les mouvements et la voix respirent la joie la plus pure ; elle arrive avec le printemps pour peupler les bosquets et les roseaux. La
fauvette à tête noire a presque le chant du rossignol : ce sont les mêmes modulations, la même flexibilité, la même fraîcheur.

L'*hirondelle*, toujours en l'air, soit qu'elle pour-
suive les insectes, soit qu'elle rase la surface des
eaux en mouillant l'extrémité de ses ailes, semble se
jouer dans l'espace par son vol heurté, croisé de
mille manières, tantôt rapide comme l'éclair, tantôt
lent et balancé. Elle construit son nid dans les angles
des murs avec des brins de paille entremêlés de boue.
L'hiver, elle abandonne nos climats et passe en
troupes nombreuses en Afrique et en Asie. Mais,
dans ces longs voyages qu'elle entreprend chaque
année, elle se choisit deux points de repos, entre

lesquels elle partage sa vie : c'est pendant ces stations qu'elle pond et couve ses œufs dans les lieux qu'elle a primitivement adoptés. Presque toujours l'hirondelle, qui nous quitte en septembre, revient vers le mois d'avril au nid qu'elle s'est bâti ; on a même observé que les jeunes hirondelles établissent généralement leur demeure dans le voisinage du nid qui les a vues naître. Parmi les nombreuses espèces d'hirondelles, on distingue l'*hirondelle des fenêtres*, l'*hirondelle des rivages*, l'*hirondelle salangane,* qui habite l'archipel des Indes et construit des nids gélatineux, recherchés par les Chinois comme un mets excellent. — Le *martinet* a la queue fourchue comme l'hirondelle, et son vol est encore plus puissant. — L'*engoulevent* doit son nom à l'habitude qu'il a de tenir le bec ouvert pour engloutir les insectes qui voltigent dans l'air : il ne fait cette chasse que le soir ; pendant le jour il se tient caché dans le creux des arbres.

L'*alouette* commence à chanter dès les premiers jours du printemps ; elle est du petit nombre des oiseaux qui chantent en volant. Parmi les oiseaux de la même famille, nommons encore le *chardonneret* (*fig.* 12) aux brillantes couleurs ; la *mésange,* dont les variétés brillantes se retrouvent dans toutes les parties du monde ; le *moineau,* commensal de nos maisons de ville et de nos fermes ; le *serin* chanteur,

Fig. 12.—Chardonneret. dont l'espèce principale est le *ca-*

nari ou *serin des Canaries*, espèce à laquelle appartient notre serin domestique ; le *bruant,* qui se nourrit surtout de grains et commet d'assez grands dégâts dans les champs ; le *bouvreuil,* qui a le bec assez fort pour déchirer l'enveloppe des graines les plus dures, dont il mange l'amande : le *pinson* et la *linotte,* si vifs et si gais ; le *corbeau* aux plumes noires et luisantes dont la vie se prolonge plus d'un siècle; la *pie* bavarde et voleuse ; le *geai,* dont la voix imite le bruit d'une crécelle , et le brillant *oiseau de paradis*, originaire de la Papouasie ou terre des Papous (Océanie).

Le *grimpereau* a le bec mince, allongé et sans échancrure. Doué d'une extrême mobilité, il grimpe le long du tronc des arbres, se nourrissant des insectes qu'il rencontre dans les fentes de leur écorce. — Les *colibris,* parmi lesquels il faut ranger l'*oiseau-mouche,* le plus délicat et le plus petit des oiseaux, sont remarquables par le brillant éclat de leur plumage , sur lequel semblent étinceler toutes les pierres précieuses. Aussi légers que rapides, aussi jolis que propres, ils craindraient de souiller leur parure en se posant à terre : ils passent leur vie aérienne à voler de fleurs en fleurs et à se nourrir de leur nectar. Ils habitent l'Amérique tropicale.

Le *martin-pécheur* ou *alcyon,* que distingue une bande bleue placée sur le dos, se nourrit d'insectes et de petits poissons. C'est pour saisir ces derniers qu'il vole à la surface des rivières ; quelquefois aussi il se place sur une branche d'arbre pour guetter sa proie. — Le *calao,* gros oiseau d'Afrique, est remarquable par son énorme bec, dont la grosseur est encore doublée par une protubérance spongieuse comme le bec du toucan.

C'est dans l'ordre des passereaux que se trouvent la plupart des oiseaux insectivores, qui détruisent des quantités prodigieuses de chenilles, de vers et d'insectes nuisibles aux produits des champs et des jardins. Les services qu'ils rendent ainsi à l'homme devraient leur assurer partout sa protection. C'est encore parmi eux que se rencontrent le *becfigue*, l'*ortolan*, et d'autres petits oiseaux recherchés pour la délicatesse de leur chair.

Ordre des Gallinacés. Les oiseaux de l'ordre des *Gallinacés*, qui doivent leur nom au mot latin qui signifie *poule,* ont le vol pesant et les doigts antérieurs des pattes réunis à leur base par une courte membrane : ils vivent tous de grains. Cet ordre comprend les oiseaux les plus utiles de nos basses-cours ; ils sont presque tous remarquables par la beauté de leur plumage et recherchés pour l'excellence de leur chair. Distinguons les genres les plus importants.

Le *coq* et la *poule,* sa femelle, sont répandus dans les basses-cours. Le coq (*fig.* 13) a le plumage brillant et varié, la tête garnie d'une crête d'un rouge vif, la queue relevée, l'œil étincelant et la démarche fière. La poule, qui est un des oiseaux domestiques les plus

Fig. 13. — Coq.

utiles par l'abondance de ses œufs, est encore in
téressante par les soins dont elle entoure ses pous
sins. Occupée d'eux sans cesse pour leur nourritur
ou pour leur défense, elle les suit partout, et, au
moindre danger, les appelle et les rassemble sous ses
ailes avec la plus vive sollicitude. Parait-il un oiseau
de proie dans les airs, cette mère courageuse hérisse
ses ailes, glousse avec rapidité, s'élance même sur
son ennemi, et souvent parvient à le mettre en fuite.
Réduits à l'état domestique dès la plus haute antiquité, le coq et la poule ont accompagné l'homme
sur tous les points habitables du globe et ont produit un nombre très-considérable de variétés, dont
les unes se recommandent comme pondeuses, les
autres pour leur volume et la délicatesse de leur
chair. Parmi les races de poules domestiques les
plus renommées on doit citer, pour les races indigènes, la poule *normande* dite *poule de Crèvecœur*,
la poule de *Houdan*, la poule *russe*, et pour les
races étrangères, la poule *anglaise* dite *Dorking*, la
poule *malaise* et la poule *cochinchinoise*.

Le *dindon* ou *coq d'Inde*, ainsi nommé parce qu'il
a été apporté, au commencement du seizième siècle,
des Indes occidentales[1] en Europe, a le plumage
noir, bronzé, gris ou tout blanc; sa démarche est
lente, sa taille massive et sans grâce, son cri désagréable. Les dindons existent par troupes nombreuses à l'état sauvage dans les parties chaudes et
tempérées de l'Amérique du Nord. Les dindons sauvages ont le vol rapide et soutenu. Ils se réunissent

---

1. C'était le nom qu'on donnait alors à l'Amérique.

quelquefois pour émigrer dans une contrée plus fer-
tile; alors ils voyagent à pied, à moins qu'il ne
s'agisse d'éviter un danger ou de traverser une rivière. Quelquefois plusieurs femelles s'associent pour
couver en commun et élever leurs petits; ceux-ci,
dès le lendemain de leur naissance, quittent le nid
pour n'y plus rentrer, et, au bout de quinze jours,
ils sont en état de voler et de chercher eux-mêmes
leur nourriture, qui se compose de maïs, de baies,
d'herbes, de larves, de grenouilles et de lézards.

Le *pigeon* tient à la fois des gallinacés et des
passereaux; il vit par couples au fond des bois,
sur les arbres, dans les creux des rochers, dans
des demeures préparées par l'homme. Il se nourrit de graines, de semences, de salpêtre, de sel
gemme, d'insectes, rarement de fruits ou de baies.
Les principales espèces sont le *ramier*, le *bi-
set* et la *tourterelle*. Parmi les races de pigeons domestiques, la plus remarquable est celle des pigeons
voyageurs, élevés avec des soins particuliers en
Belgique et dans le nord de la France. Lorsqu'on les
emporte à de grandes distances de leur nid, ils y
reviennent avec une merveilleuse vitesse. Ils savent
s'aider, pour hâter leur retour, des courants atmosphériques qui leur sont favorables et qu'ils ont
l'instinct de trouver en tournoyant à leur départ
'usqu'à ce qu'ils rencontrent le courant désiré; ils
artent alors en ligne droite avec la rapidité d'une
èche. C'est à une réminiscence de cet instinct qu'on
ttribue l'habitude bien connue de tous les pigeons,
oyageurs ou non, de décrire, en volant par bandes,
e grands cercles dans l'atmosphère. Les ·pigeons

sauvages ou ramiers accomplissent par troupes innombrables, dans l'Amérique du Nord, des migrations annuelles dont la cause et le but ne sont pas connus. — La *tourterelle* se distingue des pigeons proprement dits par une taille plus petite, plus délicate, et par son plumage, qui est presque toujours d'une couleur uniforme. Elle s'apprivoise facilement et peut s'élever en cage. L'attachement réciproque du mâle et de la femelle est un des caractères distinctifs de ces oiseaux.

La *perdrix* a la tête petite, le corps ramassé, le bec court, le plumage gris, mélangé de diverses couleurs. Les perdrix vivent le plus ordinairement en petites familles ou compagnies dans les champs, où elles se nourrissent de grains, d'herbes et d'insectes ; elles nichent à terre dans les sillons ou dans les prairies. La perdrix couve avec une telle assiduité qu'elle surmonte son naturel défiant et craintif pour ne pas quitter ses œufs. Il arrive souvent que les ouvriers qui fauchent les prairies artificielles de trèfle et de luzerne coupent, sans le vouloir, la tête d'une perdrix couveuse qui ne s'est pas enfuie en les entendant s'approcher. Rien n'est plus facile que de rendre la perdrix extrêmement familière, mais on n'est point parvenu à la faire couver en captivité. Deux variétés de perdrix habitent l'Europe : la perdrix grise est communément répandue dans le nord et le centre, et la perdrix rouge dans le centre et le midi. — La *caille* est plus petite que la perdrix, dont elle a du reste toutes les habitudes ; seulement elle est peu sociable et vit isolée au milieu des champs. La caille, originaire des contrées chaudes, ne fréquente l'Europe qu'à titre d'oiseau de passage ; elle fait deux couvées, l'une en Europe avant son départ, l'autre en Afrique avant son retour. Comme la perdrix, la caille s'apprivoise très-facilement, mais elle ne multiplie pas en captivité. — Le *colin de Californie*, à peu près de la grosseur d'une caille et dont la chair est aussi estimée, est un oiseau au plumage riche et varié ; sa tête est ornée d'une aigrette élégante. — Le *coq de bruyère* et la *gélinotte*, espèces de gallinacés, sont des oiseaux dont la chair est très-recherchée ; ils ne sont pas réduits en domesticité, bien qu'ils puissent l'être facilement.

Le *faisan*, c'est-à-dire l'oiseau du Phase, vient de l'ancienne Colchide, sur les bords de la mer Noire, d'où il fut apporté, dit-on, par les Argonautes, et répandu en Europe par les Grecs. Les faisans sont des oiseaux remarquables par leur beau plumage, surtout les variétés connues sous les noms de faisans dorés et argentés originaires de la Chine : leur chair est recherchée comme un mets excellent. — La *pintade*, originaire d'Afrique et désignée quelquefois sous le nom de *poule de Numidie* ou *de Guinée*, a le plumage ardoisé et couvert de taches rondes et blanches. Elle s'apprivoise facilement et, lorsqu'elle a pris toute sa croissance, elle est aussi rustique que les autres oiseaux de basse-cour ; mais son cri aigu qu'elle répète sans cesse la rend très-importune auprès des habitations.

Le *paon*, originaire des Indes, est le plus beau et le plus orgueilleux des oiseaux : la noblesse et l'élégance de sa taille, le coloris de son plumage,

l'aigrette mobile et légère qui orne sa tête, la longue
et admirable queue qu'il relève en roue à sa volonté,
en font l'un des chefs-d'œuvre de la nature. Mais
ces plumes si brillantes se flétrissent et tombent chaque année, du moins en partie. Alors le paon, hon-
teux d'être privé de son éclat et de sa magnificence,
fuit les regards de l'homme et s'enfonce dans les
plus sombres retraites jusqu'à ce qu'un nouveau
printemps lui permette d'étaler son nouveau plumage. La femelle du paon n'a pas la parure brillante
du mâle : elle aime et soigne tendrement ses petits.

Questionnaire.

Quels sont les oiseaux compris dans l'ordre des passereaux? — De quoi se nourrissent-ils généralement? —
Donnez quelques détails sur la pie-grièche, le gobe-mouches, le merle et la grive, le loriot, la fauvette. — Décrivez
les mœurs et les habitudes de l'hirondelle. — Citez encore
quelques oiseaux de l'ordre des passereaux. — Dans quel
pays se trouve l'oiseau de paradis? — Qu'est-ce que le
grimpereau? — Décrivez les colibris, le martin-pêcheur et
le calao. — Quels sont les caractères généraux des oiseaux
que comprend l'ordre des gallinacés? — Donnez quelques
détails sur le coq et la poule. — Quelles sont les races
les plus estimées parmi les poules domestiques? — De quel
pays le dindon est-il originaire? — Quelles sont les principales espèces de pigeons?— Donnez quelques détails sur
les pigeons voyageurs. — Par quoi se distingue la tourterelle? — Donnez quelques détails sur la perdrix, la caille,
le coq de bruyère, le faisan et la pintade. — Sous quel
rapport le paon est-il remarquable?

CHAPITRE IX.

Suite des Oiseaux. — Ordre des Échassiers. — Ordre
des Palmipèdes.

Ordre des Échassiers. Les *Échassiers* sont ainsi
nommés à cause de leurs jambes longues et nues
qui, de loin, leur donnent l'air de marcher sur des
échasses. Ils ont le cou et le bec très-allongés, ce
qui leur permet de chercher dans l'eau leur nourriture. Les uns mangent les poissons et les reptiles ;
les autres se contentent de mollusques et d'annélides ; quelques-uns même ne vivent que de grains
ou d'herbages ; presque tous habitent le bord des
eaux et ont l'habitude de se reposer sur un seul
pied. Citons les principaux genres.

L'*outarde*, le plus gros oiseau de l'Europe, a une
chair délicate ; sa démarche rappelle celle des gallinacés : elle ne se nourrit que de grains et d'insectes.
C'est un oiseau défiant et farouche qu'on a vaine-
ment tenté d'apprivoiser. — Le *héron*, au cou mince
et fluet, surmonté d'un bec allongé et pointu, est
l'habitant du bord des marais et des étangs ; à défaut de poissons, il se contente de grenouilles et de
petits insectes. Le héron est celui des échassiers qui
habite le plus généralement toutes les parties de
l'Europe ; on le rencontre également dans les contrées chaudes et tempérées des deux mondes. On
lui fait la chasse pour ses belles plumes.

Les *grues* ont le bec droit, moins fendu que celui
du héron ; elles passent la moitié de leur vie à voya-

ger du nord au midi et du midi au nord, en volant
sur deux files en triangle, et ayant un chef à leur
tête. Elles ont des sentinelles, lorsqu'elles stationnent
pour dormir. Les grues se nourrissent de poissons,
de reptiles, et quelquefois de graines et de plantes
aquatiques. — Les *cigognes*, voyageuses comme les
grues proprement dites, ont les ailes noires et blanches, le bec et les pieds rouges : tous les ans, à la
fin de l'été, elles quittent les contrées du nord pour
aller s'abattre en Afrique, particulièrement sur les
bords du Nil. Ces oiseaux sont respectés dans plusieurs pays, parce qu'ils purgent les marais des crapauds, des lézards et des serpents : en Grèce, il
était défendu de les tuer sous les peines les plus
rigoureuses. La cigogne, d'un naturel très-doux, se
familiarise aisément avec l'aspect de l'homme, et
souvent elle construit son nid sur les toits et sur les
cheminées des habitations. Elle est aussi remarquable par le vif attachement qu'elle témoigne pour
ses petits.

Le *flamant*, originaire des deux Indes, au plumage rouge clair ou rose pâle, se nourrit de coquillages, de poissons et de vers. Pour nicher, la femelle
élève des mottes de terre, y pose son nid et s'y met
comme à cheval. — L'*ibis* est un oiseau aux jambes
longues et minces, fréquentant le bord des eaux et
y cherchant des vers et de petits mollusques. L'*ibis*
sacré était vénéré des anciens Égyptiens, soit à cause
de la guerre acharnée qu'il fait, dit-on, aux reptiles
qui infestent les bords du Nil, soit parce que le retour de cet oiseau annonçait le débordement du
fleuve. — Le *pluvier* et le *vanneau*, oiseaux de pas-

sage, viennent dans nos plaines au retour du printemps et les quittent vers le milieu de l'automne. Ils se nourrissent de vers, de chenilles et d'insectes. Leur chair est très-estimée. — La *bécasse* est un oiseau commun que distingue facilement son bec long et droit ; elle habite les bois et les plaines marécageuses. Elle n'a pas de demeure fixe ; elle passe en France au printemps et à l'automne. — La *bécassine* est plus petite ; sa chair, comme celle de la bécasse, est très-recherchée. — La *poule d'eau* fait son nid au milieu des joncs marécageux, elle plonge facilement dans l'eau et court assez vite à terre. Cet oiseau est communément répandu dans toutes les parties de l'Europe. — L'*huîtrier* se plaît sur les bords de la mer ; il vit d'annélides, de crustacés et principalement de coquillages, qu'il casse avec son bec robuste.

Les échassiers ont pour subdivision le sous-ordre ou la famille des *brévipennes,* qui doivent leur surnom à la brièveté des ailes, quelquefois complétement absentes. Aucun des échassiers brévipennes n'est doué de la faculté de voler. Les genres les plus intéressants à connaître habitent hors de l'Europe. Voici les principaux.

L'*autruche* a les ailes trop courtes pour voler ; mais elle court avec vitesse, déployant ses ailes comme deux voiles, et elle a soin de les tourner du côté du vent. Ses œufs sont fort gros et très-bons à manger ; ses plumes fines et douces servent d'ornement et de parure : on en fait des panaches et des plumets. Les autruches habitent les contrées voisines de l'équateur ; elles se nourrissent principalement de graines et d'herbes, mais telle est leur

voracité qu'elles avalent indistinctement avec leurs
aliments tout ce qui se présente, comme bois, cailloux, fragments de métaux. Certains peuples d'Afrique
en élèvent en domesticité de nombreux troupeaux et
en mangent la chair. Sa rapidité à la course est incroyable; les meilleurs coursiers ne peuvent l'atteindre que lorsqu'elle est fatiguée et après une
longue poursuite. L'autruche est assez forte pour
porter un homme; mais il n'a jamais été possible de
la diriger et de s'en servir comme monture. — Le
nandou, autruche du nouveau monde, habite principalement les contrées les plus froides du Brésil, du
Chili et du Pérou ; il n'a pas plus de la moitié de la
taille de la grande autruche. Il se nourrit de graines
et d'herbes. La chair du nandou est aussi bonne
que celle du dindon : des essais ont été faits avec
succès pour naturaliser dans le midi de l'Europe cet
oiseau précieux, qui est peu difficile sur le choix de
la nourriture et qui donnerait, s'il devenait domestique, des volailles de vingt à trente kilogrammes.
— L'*aptéryx,* de la Nouvelle-Zélande, de la grosseur
du dindon, est complétement dépourvu d'ailes ; sa
chair est excellente et il s'apprivoise facilement. —
Le *casoar* habite l'Asie et l'Australie ; ses ailes sont
plus courtes que celles de l'autruche, et ses plumes,
découpées en filaments légers, sont un véritable crin.
La tête de cet oiseau est surmontée d'un casque de
huit ou dix centimètres de hauteur, brun par devant
et jaune dans les autres parties.

Ordre des Palmipèdes. Les *Palmipèdes* ou *Oiseaux
nageurs* ont les pieds palmés par la réunion des

doigts à l'aide d'une membrane, ce qui leur permet de s'en servir comme de rames ou de nageoires. Ils vivent de préférence sur l'eau ; à terre, leur marche est lourde et embarrassée. C'est au milieu des plantes aquatiques, ou dans les fentes des rochers situés au bord de la mer ou des rivières, qu'ils construisent leur nid, dans lequel ils pondent un nombre d'œufs assez considérable ; leurs petits, au sortir de la coquille, se dirigent vers l'eau. Tous se nourrissent de poissons, d'insectes, de vers ou même de végétaux aquatiques. Décrivons les genres les plus remarquables.

L'*oie*, variable de couleur à l'état domestique, est toujours grise à l'état sauvage ; elle se nourrit de grains et d'herbages. L'oie est un des oiseaux de basse-cour les plus utiles. Sans parler de sa chair qui est très-bonne, surtout lorsque l'animal a été engraissé, la peau, garnie de son duvet, sert à faire de légères fourrures ; les plumes moyennes sont recherchées pour divers usages domestiques, et les grosses plumes de l'aile sont généralement employées pour écrire. Tout le monde connaît l'histoire des oies qui sauvèrent le Capitole, du temps de la république romaine, en annonçant par leurs cris l'approche des Gaulois ; depuis cette époque, les magistrats consacraient chaque année une somme à l'entretien de ces oiseaux.

Le *canard* (*fig.* 14) a le bec plat et large ; sa couleur varie beaucoup à l'état domestique ; il vit presque toujours sur l'eau, où il trouve sa nourriture de prédilection. Le canard sauvage habite le nord des deux continents, et arrive dans nos contrées vers le mois de novembre. Le plumage du mâle est

nuancé de couleurs bien plus vives que celui du canard domestique ; la femelle est d'un gris uniforme.

Le *plongeon*, malhabile au vol, est ainsi nommé parce qu'il plonge à l'approche du danger. Il vit constamment dans l'eau, ou du moins il ne quitte son élément favori que pour faire son nid sur le

Fig. 14. — Canard.

rivage et y pondre ses œufs. — L'*eider*, espèce de canard, habite les pays les plus septentrionaux de l'Europe ; c'est lui qui fournit ce duvet si doux et si léger connu sous le nom d'édredon. —La *sarcelle* et la *macreuse*, oiseaux dont la chair est recherchée, sont encore des espèces de petits canards. La première est commune dans les étangs et les marais ; la seconde, aux approches de l'hiver, arrive du Nord en troupes nombreuses sur les bords de l'Océan et de la Méditerranée.

Le *cygne* est remarquable par son col allongé, par son bec dont les bords sont dentelés, et par son plumage d'une blancheur éclatante : c'est le plus grand des oiseaux nageurs réduits en domesticité. Il est robuste et courageux ; son bec et ses ailes sont des armes puissantes dont il se sert vigoureusement pour repousser les attaques des plus gros oiseaux de proie et même des chiens : il y aurait quelque danger à s'exposer à sa furie, surtout quand il a des petits. Ce bel oiseau, gratifié d'un chant mélodieux

par les poëtes, a au contraire un cri sourd et désagréable; mais il a le port si majestueux, la démarche
si fière et si facile, qu'il est l'ornement des bassins
et des pièces d'eau dans les parcs et les jardins. Ces
oiseaux vivent par couples. Leur duvet sert à confectionner des fourrures très-recherchées. Le *cygne
noir* est une espèce particulière à l'Australie.

Le *pingouin* et le *manchot*, dont on connaît un
assez grand nombre d'espèces, sont, comme les brévipennes, privés de la faculté de voler, la position
et la conformation de leurs pattes leur permettant
même difficilement de marcher : aussi, lorsqu'ils
sont à terre, se laissent-ils prendre sans résistance.
Par compensation, ils nagent avec une étonnante
facilité et accomplissent, sans s'arrêter, des voyages
considérables. Ils vivent en société sur les plages
désertes des régions polaires.

Le *pétrel* se retrouve sous des latitudes opposées, dans les mers des tropiques et dans les régions
polaires; son vol est tellement rapide et si soutenu,
qu'il peut voler plusieurs jours de suite sans se reposer et qu'il aime à glisser entre les vagues qui
roulent les unes sur les autres. Une espèce, connue
sous le nom de *pétrel tempête*, habite les mers d'Europe : il semble prévoir les orages, et se réfugie
alors sur les vergues et sur les mâts des vaisseaux.
— L'*albatros* est le plus gros des oiseaux aquatiques
maritimes; on le trouve seulement dans les mers
australes, où il est connu sous le nom de *mouton
du Cap :* il a le bec fort et tranchant, et se nourrit
de poissons ou de zoophytes. — La *frégate* a le bec
long et crochu et le plumage noir; ses ailes ont

une envergure de trois à cinq mètres. Elle aime,
comme le pétrel, à s'égarer sur la vaste étendue de
l'Océan ; la rapidité de son vol, ainsi que l'étendue
de ses ailes, l'a fait comparer au vaisseau dont elle
porte le nom. — Les *mouettes* et les *goëlands* sont
si voraces et si cruels, qu'ils ont été surnommés
vautours de mer. Lorsqu'ils aperçoivent le cadavre
de quelque animal flotter à la surface des eaux, ils
se jettent dessus avec acharnement et se livrent
entre eux des combats sanglants pour la possession
de cette proie.

Le *pélican* a le bec long et plat par-dessus ; en
dessous s'étend une poche membraneuse, sorte de
réservoir dans lequel il fait une ample provision de
poissons et d'eau mise en réserve pour sa nourriture. Les fleuves, les lacs et les côtes maritimes
sont les lieux que fréquente le pélican. Cet oiseau
dégorge de son estomac les aliments qu'il a pris pour
les donner à ses petits ; c'est ce qui a fait croire
qu'il se déchirait les flancs pour nourrir de son sang
sa jeune couvée ; cette tradition fabuleuse a fait regarder le pélican comme l'emblème de la tendresse
maternelle. — Le *cormoran*, distingué par son plumage noir ou brun foncé en dessus, verdâtre en
dessous, est d'un naturel triste et tranquille, et habite
par troupes les rives des fleuves et les rochers
qui bordent les côtes de la mer. On l'apprivoise
facilement, et même en Chine on le dresse à la
pêche en lui faisant rejeter les poissons qu'il prend
en plongeant et qu'il avale tout vivants.

Questionnaire.

Quels sont les caractères distinctifs des oiseaux que renferme l'ordre des échassiers?— De quoi se nourrissent-ils? — Où habitent-ils généralement? — Quels sont les principaux genres? — Donnez quelques détails sur l'outarde et le héron. — Quelles sont les habitudes des grues et des cigognes? — Pourquoi ces dernières sont-elles respectées dans plusieurs contrées? — Donnez quelques détails sur le flamant et l'ibis; sur le pluvier et le vanneau ; sur la bécasse, la poule d'eau et l'huitrier. — Quels sont les oiseaux renfermés dans la famille des brévipennes? — Donnez quelques détails sur l'autruche, le nandou, l'aptéryx et le casoar.— Quels sont les caractères des oiseaux compris dans l'ordre des palmipèdes? — De quoi se nourrissent-ils? — Où font-ils habituellement leur nid? — Quels sont les genres les plus remarquables? — Quels sont les divers produits que donne l'oie? — Décrivez les diverses espèces de canards. — Quelle est celle qui donne le duvet nommé édredon? — Où vivent la sarcelle et la macreuse? — Par quoi le cygne est-il remarquable? — Donnez quelques détails sur les mœurs de plusieurs autres palmipèdes, tels que le pingouin, le pétrel, l'albatros, la frégate, les mouettes, les goëlands, le pélican et le cormoran.

CHAPITRE X.

Classe des Reptiles.

Les *Reptiles*, qui forment la troisième classe des vertébrés, sont des animaux à sang rouge et froid et respirant au moyen de poumons. Cette respiration aérienne établit la distinction principale entre les reptiles et les poissons ; mais en même temps la circulation est incomplète, parce que le cœur n'a qu'un ventricule et que par conséquent du sang veineux se mêle au sang artériel, ce qui n'a pas lieu chez les mammifères ni chez les oiseaux.

La forme du corps varie beaucoup chez les reptiles : les uns sont quadrupèdes, tels que les tortues et les lézards ; les autres sont tout à fait privés de membres, comme les serpents. On connaît aussi des reptiles ailés : les dragons, animaux assez voisins des lézards, sont dans ce cas. Ils jouissent tous des cinq sens, mais ils montrent en général très-peu d'instinct. La plupart ont une vue perçante ; l'odorat et l'ouïe sont très-faibles ; il en est de même du toucher, à cause de la dureté de leurs écailles ou de l'épaisseur de leur peau ; la langue est petite et goûterait difficilement ce qu'ils engloutissent : en résumé, le sens de la vue est le seul qui mérite d'être remarqué chez les reptiles.

Les reptiles sont ovipares, c'est-à-dire que leurs petits naissent renfermés dans un œuf; mais ils ne couvent jamais leurs œufs. De plus, chez un grand nombre, le développement du petit renfermé dans l'œuf est presque complet quand la femelle le pond, et même la vipère peut être considérée comme vivipare. Plusieurs d'entre eux dépouillent leur peau une fois par an, et se revêtent d'une peau nouvelle.

D'autres jouissent d'une propriété plus singulière : ils reproduisent leurs pattes ou leur queue quand un accident les a détruites. Les mouvements des reptiles sont en général moins vifs et moins soutenus que ceux des mammifères et des oiseaux. Ils sont presque tous carnassiers, et, à quelques exceptions près, ils ne recherchent qu'une proie vivante qu'ils avalent habituellement sans la diviser. La plupart s'engourdissent pendant l'hiver, ou du moins peuvent se passer de nourriture durant la saison froide.

Les reptiles se divisent en trois ordres distincts, qui sont : les *Chéloniens* ou *Tortues*, les *Sauriens* ou *Lézards,* les *Ophidiens* ou *Serpents.*

Ordre des Chéloniens. Les *Chéloniens* ou *Tortues* se distinguent par la double cuirasse qui couvre leur corps et ne laisse passer que la tête, la queue et les quatre pattes : le bouclier supérieur s'appelle *carapace,* l'inférieur se nomme *plastron.* Les tortues n'ont pas de dents ; leurs mâchoires sont revêtues de corne, comme le bec des oiseaux. La lenteur de leur marche est devenue proverbiale. Cet

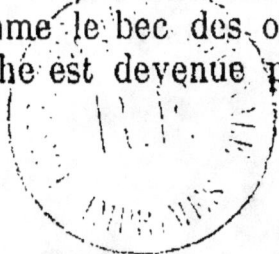

ordre comprend trois principaux genres, les *tortues de terre*, les *tortues d'eau douce*, les *tortues de mer*.

La *tortue géométrique* est une tortue de terre dont la carapace noire est traversée par des lignes jaunes qui partent du même point et composent des dessins réguliers. La *tortue grecque* (*fig.* 15) est aussi une tortue de terre commune en Europe, et qui se trouve surtout en Grèce, en Italie et en Sardaigne ; elle se tient dans les bois, les prairies et les jardins. Ces deux espèces se nourrissent d'insectes et de mollusques nuisibles ; leur chair est bonne à manger, et sert à faire des bouillons agréables et sains.

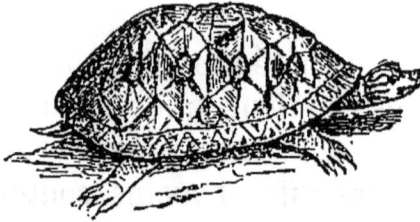

Fig. 15. — Tortue.

Les *tortues d'eau douce*, parmi lesquelles on remarque la *tortue fluviatile d'Europe*, qui a la carapace ovale et lisse et dont la chair est bonne à manger, vivent dans les marais et dans les eaux courantes. Elles se nourrissent de vers, d'insectes, de petits poissons et d'herbes. On peut les conserver vivantes en leur donnant du pain, des légumes, et en les tenant constamment dans l'eau. Sur tous les grands fleuves de l'Amérique du Sud, spécialement sur l'Amazone, l'Orénoque et leurs affluents, les grosses tortues sont très-multipliées. A des époques fixes, chaque année, elles descendent par bandes innombrables le cours de ces fleuves et de ces rivières, s'arrêtant de distance en distance pour déposer leurs œufs aux endroits où la plage est sablonneuse. Les habitants du pays font tous les ans la

récolte de ces œufs, dont les jaunes cuits et pressés
donnent une huile comestible très-employée sous le
nom de *tortugada*, dans toute l'Amérique du Sud.

Les *tortues de mer* se distinguent par leur grande
taille. Elles ne quittent les eaux de la mer que pour
venir sur le rivage déposer leurs œufs dans le sable,
qu'elles creusent assez profondément. La *tortue
franche* ou *tortue verte*, espèce de tortue de mer,
atteint jusqu'à deux mètres et plus de longueur.
Elle porte une carapace verdâtre, habite les mers
ou l'embouchure des fleuves des pays chauds, et se
nourrit de végétaux marins. Sa chair est un bon
aliment, et ses œufs très-abondants sont un mets recherché. — Le *caret*, beaucoup moins grand que la
tortue franche, se trouve aussi dans les mers des
pays chauds, où il se nourrit de varechs et de fucus.
Cette espèce est très-recherchée, parce qu'elle fournit la substance cornée connue sous le nom d'écaille
et employée dans l'industrie pour une foule d'objets
divers.

Ordre des Sauriens. Les *Sauriens* ou *Lézards*
ont tous une queue plus ou moins longue, et le plus
grand nombre a quatre membres ; leur bouche est
armée de dents aiguës et leurs doigts sont terminés
par des ongles ou des griffes : leur peau est recouverte d'écailles ou de petits points écailleux qui se
dessèchent et tombent tous les ans dans plusieurs
espèces. Ces animaux s'engourdissent pendant l'hiver, et c'est au moment où ils sortent de leur léthargie qu'ils changent de peau. Presque tous sont carnassiers. Citons les genres les plus importants.

Le *crocodile* a le museau oblong et déprimé; il atteint quelquefois dix mètres de longueur ; on le trouve dans les deux continents, en Égypte , au Sénégal, dans les Indes; bien qu'il semble préférer le séjour des fleuves et des lacs, il s'aventure quelquefois dans la mer. Cet animal est essentiellement carnassier et très-vorace. Il s'élève doucement à la surface des eaux, nage silencieusement, saisit avec avidité sa proie, et l'entraîne au loin pour la noyer ; puis il la laisse se putréfier avant de la dévorer. Lorsque la faim le presse, il attaque les hommes ; mais il est moins à craindre sur terre que dans l'eau, parce qu'il remue difficilement sa lourde masse, si ce n'est en ligne droite. — Le *caïman,* connu aussi sous le nom d'*alligator* , est une espèce de crocodile qui se trouve en Amérique, et surtout à la Guyane. Il habite les rivières et les étangs, où il vit de toute espèce d'animaux aquatiques. — Le *gavial*, à museau étroit et allongé, est encore une espèce de crocodile qui habite l'Inde , et particulièrement les eaux du Gange.

Le *lézard vert* est le plus grand et le plus fort des lézards communs; sa taille ordinaire est de trente centimètres. On le trouve dans le midi de la France et dans l'Europe méridionale, sur le bord des bois et dans les crevasses des rochers; il ne se contente pas d'insectes, il avale encore les souris et les grenouilles. — Le *lézard gris* est de moitié plus petit que le précédent; il est très-commun en France, dans les carrières et dans les murs délabrés. C'est le plus doux et le plus inoffensif des lézards ; aussi léger qu'utile, il se lance comme un trait sur les mouches et sur les insectes nuisibles. Quand la température est douce et que le ciel est serein, on le voit chercher la chaleur et renaître en quelque sorte à la vie ; ses mouvements, les ondulations de sa queue déliée, le feu et la vivacité de ses yeux dorés, expriment la joie et le plaisir.

L'*iguane*, de l'Amérique méridionale, a le corps et la queue couverts de petites écailles imbriquées, et une espèce de crête se dresse comme des épines sur toute la longueur de son dos. Elle habite les bois, sur les lisières des fleuves et des eaux vives, et fait sa nourriture principale de feuilles, de fruits et de graines. On lui fait une chasse active, à cause de sa chair, qui est fort bonne à manger, et comme elle est sensible aux sons de la musique, on se sert de ce moyen pour l'attirer dans des piéges. — Le *dragon*, long de seize centimètres, est pourvu de petites ailes. C'est un lézard inoffensif qui se nourrit d'insectes, en voltigeant sur les arbres d'une branche à l'autre, au moyen de la peau de ses flancs qu'il peut tendre de manière à former une espèce de parachute : il n'habite que les contrées de l'Inde. Il n'a aucun rapport avec le dragon des anciens, monstre fabuleux, auquel on supposait les ailes et le bec d'un aigle, le corps et les griffes d'un lion et la queue d'un serpent. — Le *basilic*, de la Guyane et de Java, est de couleur bleuâtre, avec deux bandes blanches, et porte sur la tête une espèce de capuchon ou de couronne. Ce reptile, fort inoffensif, qu'on représentait autrefois comme un animal doué de la propriété de foudroyer par son seul regard, vit dans les lieux humides et se nourrit de graines, de fruits et d'insectes.

Le *caméléon*, qui habite les contrées les plus chaudes de l'Asie, de l'Afrique et de l'Amérique, est un lézard d'assez grande espèce, mais timide et incapable de nuire; il ne se nourrit que d'insectes. C'est l'animal sur lequel on a raconté le plus de fables : on a dit, par exemple, qu'il pouvait changer de couleur à volonté. Le caméléon a, comme les autres animaux, une couleur qui lui est propre; mais ce qui est vrai, c'est que la nuance de cette couleur peut changer sous l'influence de causes accidentelles. Ainsi, lorsque cet animal est agité par la colère ou par la crainte, il gonfle son corps, et sa peau transparente laisse apercevoir le sang au travers : c'est ce qui produit ces changements de coloration qui ont fait du caméléon le symbole de la versatilité des hommes.

Ordre des Ophidiens. Les *Ophidiens* ou *Serpents* comprennent tous les reptiles écailleux privés de pieds, dont le corps est cylindrique et allongé; ils se meuvent en rampant, et comme leurs muscles sont doués d'une puissance prodigieuse, ils s'élancent souvent à de grandes distances. Tous se nourrissent d'animaux vivants; leur gueule est armée de dents fines et serrées, et chez quelques espèces la mâchoire supérieure porte des crochets acérés et creusés d'une gouttière ou d'un canal par lequel s'écoule un venin subtil que sécrète une glande particulière placée à chacun des deux côtés de la mâchoire. Le trait le plus remarquable de leur organisation, c'est le défaut d'adhérence de leurs deux mâchoires, d'où résulte une prodigieuse élasticité des angles de la gueule, qu'ils peuvent ouvrir à volonté en lui donnant une grandeur proportionnelle au volume des substances ou des animaux qu'ils veulent avaler. Ces animaux habitent presque toujours des lieux obscurs et humides, et leur aspect inspire la crainte ou l'horreur. Pendant l'hiver ils s'engourdissent et restent dans un état d'immobilité complète. Les uns sont venimeux, les autres n'ont pas de venin.

Les genres les plus importants parmi les serpents non venimeux sont la *couleuvre* et le *boa*. — La *couleuvre* atteint rarement la taille de deux mètres : c'est un animal timide et craintif, et sa morsure n'est pas dangereuse. Il se tient caché dans les retraites les plus obscures, et n'en sort que pressé par la faim pour se mettre à la recherche des insectes, des vers et même des petits oiseaux dont il fait sa nourriture. — La *couleuvre à collier* est plus petite et communément répandue en France, dans les prairies et dans les eaux dormantes. On la désigne quelquefois sous le nom d'*anguille de haie*. — Le *boa*, dont la tête est couverte de petites écailles, est redoutable par sa grande taille et par sa force extraordinaire; il n'a pas moins de dix mètres de longueur. Suspendu aux branches d'un arbre, il s'élance sur un cerf ou sur un mouton, l'enlace dans ses replis, l'étouffe, le broie et l'engloutit après l'avoir humecté de son infecte salive. Sa digestion est pénible et le fait tomber dans un engourdissement qui fournit l'occasion de le tuer. On le trouve en Asie, en Afrique et en Amérique. L'espèce la plus redoutable est le *boa constrictor,* qui habite les forêts de l'Amérique du Sud.

Parmi les serpents venimeux, les genres les plus importants sont la *vipère* et le *serpent à sonnettes*.

La *vipère commune*, dont la longueur dépasse rarement sept décimètres, se nourrit d'oiseaux et d'insectes, et la violence de son venin fait périr ces animaux en quelques minutes. Chez l'homme la morsure de la vipère peut produire des accidents graves, mais rarement elle cause la mort ; il faut se hâter de laver la blessure avec de l'eau salée et de la cautériser par un moyen quelconque. La vipère est généralement répandue en Europe, et assez commune aux environs de Paris, dans les lieux boisés et rocailleux, principalement dans la forêt de Fontainebleau, où elle se tient toujours à l'exposition du midi. — L'*aspic* est une espèce de vipère que l'on trouve aussi assez souvent dans la forêt de Fontainebleau.

Le *serpent à sonnettes* ou *crotale* (*fig.* 16) est célèbre par la subtilité de son venin, qui peut donner la mort à l'homme dans l'espace de quelques heures. Cet animal, dont la taille ordinaire est de deux mètres, porte au bout de sa queue une spirale écailleuse qui vibre et retentit lorsqu'il est irrité. L'instinct des animaux leur fait éviter ce dangereux

Fig. 16. — Serpent à sonnettes.

ennemi ; un cheval, à l'approche de ce serpent, re-
fuse d'avancer, malgré les coups et les efforts que
l'on emploie pour le faire marcher. Heureusement
ce reptile, comme tous les autres, fuit la présence
de l'homme : on le trouve dans l'Amérique méridionale. — Les *trigonocéphales*, désignés aussi sous
le nom de *serpents jaunes des Antilles*, sont communs
dans la plupart de ces îles ; ils habitent principalement les plantations de cannes à sucre. Ils sont très
venimeux.

Classe des Batraciens.

Les *Batraciens* ou *Amphibiens* sont des animaux à
sang froid, comme les reptiles et les poissons. Leur
circulation est incomplète, parce qu'ils n'ont qu'un
ventricule, et leur respiration est peu active. Con-
fondus autrefois avec les reptiles dont ils formaient
un ordre, les batraciens s'en distinguent par les métamorphoses qu'ils subissent dans leur jeune âge.
Ces animaux, lorsqu'ils sortent de l'œuf, sont organisés comme des poissons, dont ils ont la forme et
les branchies : on les appelle alors *têtards* ; mais peu
à peu leurs membres se développent en même temps
que leurs poumons, et ils finissent par se dépouiller
entièrement de leur première forme pour prendre
celle qu'ils doivent conserver toute leur vie. Par-
venus à leur état parfait, les batraciens n'ont plus
en général que la respiration pulmonaire; ils vivent
dans les lieux humides ou dans l'eau, et ils se nourrissent tous de proie vivante. La classe des batraciens est nombreuse. Citons les principaux genres.

La *grenouille* (*fig.* 17), après avoir quitté l'état de têtard, a quatre pattes et n'a point de queue; dans l'eau elle nage facilement, sur la terre elle bondit avec légèreté. Elle est très-incommode en été, aux environs des marais et des eaux dormantes, par ses clameurs nocturnes. Sa voix est forte, monotone, et s'appelle coassement. La grenouille vit de larves, d'insectes aquatiques, de vers et de petits mollusques. Pendant l'hiver, elle s'enfonce dans la vase et s'y engourdit profondément. — La *rainette* ressemble à la grenouille, mais elle a plus d'élégance dans les formes, plus d'agilité dans les mouvements. Elle habite les bois humides, les haies qui bordent les marais, les jardins ornés de pièces d'eau. Souvent elle se fixe sur les arbres, sur les feuilles, pour guetter les insectes dont elle veut faire sa proie. — Le *crapaud* a le corps couvert de verrues d'où suinte une humeur visqueuse, mais il n'a ni dents ni venin. La crainte dont il est l'objet ne peut être fondée que sur le dégoût qu'il inspire; il se traîne plutôt qu'il ne saute, et il se tient habituellement dans les lieux sombres et humides, dans les trous des vieux murs, sous les pierres, et même dans la terre. Souvent, après les pluies d'orage, on voit les crapauds sortir en grande quantité de leurs retraites : ce qui a donné lieu à l'erreur populaire des pluies de crapauds.

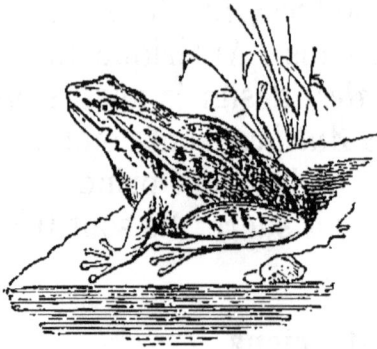

Fig 17. — Grenouille.

Les *salamandres* ont le corps allongé et terminé par une longue queue ; leurs mâchoires sont garnies de dents petites et nombreuses. Les unes vivent sur terre et les autres dans l'eau ; elles recherchent toutes les lieux humides et les trous souterrains, où elles se nourrissent d'insectes et de vers. Il faut rejeter comme une fable l'opinion qui représentait la salamandre comme un animal qui pouvait vivre au milieu des flammes et dont la morsure était venimeuse. L'humeur visqueuse dont le corps de la salamandre est couvert peut la protéger un moment contre l'ardeur du feu, mais elle ne tarde pas à y périr comme les autres animaux ; du reste, elle est inoffensive. — Le *triton*, qui vit dans l'eau et qu'on désigne aussi sous le nom de *salamandre aquatique*, jouit, comme d'autres animaux, de la singulière propriété de réparer promptement les membres qu'il a perdus. — Les *protées* et les *sirènes* ont aussi des habitudes aquatiques et ressemblent aux lézards par la forme générale de leur corps. Les protées se trouvent en Europe et vivent dans les eaux profondes, loin de la lumière du jour. Les sirènes n'ont que les membres antérieurs ; elles habitent les lacs et les marais de l'Amérique septentrionale.

Questionnaire.

Quels sont les caractères généraux des reptiles ? — La forme de leur corps varie-t-elle beaucoup ? — Ont-ils les sens bien développés ? — De quelle propriété quelques-uns d'entre eux jouissent-ils ? — Quelle est leur nourriture habituelle ? — En combien d'ordres se divisent-ils ? — Par quels caractères se distingue l'ordre des chéloniens ? —

Quels sont les principaux genres? — Donnez quelques détails sur les tortues de terre, sur les tortues d'eau douce et les tortues de mer. — Quelle est l'espèce de tortue qui fournit l'écaille? — Décrivez les caractères généraux des lézards. — Quels sont les principaux genres? — Donnez quelques détails sur les crocodiles et les lézards. — Décrivez les mœurs de plusieurs autres sauriens, tels que l'iguane, le dragon, le basilic et le caméléon. — Quels sont les caractères généraux des ophidiens? — Comment se meuvent-ils? — Quelle est leur nourriture? — Que remarque-t-on chez quelques espèces de serpents? — Quels sont les serpents non venimeux? — Donnez quelques détails sur la couleuvre et le boa. — Quels sont les serpents venimeux? — Donnez quelques détails sur la vipère et le serpent à sonnettes. — Quels sont les animaux que comprend la classe des batraciens? — Par quels caractères se distinguent-ils? — Quels sont les genres principaux? — Donnez quelques détails sur la grenouille et le crapaud. — Décrivez la salamandre, le triton, les protées et les sirènes.

CHAPITRE XI.

Classe des Poissons; leur division en ordres.—Poissons osseux. — Ordre des Acanthoptérygiens. — Ordre des Malacoptérygiens. — Poissons cartilagineux. — Ordre des Sturioniens. — Ordre des Sélaciens. — Ordre des Cyclostomes.

Classe des Poissons.

Les *Poissons*, qui forment la cinquième classe des vertébrés, vivent tous dans la mer ou dans les eaux douces. Ils ont le sang rouge, ils respirent par des *branchies*, et puisent dans l'eau l'air nécessaire à

l'entretien de leur vie. Les branchies (*fig.* 18) sont
tantôt des espèces de franges ou de houppes, tantôt

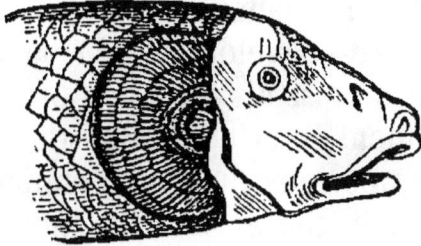

Fig. 18.

et le plus souvent des lames membraneuses appliquées les unes contre les autres comme les dents
d'un peigne, et sur lesquelles se ramifient les vaisseaux sanguins. L'eau que les poissons avalent pour
y puiser la petite quantité d'air qui y est contenue
se tamise entre les dents du peigne, abandonne son
air aux vaisseaux sanguins, et sort par des ouvertures
extérieures appelées *ouïes*. Les nageoires sont chez
ces animaux les organes locomoteurs qui leur tiennent lieu de membres, et en outre la plupart d'entre
eux sont pourvus d'une espèce de sac membraneux
et rempli d'air, nommé *vessie natatoire*, qui est destinée à les rendre plus ou moins légers, selon qu'ils
veulent monter ou descendre dans l'eau. Ils sont
ovipares, c'est-à-dire qu'ils se multiplient au moyen
d'œufs, et le nombre de ceux-ci est quelquefois immense ; il peut s'élever, pour une seule ponte, à
des centaines de mille.

Les poissons ont les sens peu développés : leur
vue est fixe ou peut à peine changer de direction ;
leur langue, presque immobile et souvent osseuse,

ne connaît pas les saveurs : le poisson ne goûte rien, il se contente d'engloutir. Le sens du toucher est annulé à la surface de leur corps par les écailles ou par la cuirasse cartilagineuse dont ils sont recouverts ; mais, en revanche, leur odorat et leur appétit vorace sont très-développés. On peut dire que l'intelligence des poissons est à peu près nulle ; ils n'ont qu'un sentiment intérieur, celui de la faim, et c'est à ce désir impérieux qu'il faut rapporter tous leurs mouvements et toutes leurs actions. Incapables de prévoir le danger, ils ne peuvent y échapper que par la fuite ; ils se retranchent derrière les écueils ou s'enfoncent dans les profondeurs de la mer, et passent ainsi leur vie monotone à poursuivre leur proie ou à fuir leurs ennemis. Cependant ces êtres, dont les facultés sont si bornées et l'instinct si peu développé, ont reçu en partage l'élégance des formes, la beauté et la variété des couleurs, qui se reflètent de mille manières sur leurs écailles symétriques.

Parmi les poissons, les uns vivent solitaires, d'autres vivent en société : les premiers sont souvent sédentaires et meurent dans la mer qui les a vus naître ; les seconds entreprennent chaque année de longs voyages connus sous le nom de migrations. Le phénomène des migrations des poissons a été observé dans presque toutes les régions du globe ; chaque pays compte un certain nombre d'espèces qui ne se montrent sur les côtes qu'à des époques déterminées par des circonstances difficiles à expliquer, si ce n'est par la nécessité de se procurer une nourriture plus abondante et de trouver des parages convenables à la conservation du frai, c'est-à-dire

des œufs qu'ils viennent y déposer. En général, les
poissons de passage qui descendent ou remontent
une côte ne s'y montrent pas sur tous les points ; ils
semblent préférer, pour se réunir, certaines eaux
où ils stationnent à des époques fixes. La plupart y
arrivent en troupes si nombreuses et si serrées, qu'ils
forment des bancs immenses, et sont pour les pêcheurs une capture facile. Les poissons voyageurs
qui viennent enrichir certaines régions de notre lit-
toral sont principalement le hareng, le maquereau,
la sardine, l'anchois et le thon.

Les poissons, surtout les poissons de mer, constituent une des plus précieuses ressources pour
notre alimentation et sont l'objet d'un commerce
très-important. En France, trente ou quarante mille
pêcheurs vivent de cette industrie, soit sur les côtes
de l'Océan et de la Méditerranée, soit en s'aventu-
rant dans les mers lointaines, sur les côtes de l'Islande et de Terre-Neuve, pour capturer la morue,
excellent poisson qui abonde dans ces parages. Depuis quelques années, l'étude approfondie des conditions dans lesquelles peuvent se reproduire les poissons les plus recherchés pour la nourriture de
l'homme a permis de les multiplier artificiellement :
cet art nouveau est connu sous le nom de *pisciculture*.

La classe des poissons est très-nombreuse. Elle se
divise en deux séries ou groupes, d'après la nature
et les modifications de leur squelette composé de
lames tantôt dures, calcaires, et constituant de véritables os, tantôt molles, flexibles et semblables à des
cartilages. De là vient la division en *poissons osseux*

et en *poissons cartilagineux*. Ces deux groupes ou séries se subdivisent en plusieurs ordres.

Groupe des poissons osseux. Le groupe ou la sous-classe des poissons osseux se subdivise en plusieurs ordres, dont les plus importants sont les *Acanthoptérygiens* et les *Malacoptérygiens*.

Ordre des Acanthoptérygiens. L'ordre des *Acanthoptérygiens* comprend un nombre considérable de poissons remarquables par les rayons épineux de leur nageoire dorsale, et cette marque distinctive est exprimée par le nom qu'ils portent. Citons les genres les plus importants de cet ordre parmi les poissons de mer.

La *vive* se trouve dans l'Océan et dans la Méditerranée; elle est ainsi nommée, dit-on, parce qu'elle peut vivre hors de l'eau plus longtemps que d'autres poissons de son espèce. Elle est armée, à l'extrémité de ses nageoires, de pointes acérées et dangereuses pour ceux qui la saisissent sans précaution : elle est à peu près de la taille du maquereau et d'une chair délicate.— Le *rouget*, qui appartient au genre *mulle*, se pêche principalement dans la Méditerranée, et c'est un des poissons les plus recherchés pour la délicatesse de sa chair. Les anciens Romains en faisaient un si grand cas, qu'ils le nourrissaient dans des viviers particuliers, et qu'ils payaient ce poisson à des prix exorbitants lorsqu'il était d'une grosseur remarquable. — Le *surmulet*, autre espèce du genre mulle, est commun dans la Méditerranée : il est rouge sur le dos avec plusieurs lignes dorées.

Le *maquereau* (*fig.* 19) est un poisson à petites écailles et à corps lisse, et distingué par ses belles

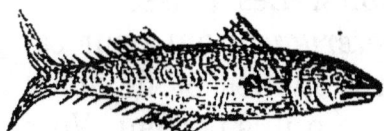

Fig. 19. — Maquereau.

couleurs. Il fréquente, à des époques déterminées, les côtes de l'Océan, et devient alors l'objet d'une pêche considérable. Il est très-abondant depuis le mois de mai jusqu'au mois d'août, et il s'en fait une grande consommation, soit à l'état frais, soit salé. —Le *thon* a communément un ou deux mètres de longueur. La pêche de ce poisson, pratiquée dès la plus haute antiquité, est aujourd'hui concentrée dans la Méditerranée, où elle se fait pendant les mois de mai et de juin. Sa chair, soit fraîche, soit salée ou conservée dans l'huile, est toujours très-savoureuse.

L'*espadon* se distingue de tous les autres poissons par l'os en forme d'épée qui termine sa mâchoire supérieure ; il est commun dans la mer du Nord et la Baltique, où il attaque les plus gros cétacés. C'est un des plus grands poissons ; il atteint une longueur de cinq ou six mètres. — Le *pilote* est un petit poisson, d'une longueur de vingt-cinq à trente centimètres, qui suit toujours les vaisseaux pour saisir les débris qu'on jette à la mer. Comme le requin a la même habitude, les matelots prétendent que ces deux poissons, si différents de mœurs et de taille, vivent en société, et que le plus petit sert de guide au plus grand : c'est une opinion qui n'a rien de bien fondé.

Parmi les poissons d'eau douce qui appartiennent au même ordre, il faut citer la *perche*, un de nos meilleurs poissons et dont la taille moyenne est de quarante à cinquante centimètres.

Ordre des Malacoptérygiens. Les poissons que comprend l'ordre des *malacoptérygiens* ont pour caractère commun des nageoires molles et flexibles, ce qui leur a fait donner le nom qu'ils portent. Voici les genres les plus importants de cet ordre parmi les poissons de mer.

Le *hareng* est un des poissons les plus communs et les meilleurs; il vit en troupes nombreuses; il fait tous les ans de lointaines migrations, et quitte les mers polaires pour aborder aux côtes de France et de Hollande. Le hareng est assez petit; mais il se pêche en une telle quantité, qu'il est une source de richesse pour certains pays. On le prépare de deux manières pour le conserver, en le salant ou en le fumant: le hareng fumé ou séché est connu sous le nom de *hareng saur*, et on appelle *hareng pec* celui qui a été salé. — Les *sardines* et les *anchois* sont des poissons de très-petite taille qui arrivent aussi en grand nombre sur nos côtes, et qui deviennent l'objet d'une pêche et d'un commerce considérables.

La *morue* ou *cabillaud* habite les mers septentrionales de l'Europe et de l'Amérique, à l'entrée de la Manche, en Irlande, et principalement aux environs du banc de Terre-Neuve, dans le nord de l'Amérique, où se fait la pêche la plus considérable: cette pêche fournit annuellement plus de vingt-cinq millions de kilogrammes de poisson, qui, après avoir été salé ou séché, se transporte sur tous les points du globe. On tire du foie de la morue une huile très-employée en médecine. — Le *merlan*, qui habite l'Océan et la Méditerranée, est un poisson fort commun, dont la chair est agréable et de facile digestion.

Le *turbot* (*fig.* 20), la *barbue*, la *limande*, la *sole* et la *plie* appartiennent à une même famille. Ces poissons ont le corps comprimé en forme de disque, et les deux yeux placés du même côté : leur pêche est plus difficile que celle du hareng, parce qu'ils habitent des eaux profondes et montent rarement à la surface de la mer ; cependant ces différentes espèces sont pêchées en assez grande quantité et fournissent un aliment recherché.

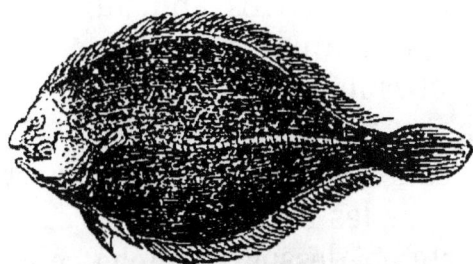

Fig. 20. — Turbot.

Le *saumon* a une chair rosée d'un excellent goût. Les saumons vivent en troupes nombreuses dans les mers septentrionales, d'où ils émigrent tous les ans pour visiter les mers plus tempérées ; au printemps, ils remontent très-haut dans les fleuves pour y déposer leurs œufs. Le saumon ordinaire est long à peu près d'un mètre ; mais ce poisson peut atteindre une plus grande taille.—L'*alose* est répandue dans toutes les mers, et vers le printemps elle s'engage, comme le saumon, dans les fleuves et les rivières pour y trouver une nourriture plus abondante.

Le *congre* ou *anguille de mer* a généralement un

ou deux mètres de long; quelquefois il est plus
grand; c'est un poisson vorace et cruel, qui se rend
redoutable dans les mers qu'il habite. Sa chair est
blanche et ferme et cependant peu estimée. — La
murène, dont les Romains faisaient tant de cas, et
qu'ils engraissaient dans des viviers creusés près de
la mer, est aussi une anguille de mer qui est très-
répandue dans la Méditerranée. — Le *gymnote électrique*, qui a la forme d'une anguille, atteint la taille
d'environ deux mètres et habite surtout les eaux de
l'Amérique méridionale. Il possède la faculté d'en-
gourdir, même à distance, les autres animaux, et,
lorsqu'on le touche, on éprouve une commotion vio-
lente : ces effets sont attribués à l'électricité; ils
cessent dès que l'animal est mort.

Parmi les poissons d'eau douce qui appartiennent
au même ordre, il faut citer les suivants.

La *carpe* (*fig.* 21), verte en dessus, blanchâtre en
dessous, a deux barbillons à chaque angle de la
mâchoire supérieu-
re. Les carpes vi-
vent fort longtemps
et atteignent en
vieillissant des pro-
portions considéra-
bles : on les élève
sans difficulté dans

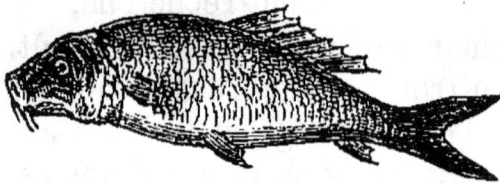

Fig. 21. — Carpe.

les viviers et dans les étangs, où elles trouvent une
nourriture abondante. — Le *barbeau*, assez commun
dans les eaux vives, porte à la mâchoire supérieure
quatre barbillons : c'est de là que lui vient son nom.
Sa taille ordinaire est de trente ou quarante centimè-

tres, et sa chair, comme celle de la carpe, est fort bonne à manger. — Le *brochet*, l'un des poissons les plus voraces, les plus destructeurs, a été surnommé le requin des eaux douces : il avale toute espèce de poisson, et même des poissons presque aussi gros que lui. Sa taille moyenne est de cinquante à soixante centimètres; son museau est long, obtus et déprimé, et sa gueule, fendue jusqu'au delà des yeux, est garnie de dents très-fortes. Il habite les eaux douces, et sa chair est estimée. — Les *anguilles* se trouvent dans les eaux douces et vaseuses; elles demeurent longtemps hors de l'eau sans mourir. Leur corps est long et mince; leur chair est agréable, mais indigeste. C'est le seul poisson qui soit vivipare et ne ponde pas d'œufs.

La *truite* ordinaire, communément répandue dans un grand nombre de ruisseaux, de rivières et de lacs de l'Europe, est un des poissons les plus recherchés pour l'excellent goût de sa chair. Sa taille est de trente à quarante centimètres; dans le lac de Genève, on trouve des truites qui pèsent dix kilogrammes et plus. La truite dite saumonée a la chair rosée comme celle du saumon.

Groupe des poissons cartilagineux. Le groupe ou la sous-classe des poissons cartilagineux se subdivise en trois ordres, qui sont : les *Sturioniens*, les *Sélaciens* et les *Cyclostomes*.

Ordre des Sturioniens. L'ordre des *Sturioniens* comprend des poissons cartilagineux à branchies libres. Il n'y a dans cet ordre qu'un seul genre important.

L'*esturgeon*, dont le corps allongé n'a pas moins de deux à trois mètres, et qui atteint quelquefois une taille plus considérable, habite l'Océan, la Méditerranée et la mer Caspienne; il remonte souvent les grandes rivières et surtout celles du nord de l'Europe. Toutes les parties de ce poisson sont utiles : sa chair est excellente, et elle est l'objet d'un commerce considérable lorsqu'elle a été salée ou marinée; sa peau desséchée remplace les vitres dans quelques contrées; ses œufs, salés et assaisonnés, forment un mets connu sous le nom de *caviar;* enfin c'est avec sa vessie natatoire qu'on fait la colle de poisson qui sert à clarifier les vins.

Ordre des Sélaciens. L'ordre des *Sélaciens* comprend les poissons cartilagineux à branchies fixes, et dont le corps est allongé ou de forme conique. Citons les genres les plus importants, qui tous habitent les mers.

Le *requin (fig.* 22) a la queue forte et charnue, les yeux perçants et les mâchoires garnies de dents tranchantes. Ce poisson, qui se trouve dans toutes les mers, suit les vaisseaux et se jette gloutonnement sur tout ce qui en tombe. Sa gueule est si

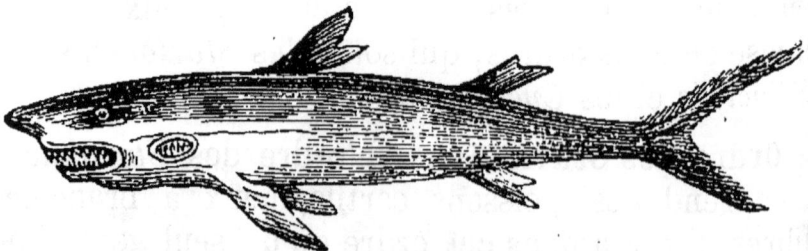

Fig. 22. — Requin.

vaste qu'il engloutit sa proie tout entière et d'un seul coup ; il est en même temps d'une férocité si grande et d'une force telle que c'est l'habitant des mers que les matelots et les pêcheurs redoutent le plus. Sa taille atteint jusqu'à neuf et dix mètres de long. Sa peau sert presque au même usage que le cuir.

La *scie*, qu'il ne faut pas confondre avec l'espadon, se distingue par un long museau terminé par une forte lame qui est armée des deux côtés de dents aiguës et tranchantes : à l'aide de cette double scie, ce poisson ne craint pas d'attaquer les plus gros cétacés, les dauphins, les narvals, les baleines, et souvent il est vainqueur dans ces luttes acharnées. Il fréquente surtout les mers du nord. Sa grandeur ordinaire est de quatre à cinq mètres.

La *raie*, communément répandue dans toutes les mers de l'Europe, est reconnaissable à son corps aplati horizontalement et semblable à un disque. La raie blanche est l'espèce la plus grande : elle atteint jusqu'à quatre mètres, et porte à la queue deux épines fortes et pointues. La raie bouclée est la plus recherchée pour la bonté de sa chair. — La *torpille*, comme le gymnote, est remarquable par les propriétés électriques qu'elle possède. Elle engourdit et tue même les animaux qui viennent se mettre à sa portée. Elle habite la Méditerranée.

Ordre des Cyclostomes. Les *Cyclostomes*, appelés aussi *Suceurs*, sont remarquables par leur bouche circulaire, et c'est à ce signe distinctif qu'ils doivent leur nom. Cet ordre ne renferme qu'un seul genre important.

Fig. 23. — Lamproie.

La *lamproie* (*fig.* 23) se fait remarquer par une conformation qui lui donne au premier aspect plus d'analogie avec les serpents qu'avec la plupart des poissons. Elle se distingue surtout par sept ouvertures rangées de chaque côté de la partie du corps qui succède immédiatement à la tête; cette disposition lui a fait donner le nom de *poisson flûte*. Elle est aussi douée de la propriété de s'attacher fortement aux corps étrangers par sa bouche, dont elle fait un puissant suçoir. La *grande lamproie* habite principalement la Méditerranée; la *lamproie de rivière* se trouve dans les eaux douces des lacs et des rivières. La chair de ce poisson, aussi savoureuse et plus délicate que celle de l'anguille, était très-estimée des anciens; elle passe cependant pour être indigeste.

Questionnaire.

Quelle classe forment les poissons? — Quels sont les caractères généraux qui les distinguent? — Décrivez leur appareil respiratoire. — Les poissons ont-ils les sens et l'instinct bien développés? — A quel sentiment obéissent-ils dans toutes leurs actions? — Sous quel rapport sont-ils remarquables? — Donnez quelques détails sur les migrations des poissons. — Quels sont ceux surtout qui entreprennent ces voyages annuels? — Ne sont-ils pas l'objet d'un commerce important? — Qu'est-ce que la pisciculture? — En combien de séries se divise la classe des

poissons? — Sur quoi est fondée cette division? — Quels
sont les ordres les plus importants renfermés dans le
groupe des poissons osseux? — Que comprend l'ordre des
acanthoptérygiens? — Donnez quelques détails sur la vive,
le rouget, le surmulet, le maquereau, le thon, l'espadon,
le pilote. — Quels sont les poissons que comprend l'ordre
des malacoptérygiens? — Quels sont ceux qui habitent les
mers? — Donnez quelques détails sur le hareng, la sardine, la morue, le turbot, le saumon, l'alose, le congre, la
murène, le gymnote électrique. — Quels sont ceux qui
vivent dans les eaux douces? — Donnez quelques détails
sur la carpe, le barbeau, le brochet, les anguilles, la
truite. — Quels sont les ordres renfermés dans le groupe
des poissons cartilagineux? — Que comprend l'ordre des
sturioniens? — Donnez quelques détails sur l'esturgeon.
— Que comprend l'ordre des sélaciens? — Donnez quelques
détails sur le requin, la scie, la raie et la torpille. — Que
comprend l'ordre des cyclostomes? — Donnez quelques détails sur la lamproie.

CHAPITRE XII.

Deuxième Embranchement : les Annelés ; leur division en
deux sous-embranchements. — Premier sous-embranche·
ment : les Articulés; leur division en classes. — Classe des
Insectes; leur division en ordres. — Ordre des Coléoptères.
— Ordre des Orthoptères. — Ordre des Hémiptères. — Ordre
des Névroptères. — Ordre des Hyménoptères. — Ordre des
Lépidoptères. — Ordre des Diptères. — Ordre des Aptères.

2e Embranchement. Les Annelés.

Les *Annelés* forment le deuxième embranchement
ou la deuxième grande série des animaux. Ils n'ont
pas de squelette intérieur; leur corps est formé d'une

suite d'anneaux ou d'articulations enchâssées les unes dans les autres et plus ou moins mobiles. Les uns vivent dans l'air ou sur la terre, d'autres dans l'eau. La respiration se fait par des trachées chez les annelés qui vivent dans l'air, et au moyen de branchies chez ceux qui vivent dans l'eau.

L'embranchement des Annelés se divise en deux groupes distincts, qui forment deux sous-embranchements : 1° les *Articulés;* 2° les *Vers.*

Les Articulés comprennent quatre classes, savoir: les *Insectes*, les *Myriapodes*, les *Arachnides*, les *Crustacés*. Les Vers comprennent trois classes, savoir: les *Annélides*, les *Helminthes*, les *Rotateurs.*

1er Sous-Embranchement. Les Articulés.

Classe des Insectes.

Les *Insectes* ont le corps composé de plusieurs parties ou pièces distinctes qui sont articulées les unes sur les autres; ils respirent par de petites ouvertures appelées trachées; ils ont des yeux et des antennes à la tête, et marchent ordinairement sur six pattes. Un des caractères les plus remarquables des insectes, c'est qu'avant d'arriver à leur état parfait, ils subissent presque tous des changements de forme et de structure désignés sous le nom de *métamorphoses*. Ainsi ils sortent de l'œuf sous la forme d'un ver ou d'une *chenille*, et sont alors nommés *larves;* ces larves deviennent bientôt *chrysalides* ou *nymphes*, et, dans ce nouvel état, elles gardent une immobilité presque complète et cessent de se nourrir. Tantôt la chrysalide n'a pour enveloppe que la peau desséchée de la larve; tantôt elle est renfermée dans une coque ou cocon que la larve a fabriqué avant de subir sa métamorphose. C'est dans cet état d'immobilité, et, pour ainsi dire, de mort apparente, que se développent les organes qui doivent constituer l'insecte à l'état parfait, et bientôt, en effet, par une nouvelle transformation, il sort de son enveloppe sous la forme définitive d'un papillon. Le ver à soie nous offre l'exemple d'une métamorphose complète.

Le corps de l'insecte se compose de trois parties principales, la tête, le thorax et l'abdomen; ses pattes sont au nombre de six. La tête porte les yeux, les antennes et la bouche. Les yeux, formés de la réunion de mille facettes, ont souvent besoin d'être examinés avec le secours du microscope. La bouche, dont le mécanisme est admirable, renferme plusieurs pièces latérales; les unes sont destinées à broyer, les autres à aspirer les aliments. Le thorax sépare la tête de l'abdomen; c'est lui qui supporte les pattes et les ailes, quand ces dernières existent. Les pattes, divisées en plusieurs articulations, ont une hanche, une cuisse, une jambe et un pied ou tarse, composé lui-même d'un nombre variable d'articles terminés en crochets, en nageoires ou en griffes, selon la destination de l'insecte. Les ailes des insectes sont minces et transparentes comme celles des mouches, ou opaques et colorées comme celles du papillon; dans ce dernier cas, elles sont revêtues de petites écailles imbriquées comme les tuiles d'un toit. L'abdomen, qui est la partie la plus volumineuse du corps de l'insecte, fait suite au thorax; il est souvent terminé par un aiguillon que l'insecte emploie pour attaquer ses ennemis ou pour faire des trous où il dépose ses œufs.

De tous les animaux annelés, l'insecte est celui qui a les sens les plus développés, ou du moins il paraît être pourvu des cinq sens qui appartiennent aux animaux supérieurs; mais on ignore par quels organes s'exercent quelques-uns de ces sens. La vue est, chez les insectes, l'organe le plus parfait et le mieux développé ; les antennes, variables de forme, sont généralement considérées soit comme l'organe du toucher, soit comme l'organe de l'odorat. Ils respirent par des trachées, c'est-à-dire par des canaux ou petits tubes élastiques dans lesquels l'air pénètre et circule, et qui aboutissent sur le corps à douze ou seize orifices. Les insectes sont ovipares; ils déposent leurs œufs sur les plantes, sur les fruits, dans l'écorce des arbres, dans la terre, toujours à proximité des aliments nécessaires à la vie des larves auxquelles ils doivent donner naissance.

L'étonnante diversité de formes qu'on remarque dans la structure des insectes, les organes particuliers appropriés à la destination de chacun d'eux, l'harmonie et les proportions exactes qu'on observe dans l'organisation de ces petits êtres, leurs mœurs intéressantes et leur admirable instinct, sont autant de merveilles qui confondent notre esprit, mais qui élèvent aussi nos pensées vers le Créateur de toutes choses et deviennent pour nous une des preuves les plus éclatantes de sa puissance et de sa sagesse infinies.

Parmi les nombreuses espèces d'insectes, les unes

nous sont utiles, les autres nuisibles. Au premier rang des insectes utiles il faut placer d'abord le bombyx du mûrier, dont la chenille, nommée ver à soie, nous fournit la soie, l'une de nos principales richesses industrielles; ensuite les abeilles qui nous donnent le miel et la cire. La cochenille doit être aussi comptée au nombre des insectes les plus utiles; elle renferme la plus belle matière colorante rouge que l'on connaisse. D'autres insectes rendent à l'homme d'importants services : ainsi les ichneumons et les carabes détruisent une grande quantité de chenilles; la coccinelle ou bête à bon Dieu fait une guerre active aux pucerons, qui sucent la séve des arbres fruitiers et des rosiers. Le nombre des insectes nuisibles est très-considérable, et ils se reproduisent avec une prodigieuse rapidité. Les uns, comme le charançon, l'alucite, la pyrale, le phylloxera, le hanneton, les chenilles, attaquent les végétaux et les produits des champs et des jardins ou les arbres des forêts. Les autres, tels que les blattes, les dermestes et certaines mouches dévorent ou gâtent les provisions de bouche. D'autres, enfin, connus sous le nom de teignes, sont des ennemis redoutables pour les vêtements et les meubles.

La classe des insectes, qui est très-nombreuse, se divise en huit ordres, d'après les caractères tirés de leurs ailes. Ces ordres sont : les *Coléoptères*, les *Orthoptères*, les *Hémiptères*, les *Névroptères*, les *Hyménoptères*, les *Lépidoptères*, les *Diptères* et les *Aptères*.

Ordre des Coléoptères. Les *Coléoptères* (*ailes à étui*) sont caractérisés par quatre ailes, dont les supérieures, dites *élytres*, plus ou moins dures ou coriaces, servent d'étui aux ailes inférieures, qui sont membraneuses et qui, à l'état de repos, sont pliées en travers sous les premières. Cet ordre renferme un très-grand nombre d'insectes, la plupart ornés de couleurs brillantes et faciles à conserver dans les collections à cause de leur enveloppe coriace. Voici les genres principaux de cet ordre.

Le *hanneton* (*fig.* 24) est un insecte vorace et nuisible, dont la larve, connue sous le nom de *ver blanc*, commet de grands dégâts dans les champs et les jardins. — La *cantharide* ou *mouche d'Espagne*, qui se trouve surtout dans les pays chauds, brille d'un vert métallique; elle s'emploie pour les vésicatoires, parce qu'elle est douée de la propriété de produire une vive irritation sur la partie de la peau où on l'applique. Les cantharides se plaisent sur les lilas et sur les frênes, dont elles dévorent les feuilles. — La *coccinelle*, vulgairement appelée *bête à bon Dieu*, nommée aussi *tortue scarabée*, est un insecte hémisphérique, dont la taille ne dépasse pas cinq ou six millimètres; elle est carnassière et se nourrit de pucerons.

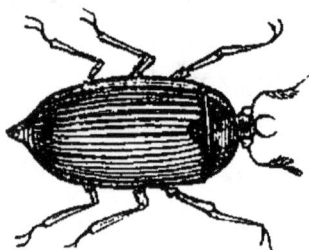

Fig. 24. — Hanneton.

Le *ver luisant* ou *lampyre* se fait remarquer par la propriété phosphorescente dont il jouit, c'est-à-dire qu'il est lumineux dans l'obscurité; pendant l'été, on le trouve, le soir, communément répandu le long des haies ou dans les prairies. — Le *lucane* que distinguent de grandes antennes, est, en outre, armé de fortes mandibules, dont il se sert pour percer le bois des arbres et y déposer ses œufs. Le *cerf-volant*, le plus grand des coléoptères de France, est une espèce de lucane. — Le *charançon* est connu par sa voracité et par les dégâts qu'il commet dans les greniers ; c'est surtout au blé qu'il s'attaque : la larve de cet insecte est peut-être plus nuisible encore que l'insecte lui-même. — Le *capricorne*, remarquable par ses longues antennes et ses brillantes couleurs, est doué d'un vol assez puissant. Il vit principalement sur le tronc des arbres, et c'est sous l'écorce qu'il dépose ses œufs.

Ordre des Orthoptères. Les *Orthoptères* (*ailes droites*) ont les ailes plissées longitudinalement et cachées sous des élytres d'une consistance molle. Ils vivent presque tous de végétaux ; ils ont les pieds disposés pour la course ou pour le saut. Citons les principaux genres de cet ordre.

La *sauterelle* (*fig.* 25) est commune dans les champs et les prairies ; elle se tient à terre ou sur les petites plantes ; elle saute et vole facilement. — Le *criquet*, l'espèce de sauterelle la plus répandue en Europe, est un des insectes les plus redoutables par sa voracité, surtout l'espèce connue sous le nom de *sauterelle de passage*, qui voyage en masses compactes,

Fig. 25. — Sauterelle.

et qui partout où elle s'abat laisse les champs complétement dévastés. — Le *grillon* habite l'intérieur des maisons, surtout l'âtre des cheminées ; tout le monde connaît le cri monotone qui lui a valu le nom de *cri-cri*. — Le *perce-oreille* ou la *forficule* est un insecte très-inoffensif, auquel on a longtemps supposé l'habitude de s'introduire dans l'oreille et dans la tête de l'homme. C'est un préjugé sans fondement, et tous les faits prouvent la fausseté de cette assertion. — La *courtilière* ou *taupe-grillon*, remarquable par ses pieds dentelés, ravage les jardins en coupant les racines des plantes, pour creuser les galeries souterraines où elle poursuit les insectes et les vers, ses aliments habituels.

Ordre des Hémiptères. Les *Hémiptères (demi-ailes)* ont, au lieu de mâchoires, une bouche garnie de soies roides et pointues, propres à perforer les tissus où se trouvent les liquides dont ils se nourrissent. Les ailes sont au nombre de quatre, et les deux ailes supérieures sont des élytres presque membraneux. Nommons les principaux genres.

La *cigale* a pour caractères distinctifs la tête courte et large, des ailes gazées, à nervures saillantes, et l'abdomen muni à sa base, mais chez les mâles seulement, de deux membranes élastiques qui produisent cette stridulation forte et monotone improprement appelée le chant de la cigale. La femelle, au moyen de sa tarière, sorte d'aiguillon acéré, introduit ses œufs dans les branches et dans le tronc des arbres ; cette opération terminée, elle ne tarde pas à périr. Les cigales se tiennent sur le tronc et sur les branches des arbres et en sucent la séve. — La *cochenille* vit sur le nopal, espèce de cactus qui se trouve en Amérique et qui a été récemment transplanté en Algérie. Cet insecte fournit la belle couleur rouge avec laquelle on fait l'écarlate et le carmin. — Les *pucerons* se trouvent en troupes nombreuses sur les feuilles des arbres; ils piquent ces feuilles pour se nourrir du suc qui en découle, et souvent même ils font périr les arbustes par leur prodigieuse multiplication.

La *punaise* commune, dont le corps est aplati, est connue de tout le monde par l'insupportable odeur qu'elle porte avec elle et par l'irritation que cause sa morsure. Pendant le jour, elle reste cachée dans les papiers de tenture, dans les fissures des murailles et des boiseries, dans les sangles des lits, dans les plis des rideaux; c'est là qu'il faut la chercher pour la détruire. La punaise des bois vit sur les plantes dont elle suce les parties molles. Les punaises d'eau sont très-carnassières et piquent vivement quand on veut les saisir.

Ordre des Névroptères. Les *Névroptères* (*ailes à nervures*) ont les quatre ailes nues ou transparentes, réticulées ou à nervures, ordinairement de même grandeur; leurs antennes sont fines et déliées. Citons les principaux genres de cet ordre.

La *demoiselle* ou *libellule* se balance, avec ses ailes de gaze, sur les bords des étangs ou des rivières : elle est dépourvue d'aiguillon. — Le *fourmi-lion*, à l'état de larve, fait un trou en entonnoir dans le sable, et quand un insecte tombe et roule jusqu'au fond, il s'empare de sa proie pour la dévorer.— Les *termites*, vulgairement nommés *fourmis blanches*, vivent en sociétés nombreuses dans des habitations qu'ils se construisent ; les uns exécutent les travaux, les autres sont chargés de la défense de la république. L'intérieur de leurs demeures, construites avec beaucoup d'art et de symétrie, renferme un grand nombre de galeries où se meuvent à l'aise et sans confusion plus de soixante mille individus. Chaque société comprend un roi, une reine, des travailleurs et des soldats. Ces insectes sont armés de mandibules puissantes à l'aide desquelles ils percent les bois de charpente et font souvent de grands ravages dans les chantiers.

Ordre des Hyménoptères. Les *Hyménoptères* (*ailes membraneuses*) sont pourvus de mandibules et de mâchoires généralement allongées ; ils se nourrissent cependant de matières molles ou liquides, qu'ils puisent à l'aide d'une trompe mobile et flexible. Ils ont quatre ailes membraneuses, à nervures longitudinales, les ailes inférieures étant toujours plus petites que les supérieures. L'abdomen, chez les femelles, est armé d'une tarière ou d'un aiguillon. Les hyménoptères subissent une métamorphose complète. Plusieurs de ces insectes forment des sociétés, dont l'ordre et la perfection excitent au plus haut point notre admiration. Voici les genres les plus importants de cet ordre.

Les *abeilles* (*fig.* 26), insectes aussi industrieux qu'utiles, vivent en sociétés nombreuses. Leur république se compose d'une femelle appelée *reine*; de sept ou huit cents mâles ou *faux bourdons*, les-

quels sont privés d'aiguillons; enfin de quinze ou
seize mille abeilles neutres appelées *ouvrières*. La
reine est l'âme de l'essaim, qui ne souffre pas de
rivale auprès d'elle. S'il se
trouve plusieurs reines dans
un essaim, toutes sont mises à
mort, sauf une seule ; quelquefois aussi elles émigrent, et
vont former de nouveaux es-
saims avec les abeilles qui
s'attachent à leur sort. Dès
qu'elles ont trouvé une de-

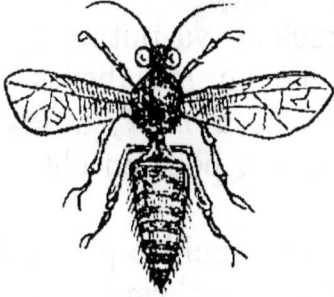

Fig. 26. — Abeille.

meure convenable, comme le creux d'un arbre, les
fentes d'un vieux mur, les travaux commencent. Les
ouvrières vont à la recherche d'une matière molle et
résineuse, nommée *propolis,* dont elles enduisent l'intérieur de leur habitation et qui leur sert à boucher
toutes les issues inutiles. Puis elles bâtissent les cellules ou alvéoles destinées à recevoir soit les larves,
soit les provisions. C'est avec la cire que les abeilles
construisent tous leurs ouvrages, et cette cire provient de la poussière des étamines que les abeilles
ont recueillie sur les fleurs. Cette poussière subit
d'abord une élaboration particulière dans leur estomac; ensuite elles la dégorgent, et la pétrissent avec
leurs pattes. Le miel est composé avec le suc des
fleurs. Ce miel est destiné à la nourriture des
abeilles ; mais dans leur prévoyance elles en conservent une partie pour l'hiver. Cette réserve est
recouverte de cire et déposée dans la partie supérieure de la ruche. Lorsque la reine a pondu ses
œufs dans les cellules, et que de chacun de ces

œufs est éclose une larve, les ouvrières soignent spécialement les larves jusqu'à leur entier développement. Cette larve devient chrysalide, et, au bout de quelques jours, transformée en abeille, elle s'envole avec ses compagnes et va butiner le suc et la poussière des fleurs. Parmi les abeilles, l'espèce la plus utile est la *mouche à miel,* qu'on élève dans des ruches à la campagne, pour en obtenir le miel et la cire.

Les *guêpes* ressemblent assez aux abeilles pour la forme et vivent aussi en sociétés nombreuses. La demeure qu'elles se construisent, et qui est ordinairement suspendue à une branche d'arbre ou placée dans la terre, est connue sous le nom de *guêpier.* Ces insectes sont armés d'aiguillons très-forts avec lesquels ils font des piqûres douloureuses. — Les *bourdons,* remarquables par leur corps gros et velu et par le bruit qu'ils font avec leur trompe, se réunissent en société comme les abeilles, mais seulement au nombre de quarante à cinquante. L'essaim se disperse vers le milieu de l'automne.

Les *fourmis* forment un peuple, une société éparse dans de vastes habitations connues sous le nom de *fourmilières,* et renfermant des étages nombreux au-dessus et au-dessous du sol sur lequel elles sont établies. Grâce à l'habileté de la construction, les eaux pluviales n'y peuvent pas pénétrer. Plusieurs avenues conduisent jusqu'au fond de cette ville souterraine, dont les portes sont gardées pendant le jour et fermées pendant la nuit. Les fourmis sont fort nuisibles par les dégâts qu'elles occasionnent dans les vergers et jusque dans les maisons, où elles recherchent avec avidité toutes les matières sucrées. Durant l'hiver, elles restent dans un état complet d'engourdissement. — Les *cynips* sont des insectes qui produisent sur un grand nombre de plantes différentes des excroissances connues sous le nom de *galles*, en piquant l'épiderme de ces plantes pour y déposer leurs œufs. La noix de galle, employée pour la fabrication de l'encre à écrire et pour la teinture en noir n'est autre chose que l'excroissance produite sur les feuilles du chêne vert par une espèce de cynips.

Ordre des Lépidoptères. Les *Lépidoptères (ailes écailleuses)* ou insectes à ailes couvertes d'écailles sont vulgairement appelés *papillons;* ils subissent des métamorphoses complètes. Leurs larves, nommées *chenilles,* varient beaucoup pour la forme et pour les couleurs. Leurs ailes sont recouvertes de fines écailles semblables à de la poussière et diversement colorées. Privés de mâchoires, ils sucent leur nourriture au moyen d'une trompe mobile et de forme conique. On les partage en trois tribus : les *papillons diurnes,* c'est-à-dire qui volent le jour ; les *papillons crépusculaires,* ou ceux qui volent le soir, et les *papillons nocturnes,* c'est-à-dire qui volent la nuit.

La première de ces tribus comprend les *papillons proprement dits,* tels que les *nym-*

Fig. 27. — Papillon argus.

phes, à ailes dentelées; les *danaïdes*, dont les ailes sont rondes sans dentelures ; les *argus* (*fig.* 27), offrant des taches qui imitent des espèces d'yeux ; les *chevaliers*, remarquables par leur grande taille et leurs belles couleurs ; les *satyres*, d'une nuance généralement sombre. — Dans la seconde tribu, on distingue principalement les *sphinx*, dont le vol est très-rapide. — La troisième tribu renferme les grandes *phalènes*; les *teignes*, dont les larves dévorent les fourrures et le drap; les *pyrales*, dont une espèce, la *pyrale de la vigne*, cause souvent de grands dégâts dans les vignobles; les *processionnaires*, dont les chenilles vivent en société sur le chêne et ne changent de place que réunies en colonne serrée.

A la troisième tribu se rattache le *bombyx du mûrier* ou *papillon du ver à soie* (*fig.* 28), l'insecte le plus utile que l'on connaisse. Cet insecte, avant d'éclore, est renfermé dans un petit œuf qui est la graine du ver à soie; il en sort sous la forme d'une chenille qui se nourrit des feuilles du mûrier et file un cocon de soie dans lequel elle s'enferme pour en sortir ensuite à l'état de papillon. Le cocon dévidé donne la soie écrue, dont les divers usages sont bien connus. Dans tous les patois du midi de la France, les vers à soie se nomment *magnans*, ce qui signifie *dévorants* : de là le mot *magnanerie*, qui désigne à la fois l'art d'élever les vers à soie et le local dans lequel on les élève.

Fig. 28. — Ver à soie.

Ordre des Diptères. Les *Diptères* (deux ailes), comme leur nom l'indique, n'ont que deux ailes. Leur bouche est munie d'une trompe pour sucer les aliments qu'ils ne sauraient broyer. Les diptères subissent des métamorphoses complètes. Ils sont en général de petite taille, et ne présentent pas les variétés de couleur des coléoptères ou des papillons. Citons les genres principaux.

Les *mouches* sont les insectes les plus connus, parce qu'on les trouve partout, dans les champs comme dans les maisons. Ce sont des insectes fort incommodes, et leurs larves sont aussi incommodes qu'eux en gâtant la viande, le fromage, en un mot, tous les aliments sur lesquels ils vivent. — Les *cousins communs* et les *moustiques* des pays chauds pompent les fluides des plantes et surtout le sang des animaux et des hommes ; leur piqûre cause de vives démangeaisons.— Les *taons* sont des insectes semblables à de grosses mouches, et qui, par leurs piqûres, tourmentent les bêtes de somme dont ils sucent le sang. — Les *œstres* ressemblent aussi à de grosses mouches, mais leur corps est plus velu. Les larves de ces insectes vivent sur le corps du cheval et des animaux ruminants.

Ordre des Aptères. L'ordre des *Aptères*[1] ou *Parasites* comprend des insectes qui sont toujours pri-

---

1. Suivant plusieurs zoologistes, les insectes compris dans l'ordre des *Aptères* doivent être rangés parmi les autres ordres auxquels ils se rapportent par leurs caractères. Ainsi, les *poux* et les *ricins* rentreraient dans les hémiptères, et les *puces* dans celui des diptères.

vés d'ailes, qui ont la bouche disposée pour la suc-
cion, et qui ne subissent point de métamorphoses.
Tels sont les *poux*, qui vivent sur l'homme et sur
certains animaux ; les *ricins* ou poux des oiseaux ;
les *puces*, parmi lesquelles on distingue la *puce commune*, qui est bien connue, et la *chique* des pays
chauds ou *puce pénétrante*, dont la morsure peut
causer des accidents graves.

Questionnaire.

Quels sont les caractères distinctifs des annelés? — Comment se divisent-ils? — Quelles sont les classes comprises
dans le sous-embranchement des Articulés et dans le sous-
embranchement des Vers? — Donnez quelques détails
sur l'organisation des insectes. — Quelles métamorphoses
subissent-ils? — Ont-ils les sens développés? — Quels sont
les principaux ordres que renferme la classe des insectes?
— Indiquez les caractères qui distinguent les coléoptères
et les principaux genres de cet ordre. — Quels sont les
caractères des orthoptères? — Citez les genres les plus
importants. — Par quoi se distinguent les hémiptères? -
Quels sont les principaux genres? — Quels sont les signes
distinctifs des névroptères? — Citez les principaux genres.
— Indiquez les caractères des hyménoptères et les genres
les plus importants de cet ordre. — Donnez quelques détails sur les abeilles. — Sous quel nom les lépidoptères
sont-ils vulgairement connus? — Quels sont leurs caractères? — Citez les genres les plus importants. — Donnez
quelques détails sur le ver à soie. — Quels sont les caractères des diptères? — Quels sont les principaux genres?
— Citez les principaux genres de l'ordre des aptères.

CHAPITRE XIII.

Classe des Myriapodes.

Les *Myriapodes* ou *Mille-Pieds* sont très-rapprochés de la classe des insectes. Ils ont le corps allongé et formé de plusieurs anneaux, portant chacun au moins une paire de pattes, la tête surmontée de deux antennes et munie de deux yeux, souvent formés d'ocelles et de deux mâchoires : ils respirent tous par des trachées, et vivent à la surface de la terre ou sous l'écorce des végétaux. Cette petite classe ne comprend que deux ordres : les *Chilopodes* et les *Diplopodes*.

Ordre des Chilopodes. Les Chilopodes (lèvre-pied) sont ainsi nommés parce qu'ils ont la bouche munie de deux pieds-mâchoires. Les principaux genres sont : les *Scolopendres* et les *Scutigères*.

Les *Scolopendres* (*fig.* 29) sont des myriapodes carnassiers dont la morsure est venimeuse, mais non mortelle, du moins pour l'homme : elles recherchent les vers de terre, les petits insectes, et se tiennent habituellement dans les lieux obscurs et humides, sous les pierres, dans les fentes des murs. Les grandes

espèces se trouvent en Asie et en Amérique. Les
Scutigères, au corps allongé, courent la nuit sur le
sol ou contre les murs à la recherche des petits insectes dont ils font leur nourriture.

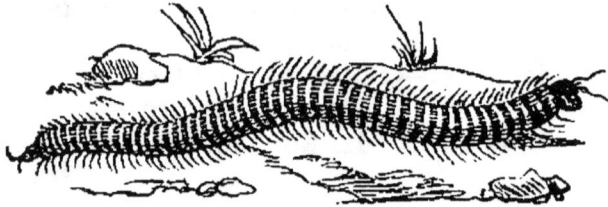

Fig. 29. — Scolopendre.

Ordre des Diplopodes. Les Diplopodes (double
pied) sont ainsi nommés parce que leurs anneaux
portent généralement deux paires de pattes. Parmi
les genres de cet ordre nous nommerons les *Iules*,
qui ont le corps cylindrique et long et se roulent
souvent en spirale ou en boule. Ces myriapodes habitent les fentes des murailles ou les mousses des
arbres, et se nourrissent en général de matières organiques plus ou moins décomposées.

Classe des Arachnides.

Les *Arachnides*, qui tirent leur nom du genre araignée, sont des animaux annelés, ayant, comme les
myriapodes, beaucoup d'analogie avec les insectes,
mais se distinguant de ceux-ci par la forme générale
du corps. Les arachnides ont la tête confondue avec
le thorax et dépourvue d'antennes. Ils ont la peau
molle, les yeux lisses et petits, variant de deux à
douze, et l'abdomen énorme, divisé en anneaux ; le
corps est supporté par quatre paires de pattes. Ils

respirent soit au moyen de petites poches pulmonaires, soit au moyen de trachées, et sont presque
tous carnassiers. Les uns saisissent les insectes à la
course ou par ruse ; les autres se fixent sur les animaux vivants pour leur sucer le sang et les humeurs ;
d'autres enfin ne se trouvent que dans les substances
animales ou végétales. Les arachnides sont plutôt un
objet de dégoût que de crainte ; quelques-uns cependant sont venimeux, et dans les contrées méridionales, où ces animaux acquièrent une taille plus
considérable, leurs piqûres ou morsures causent des
accidents quelquefois fort graves. Terrestres ou suspendus dans les airs aux tissus qu'ils savent filer, un
grand nombre d'entre eux fuient la lumière du jour,
et presque tous, solitaires et farouches, justifient par
leur mauvais naturel l'horreur qu'inspire leur forme
désagréable et en quelque sorte hideuse.

La classe des arachnides a été divisée en deux
ordres d'après la structure de leurs organes respiratoires, savoir : les *Arachnides pulmonaires* et les
Arachnides trachéens.

Ordre des Arachnides pulmonaires. Les *Arachnides pulmonaires* sont principalement caractérisés
par l'existence de poches pulmonaires et d'un appareil vasculaire très-développé. Voici quels sont les
genres les plus importants.

Les *araignées fileuses* (*fig.* 30) ou araignées proprement dites sont armées d'une double mâchoire ;
elles tissent une toile régulière avec un fil soyeux
dont la finesse est extrême ; cette toile est une em-
bûche dressée aux mouches et aux petits papillons

dont l'araignée se nourrit. Immobile au centre de son réseau, ou cachée dans un renfoncement de sa toile, elle est constamment aux aguets; et, dès qu'elle aperçoit un insecte pris dans le piége, elle accourt, le saisit, et le suce sans le dévorer. Il y a des araignées qui ne filent pas de toiles, et qui prennent leur proie de vive force, en se précipitant sur elle à l'improviste. Les flocons blancs et soyeux que l'on nomme vulgairement *fils de la Vierge* sont produits par des araignées de diverses espèces. Les araignées, pressées par la faim, se font la guerre entre elles; néanmoins, malgré leur caractère farouche, elles sont susceptibles de s'apprivoiser. L'araignée de nos pays, dont la morsure n'est jamais dangereuse, rend quelques services en faisant la chasse à une foule d'insectes nuisibles aux fruits de la terre.

Fig. 80. — Araignée.

L'*araignée crabe* est un gros arachnide fort commun aux Antilles; elle habite sous les pierres ou dans le creux des arbres. Sa morsure est très-venimeuse, et peut produire de violents accès de fièvre chez l'homme. — L'*araignée mygale*, de l'Amérique méridionale, est aussi de grande taille, et sa morsure donne la mort aux petits oiseaux, ce qui lui a valu le nom d'*aviculaire*. Une espèce de mygale, connue en France sous le nom d'*araignée maçonne*, se creuse une demeure avec l'industrie d'un maçon: c'est une galerie souterraine, tapissée d'une étoffe soyeuse, et l'entrée en est fermée par une charnière de même nature : cette charnière, souple et mobile, est remplacée aussitôt qu'un accident l'a détruite. Aux alentours de cette demeure, l'araignée tend ses nombreux filets pour attraper les insectes dont elle fait sa proie.

L'*araignée aquatique* vit dans l'eau, quoiqu'elle respire l'air ; elle nage dans une position renversée, et son abdomen est alors enveloppé d'une bulle d'air qui lui donne l'apparence d'un petit globule argentin fort brillant. Cet animal se construit aussi, au fond de l'eau, une retraite aérienne où il respire librement, vit en sûreté et trouve un berceau pour sa jeune famille ; cette retraite est semblable, pour la forme et la grandeur, à la moitié de la coque d'un œuf de pigeon ; elle est entièrement remplie d'air et parfaitement close, à l'exception de la partie inférieure, où est une ouverture assez grande qui donne entrée et sortie à l'araignée. Lorsque l'air contenu dans la coque est vicié et ne peut plus servir à la respiration, l'animal industrieux sait le renouveler avec un merveilleux instinct ; il renverse sa coque, la remplit d'eau, et cette eau, il la remplace par des bulles d'air qu'il va chercher à la surface de l'élément dans lequel il passe sa vie. — Les *araignées drasses* se trouvent sous les pierres et dans les fentes des murs exposés au soleil ; elles ourdissent leur toile avec une soie blanche et luisante ; leur abdomen est traversé de lignes et de points dorés.

La *tarentule* se rencontre principalement aux environs de Tarente, en Italie. Cette grosse araignée ne tend pas de toile ; elle habite à terre et se creuse, dans un terrain sec, un trou qui lui sert de demeure : elle se nourrit d'insectes ; l'hiver, elle se retire dans sa petite tanière, dont elle a la précaution de boucher l'entrée : elle y meurt ou s'y engourdit, et, dans ce dernier cas, elle ne sort qu'aux premiers beaux jours du printemps. La piqûre de la tarentule cause, dit-on, une singulière affection nerveuse, appelée *tarentisme*.

Le *scorpion* a le corps allongé et armé de pinces mobiles ; sa queue est terminée par un crochet venimeux dont il fait usage pour l'attaque et pour la défense. Dans les pays chauds de l'Afrique, la piqûre du scorpion exige les plus grands soins : si l'on n'y applique les remèdes les plus prompts, elle peut devenir mortelle en quelques heures ; en Europe, elle est moins dangereuse. On prévient les effets du poison en appliquant sur la plaie de l'ammoniaque ou alcali volatil. Le scorpion se trouve dans les lieux humides, sous les décombres et dans les vieux murs ; il se nourrit d'insectes et d'arachnides, auxquels il donne la mort en les piquant avec l'aiguillon de sa queue qu'il dirige en tous sens.

Ordre des Arachnides trachéens. Les *Arachnides trachéens* ont pour caractère spécial de respirer par des trachées, comme les insectes. Voici quels sont les genres qui méritent d'être mentionnés.

Les *faucheux*, remarquables par leurs longues pattes, sont très-communs dans les champs, sur les murailles et sur les plantes. — Les *ixodes* s'attachent aux chiens, aux bœufs, aux moutons et aux autres animaux domestiques, qu'ils tourmentent cruel-

lement par leurs vives piqûres. — Les *cirons* ou
mites sont de très-petite taille ; les uns attaquent et
gâtent les collections d'histoire naturelle, tandis que
les autres vivent et pullulent sur les matières animales ou végétales. — Le *sarcopte de la gale* est une
espèce de mite dont la présence sous l'épiderme ou
la peau de l'homme est la cause de la maladie appelée
gale. Les *leptes* sont communément répandus dans la
campagne sur les petits arbustes : l'espèce principale est le *lepte automnal,* vulgairement nommé *rouget,* insecte très-petit et de couleur rouge, qui, en
automne, est très-commun dans les champs, et qui,
en s'insinuant sous la peau de notre corps, et principalement de nos jambes, nous occasionne de vives
démangeaisons.

Classe des Crustacés.

Les *Crustacés* ont des membres articulés, c'est-
à-dire composés de plusieurs pièces mobiles, et sont
généralement couverts d'une croûte calcaire qui leur
a fait donner leur nom. Ils respirent par des branchies, et ont le corps composé d'une série d'anneaux
tantôt libres, tantôt soudés entre eux. La tête, qui
se confond presque toujours avec le thorax, porte
les antennes, les yeux et la bouche. Les antennes
sont au nombre de deux ou de quatre ; leur forme
et leur disposition sont variables. Les yeux sont
ronds ou ovales et portés souvent sur un pédicule
mobile ; quelquefois ils manquent entièrement. Leur
bouche se compose de plusieurs paires de mâchoires
transversales. Les pattes articulées sont au nombre

de cinq ou de sept paires; mais il ne faut pas les confondre avec deux membres antérieurs servant à la mastication, et appelés pour cette raison *pieds-mâchoires*. Ces animaux ont le sang blanc; la circulation, analogue à celle des poissons, se fait au moyen d'un cœur musculaire qui n'a qu'une seule cavité. L'enveloppe calcaire dont ils sont revêtus se renouvelle à certaines époques pendant tout le temps de leur croissance. Ils sont tous ovipares.

Les mouvements des crustacés sont très-variés. Ils sont, pour la plupart, essentiellement aquatiques; mais il en est de terrestres, les uns pourvus d'organes pour sauter à des distances assez grandes, d'autres munis de pattes longues et crochues et grimpant facilement jusqu'à la cime des arbres les plus élevés. Plusieurs sont organisés pour la marche, qui a toujours lieu de côté, et cette marche est assez rapide, puisque quelques-uns de ces animaux, vivant dans l'intérieur des terres, entreprennent de longs voyages pour se rendre à la mer. Les crustacés sont carnassiers, et recherchent pour leur nourriture les matières animales en décomposition. Ils habitent toutes les mers, les eaux douces, les creux des rochers, les arbres, les lieux humides.

La classe des crustacés se divise en quatre ordres qui sont : les *Podophthalmaires*, les *Branchiopodes*, les *Entomostracés*, les *Cirripèdes*.

Ordre des Podophthalmaires. Les *Podophthalmaires*, désignés aussi sous le nom de *Malacostracés*, ont les yeux portés sur des pédoncules mobiles et la partie antérieure du corps munie d'une carapace;

leurs pattes sont souvent terminées par des espèces de pinces ou d'ongles crochus à l'aide desquels l'animal saisit et retient sa proie. Voici les genres les plus importants.

Les *crabes* ont le corps arrondi en forme de disque ; ils acquièrent quelquefois un énorme développement. On les voit, réunis en troupes nombreuses à l'heure de la marée montante, se jeter sur les animaux plus faibles qu'eux ; mais si le flot se retire en les laissant à sec, ils demeurent eux-mêmes exposés aux attaques de leurs ennemis : car leur marche lente ne leur permet pas toujours de gagner les rochers qui leur servent de retraite. Les crabes, très-communs sur les côtes de l'Océan, paraissent être bien plus abondants dans les régions équatoriales et des tropiques : en général, ils sont carnassiers et se nourrissent d'animaux marins morts ou vivants. Quelques espèces de crabes sont assez bonnes à manger : tels sont le *crabe poupart* ou *tourteau*, commun sur les côtes de France baignées par l'Océan, et le *crabe fluviatile*, qui habite principalement les lacs de l'Italie et de la Sicile.

Les *gécarcins* ou *crabes terrestres*, connus aussi sous le nom de *tourlouroux*, habitent l'Amérique du Sud. Ils ont des mœurs assez singulières qui méritent d'être connues. Les uns se creusent un trou profond et n'en sortent que la nuit pour aller chercher leur nourriture ; d'autres ont l'instinct de monter au faîte des palmiers pour en détacher les fruits, qu'ils laissent tomber à terre afin d'en briser l'enveloppe. Quelques espèces de crabes, qui ne craignent pas de s'aventurer dans les terres à des distances considérables, se réunissent une fois par an en troupes nombreuses, et se dirigent vers les bords de la mer pour y déposer leurs œufs.

Le *pagure* ou *ermite* est un crustacé parasite qui s'empare de la coquille d'un mollusque pour en faire sa demeure ; à mesure que son corps prend de l'accroissement, il change de gite ; il préfère les coquilles en spirale, et il s'y glisse en y introduisant d'abord sa queue, qui est molle et sans écailles : à défaut de coquille, il se loge dans les trous de petites pierres, dans le sable, dans les éponges.

Le *homard* se distingue par une cuirasse unie, d'un brun verdâtre, et par des pattes très-grosses et inégales que terminent des pinces redoutables. Il habite l'Océan et la Méditerranée : il se tient de préférence dans le voisinage des côtes et des rochers, à des profondeurs peu considérables. Sa chair est estimée, mais de digestion difficile. Quand il est cuit, sa cuirasse devient d'un rouge vif.

La *langouste*, dont la taille, comme celle du homard, atteint jusqu'à cinquante centimètres, a des antennes excessivement longues, hérissées de poils ou de piquants, et n'a pas de pinces. La couleur de sa cuirasse, d'un brun verdâtre, est agréablement nuancée de rouge et de jaune. Pendant l'hiver, ce crustacé se tient dans les profondeurs de la mer ; au printemps, il se rapproche du rivage, surtout des endroits rocailleux, pour y déposer ses œufs. La chair de la langouste est aussi recherchée que celle du homard.

L'*écrevisse* (*fig.* 34), qui est un des crustacés les mieux connus et les plus communs, a les six pattes

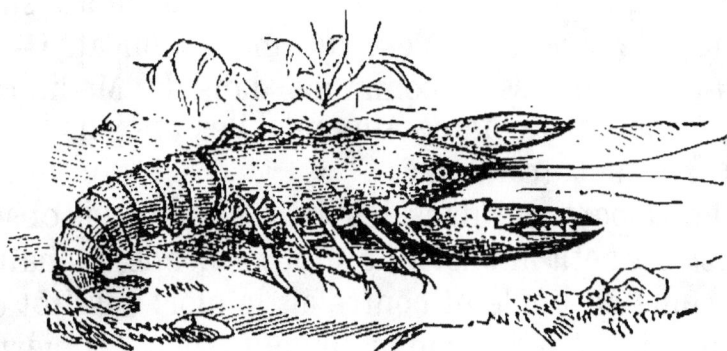

Fig. 31. — Écrevisse.

antérieures terminées chacune par une pince ; les deux premières pattes sont grosses et fortes ; ces pattes, ainsi que les antennes, ont la propriété de repousser si elles sont coupées ou arrachées. Sa couleur ordinaire est un gris verdâtre qui devient rouge par la cuisson. Chaque année, vers la fin du printemps, l'écrevisse se dépouille de son enveloppe calcaire ; elle est alors tout à fait molle, mais au bout de quelques jours une nouvelle enveloppe, quelquefois plus grande d'un cinquième, s'est reproduite sur tout son corps. Les écrevisses sont très-voraces ; elles se nourrissent de petits poissons, de larves, d'insectes, de chairs corrompues, et se mangent entre elles lorsqu'elles manquent de nourriture. Elles habitent les eaux douces, et s'enfoncent sous les cavités des grosses pierres pour se garantir de leurs ennemis et pour y passer tranquillement l'hiver ; elles remuent peu pendant cette saison, mais elles ne sont pas dans un engourdissement complet. On les pêche de diverses manières, et elles fournissent un aliment recherché.

La *crevette, chevrette* ou *salicoque,* beaucoup plus

petite que l'écrevisse, est très-abondante sur les
côtes de France : c'est un mets délicat. — Les
squilles sont assez communs dans la Méditerranée
et recherchés comme aliment. Les anciens Romains
en faisaient grand cas.

Le *cloporte* vit dans les lieux humides et obscurs;
c'est un petit animal que tout le monde connaît, qui
se roule en boule et contrefait le mort aussitôt qu'on
le touche. On le trouve surtout sous les pierres et
les vieilles poutres. Après une forte pluie on le voit
sortir des embrasures des fenêtres. Il est vorace et
ronge tout ce qu'il trouve.

Ordre des Branchiopodes. Ce qui caractérise
les branchiopodes, c'est que leurs pattes qui sont
nombreuses restent molles et appropriées aux fonctions respiratoires. Les *branchipes* sont de petits
crustacés qui pullulent dans les étangs et les mares;
ils nagent sur le dos.

Ordre des Entomostracés. Les *Entomostracés*
ont la peau mince ou cornée; ce sont en général
de très-petits animaux, qui vivent, pour la plupart,
dans les eaux douces. Tels sont les *cyclopes,* caractérisés par un œil unique, et communément répandus dans les eaux dormantes; les *cypris* et les *daph-
nies* ou *puces d'eau.* Le *limule,* vulgairement *crabe
des Moluques,* est remarquable par sa forme singulière, qui ressemble à une espèce de petit poêlon,
et il est armé de pointes fines et aiguës qui font des
blessures douloureuses.

Ordre des Cirripèdes. Les crustacés compris dans cet ordre sont des animaux mous, sans tête et sans yeux; leur corps est couvert d'un manteau et de pieds ou cirres cornés plus ou moins nombreux. Ils habitent toutes les mers, généralement fixés aux corps sous-marins au moyen d'un pédoncule flexible. Tels sont les *balanes* vulgairement nommées *glands de mer* et les *anatifes* que les marins appellent *barnacles*.

Questionnaire.

Quels sont les caractères distinctifs des myriapodes? — Combien d'ordres cette classe comprend-elle? — Quels sont ces ordres? — Qu'est-ce qui distingue les chilopodes? — Donnez quelques détails sur les scolopendres et les scutigères. — Qu'est-ce qui distingue les diplopodes? — Donnez quelques détails sur les iules. — Quels sont les caractères des arachnides? — Combien d'ordres comprend cette classe? — Par quoi sont spécialement caractérisés les arachnides pulmonaires? — Mentionnez les principaux genres et donnez quelques détails sur les araignées fileuses, l'araignée aquatique, la tarentule, le scorpion. — Quel est le caractère distinctif des arachnides trachéens? — Citez les genres les plus importants, en indiquant les particularités qui les distinguent. — Par quels caractères se distinguent les crustacés? — Donnez quelques détails sur les mœurs de ces animaux. — En combien d'ordres se divise la classe des crustacés? — Par quoi se distinguent les malacostracés? — Citez les genres les plus importants, et donnez quelques détails sur les crabes, le homard, la langouste, l'écrevisse. — A quel ordre appartiennent les branchipes? — Par quoi se distinguent les entomostracés? — Mentionnez les principaux genres. — Donnez quelques détails sur les animaux compris dans l'ordre des cirripèdes.

CHAPITRE XIV.

Deuxième sous-embranchement : les Vers; leur division en classes. — Classe des Annélides; leur division en ordres. — Ordre des Tubicoles. — Ordre des Dorsibranches. — Ordre des Abranches. — Classe des Helminthes. — Classe des Rotateurs.

2ᵉ Sous-Embranchement. Les Vers.

Classe des Annélides.

Les *Annélides* ont le sang coloré et le corps composé d'un grand nombre de segments ou d'anneaux mobiles. La tête est tantôt distincte du reste du corps, tantôt elle se confond avec lui. Le corps est mou, grêle et cylindrique; il n'a point de pattes, mais il est souvent garni de poils roides ou soyeux qui servent au mouvement. Souvent aussi il n'offre aucun appendice pour la marche; alors l'animal rampe en allongeant et contractant les diverses parties de son corps. Les annélides respirent en général par des branchies ; chez quelques espèces, les branchies sont remplacées par de petites poches vésiculeuses. Ces animaux, répandus en grand nombre sur la terre et dans les eaux, ne subissent point de métamorphoses comme les insectes. Ils sont pour la plupart carnassiers : plusieurs se nourrissent de petits poissons; d'autres ne vivent que de molécules et de restes d'animaux contenus dans le sable qu'ils creusent pour se former des habitations.

Les organes des sens manquent presque tous chez les annélides; cependant quelques espèces ont le

corps parsemé de petites taches noires qui peuvent
servir à la vision : plusieurs ont deux ou trois mâchoires garnies de petites dents. Beaucoup d'annélides, d'ailleurs si disgraciés de la nature pour tout
ce qui tient à la vie et à l'instinct, ont reçu en compensation une forme élégante et parée des plus
belles couleurs. Une particularité remarquable, c'est
que quelques-uns de ces animaux possèdent la faculté de se reproduire pour ainsi dire par bourgeons,
comme les plantes, c'est-à-dire que, lorsqu'on les a
divisés en plusieurs fragments, chacun de ces fragments, dans un temps donné, présente l'organisation
complète d'un nouvel individu.

La classe des annélides se divise en trois ordres,
qui sont : les *Tubicoles*, les *Dorsibranches* et les
Abranches.

Ordre des Tubicoles. Les *Tubicoles* ou *Céphalo-
branches* vivent dans des tubes cornés ou calcaires
qu'ils se construisent eux-mêmes, soit avec des frag·
ments de coquilles, soit avec de la vase et de la terre
humide ; mais ces tubes, ouverts par les deux bouts,
ne tiennent point au corps de l'animal. Ces annélides,
qui habitent tous la mer, ont leurs branchies placées
sur la tête en forme de panache. Voici quels sont les
genres qui méritent d'être cités.

Les *serpules* (*fig.* 32) sont remarquables par leurs
branchies parées des plus vives couleurs et qui forment un admirable faisceau nuancé de rouge, de
violet et de bleu. — Les *sabelles* habitent sur les
pierres des rivages battus par la vague, vivent en
société et forment des masses comparables à des gâ-

teaux d'abeilles. — Les *amphitrites*, de couleur brillante et dorée , ont des branchies découpées comme
les dents d'un peigne, et la tête recouverte d'une
espèce de couronne qui sert à leurs mouvements ou
à leur défense.

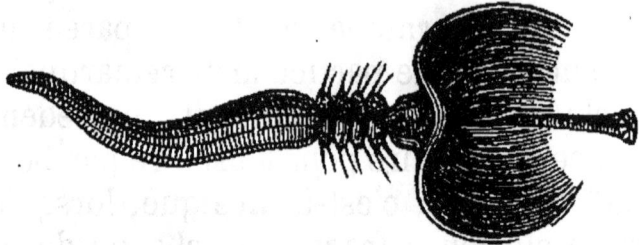

Fig. 32. — Serpule.

Ordre des Dorsibranches. Les *Dorsibranches*
sont des annélides qui ont leurs branchies placées
sur les parties latérales du corps. Mentionnons les
genres les plus importants de cet ordre.

Les *arénicoles*, ou habitants des sables, se trouvent sur les bords de toutes les mers d'Europe ; ils
forment des tubes quelquefois très-profonds dans le
sable et les tapissent d'une membrane peu épaisse.
Les pêcheurs de nos côtes, où ces animaux sont en
très-grande abondance, s'en servent comme d'appât
pour la pêche du poisson. — L'*amphinome*, remarquable par ses longs faisceaux de soie et par les
beaux panaches de ses branchies, brille de l'éclat
de l'or et de la pourpre. — Les *néréides*, dont le
corps est allongé comme celui d'un ver, et qui sont
aussi connues sous le nom de *scolopendres de mer*,
se tiennent dans la vase, dans les trous des rochers,
sous les pierres, où les pêcheurs vont les chercher
pour en faire des appâts.

Ordre des Abranches. Les *Abranches* sont des annélides qui n'ont pas de branchies. Voici les principaux genres de cet ordre.

Le *lombric terrestre* ou *ver de terre* a le corps allongé, cylindrique et formé de plusieurs anneaux mobiles et distincts ; sa couleur est d'un blanc rougeâtre avec un reflet métallique. Il est très-vorace, et se tient dans les terres humides et grasses, dans le fumier, où il fouille continuellement pour découvrir les débris de matières animales dont il se nourrit. Dans les temps de pluie, il se montre fréquemment à la surface du sol. — Les *naïades*, dont le corps est allongé comme celui du ver de terre, se plaisent dans les eaux douces et bourbeuses; une partie de leur corps plonge dans la vase, tandis que la partie supérieure s'agite et se roule continuellement. — Les *sangsues* n'habitent que les eaux douces. Elles ont le corps mou, le sang rouge et portent aux deux extrémités du corps des espèces de ventouses qui permettent à ces animaux d'adhérer fortement aux objets sur lesquels ils s'appliquent. Leur bouche est armée de trois petites dents triangulaires à l'aide desquelles les sangsues entament la peau des animaux dont elles sucent le sang pour se nourrir. L'espèce la plus intéressante est la sangsue médicinale, dont on fait un si fréquent usage pour les saignées locales.

Classe des Helminthes.

Les *Helminthes* ou *Vers intestinaux*, dont la forme extérieure est assez semblable à celle des annélides, ont le corps allongé, tantôt cylindrique, tantôt plat et déprimé. Ces animaux vivent le plus ordinairement en parasites dans le canal intestinal et dans d'autres parties du corps de l'homme et des animaux. Citons les principaux genres.

Les *ascarides* sont des vers allongés et de forme cylindrique, dont l'accroissement est très-rapide. L'espèce appelée *ascaride lombrical* se montre dans l'homme, dans le cheval, le bœuf et quelques autres animaux. Sa présence cause quelquefois des maladies graves, surtout chez les enfants. — La *trichine* vit dans le tube digestif ou dans les muscles de l'homme et du porc. — Les *strongles*, dont le corps est cylindrique comme celui des ascarides, vivent en parasites chez les mammifères, les oiseaux et les reptiles. — Les *filaires,* qui doivent leur nom à leur corps filiforme, renferment une espèce célèbre connue sous le nom de *Dragonneau* ou *ver de Médine,* et fort commune dans les pays chauds. Ce ver, en s'introduisant sous la peau de l'homme, cause de vives douleurs et même des accidents graves. — Le *ténia* ou *ver solitaire*, dont le corps est aplati, est remarquable par le développement qu'il acquiert. Il a quelquefois sept ou huit mètres de long sur trois centimètres de largeur. Il est roulé sur lui-même en pelote, et sa tête est armée de quatre petits suçoirs, qui lui servent à pomper les sucs nourriciers nécessaires à la vie du corps dans lequel il se trouve. Il occasionne ainsi à l'homme une maladie grave en épuisant ses forces. — Les *hydatides* se trouvent dans le cerveau des moutons et les font alors périr du mal connu sous le

nom de tournis : les animaux qui en sont atteints
sont sujets à de fréquents vertiges.

Classe des Rotateurs.

On comprend sous le nom de *Rotateurs* ou *Systo-
lides* des animalcules qui vivent dans les eaux stagnantes et dont le corps présente des traces assez
distinctes de divisions annulaires. Ils ont la bouche
entourée de cils vibratiles qu'ils agitent avec une
extrême rapidité et qui par leurs vibrations ressemblent à une roue en mouvement. Parmi ces animalcules on distingue principalement les *rotifères*, qui
jouissent de la singulière propriété de pouvoir être
desséchés et de revenir ensuite à la vie lorsqu'on
les humecte, et les *branchions*, dont le corps est recouvert d'une espèce de carapace.

Questionnaire.

Quelles sont les classes comprises dans le sous-embranchement des vers? — Quels sont les caractères des annélides? — En combien d'ordres se divise cette classe?— Par
quoi se distinguent les tubicoles?—Citez les genres les plus
importants. — Par quoi se distinguent les dorsibranches?
— Quels sont les principaux genres de cet ordre? — Quel
est le caractère des abranches? — Citez les genres les plus
importants et donnez quelques détails sur la sangsue. —
Quels sont les caractères des helminthes ou vers intestinaux? — Citez les principaux genres, tels que les ascarides, la trichine, les filaires, le ténia. — Quels sont les
caractères des rotateurs? — Citez les principaux genres.

CHAPITRE XV.

Troisième Embranchement ; les Mollusques ; leur division en classes. — Classe des Céphalopodes. — Classe des Gastéropodes. — Classe des Acéphales. — Classe des Brachiopodes. — Classe des Tuniciers. — Classe des Bryozoaires.

3ᵉ Embranchement. Les Mollusques.

Les *Mollusques*, qui forment le troisième embranchement ou la troisième grande série des animaux, ont le corps mou et dépourvu de squelette intérieur ; ils sont enveloppés d'une peau musculaire appelée *manteau*, qui sécrète le plus souvent à sa surface une coquille calcaire destinée à protéger le corps. Les mollusques qui sont pourvus d'une coquille sont désignés sous le nom de *conchifères*, et on appelle *mollusques nus* ceux qui en sont privés. Les coquilles d'une seule pièce sont dites univalves : telles sont celles des hélices ou limaçons ; les coquilles de deux pièces s'appellent bivalves : les huîtres et les moules en offrent l'exemple ; enfin les coquilles composées de plus de deux parties prennent le nom de multivalves.

Les mollusques sont privés de membres articulés, ce qui rend leurs mouvements lents et difficiles ; ils rampent ou se traînent avec effort ; quelques-uns même vivent et meurent sur la place où ils se sont fixés en naissant. Les sens sont peu développés chez ces animaux ; les organes de l'ouïe et de la vue paraissent manquer dans quelques espèces, mais ils

existent dans d'autres : ainsi les yeux du limaçon
sont placés à l'extrémité d'un pédicule mobile que
l'animal allonge ou raccourcit à son gré. D'autres
espèces ont autour de la bouche de longs appendices
que l'on considère comme les organes du goût ; enfin
on pense que le sens du toucher doit jouir d'une
grande sensibilité chez les mollusques, dont la peau
s'irrite et se contracte au moindre choc ; mais leur
instinct se réduit à la conservation de leur existence. Les uns sont attachés aux corps sous-marins,
les autres voguent en liberté dans l'immense étendue
des mers ; beaucoup d'autres habitent les eaux
douces. Plusieurs ne vivent que sur terre, dans les
champs, dans les bois et même sur les sables les
plus arides. Quelques-uns s'attachent aux demeures
de l'homme et recherchent les lieux humides, où
ils se nourrissent de matières animales et végétales.
Les mollusques respirent soit par des branchies,
comme les poissons, soit par des poumons, et la
plupart sont ovipares.

Tous les mollusques ont été séparés en six classes
d'après leur conformation et leur manière de se
mouvoir ; ce sont : les *Céphalopodes*, les *Gastéropodes*, les *Acéphales*, les *Brachiopodes*, les *Tuniciers*,
les *Bryozoaires*.

Classe des Céphalopodes.

Les *Céphalopodes* ont la tête couronnée par de
longs tentacules, espèces de bras ou de pieds au
moyen desquels ils se déplacent et saisissent leur
proie. Ils vivent dans la mer, où ils se nourrissent

principalement de crustacés et de poissons ; ils ont un cœur composé d'un ventricule et de deux oreillettes, et respirent par des branchies. Voici les principaux genres.

La *seiche* a cinq paires d'appendices longs et déliés appelés bras, et la bouche armée de mâchoires coriaces, taillées en forme de bec de perroquet ; elle est très-vorace et fait une grande destruction de poissons et de crabes. Les œufs qu'elle pond en immense quantité sont réunis en forme de grappes et connus sous le nom de *raisins de mer*. Elle laisse échapper, pour rendre l'eau opaque autour d'elle et se dérober à ses ennemis, une liqueur noire avec laquelle on fait l'encre ou la couleur appelée *sépia*, employée pour le dessin. Ce mollusque porte sur le dos une coquille ovale nommée *os de seiche*, qui sert à polir l'ivoire et que l'on donne aux petits oiseaux pour s'aiguiser le bec. — Le *calmar*, dont la forme rappelle celle d'un cornet, a les mêmes habitudes que la seiche ; comme celle-ci, il répand à volonté une liqueur noire qu'on emploie aux mêmes usages. Il nage à reculons avec une extrême vitesse. — Les *poulpes* sont privés de coquille, mais leurs tentacules sont d'une longueur démesurée ; ils s'en servent pour saisir leur proie. Il n'y a pas d'animaux marins qui, une fois enlacés dans les replis de ces organes, puissent leur échapper. — L'*argonaute* habite une coquille mince, blanche, demi-transparente, dont la forme rappelle celle d'une nacelle. L'animal, qui nage à reculons comme les autres céphalopodes, ne tient à sa coquille par aucun ligament, et peut même la quitter dans un danger pressant, lorsqu'elle l'embarrasse dans sa fuite. On trouve l'argonaute dans la Méditerranée et dans les mers des Indes. — Le *nautile* est remarquable par ses nombreux tentacules, analogues à ceux du poulpe; la forme extérieure de sa coquille est assez semblable à celle de l'argonaute.

Classe des Gastéropodes.

Les *Gastéropodes* sont caractérisés par un disque charnu, appelé *pied*, qui est placé sous le ventre, et sur lequel ils rampent. La plupart ont une coquille univalve roulée en spirale. Ils ont un cœur composé d'un ventricule et d'une oreillette, tantôt des poumons, tantôt des branchies, et le système artériel très-développé. Voici les genres principaux.

L'*escargot* ou *limaçon* (*fig.* 33), nommé aussi *hélice*, est un mollusque terrestre, qui rampe avec sa coquille sur le dos, et dont la tête est surmontée de quatre tentacules, qu'il allonge ou raccourcit à son gré; de ces quatre tentacules, les deux qui sont le plus rapprochés du sommet de la tête supportent les yeux. Une liqueur visqueuse et luisante suinte de

Fig. 33. — Escargot.

toutes les parties de son corps et laisse une trace brillante sur les lieux de son passage. Aux approches du froid, il se renfonce sous son toit et reste sans mouvement et sans nourriture dans une léthargie profonde, jusqu'au retour du printemps. Le grand escargot de

vigne est recherché comme aliment, surtout dans le
midi de la France. — Les *limaces* n'ont pas de coquille;
elles ont le corps mou, allongé; leur bouche est
munie d'une seule mâchoire cornée qui ronge rapidement les herbes et les fruits. Elles se plaisent
dans l'humidité, et couvrent la terre après les pluies
d'orage; leur couleur varie du noir au rouge. La
petite limace grise abonde dans les jardins, dont elle
gâte les fruits. — Les *oscabrions* ont la forme des
limaces; mais leur dos, au lieu d'être nu, présente
une rangée d'écailles testacées, imbriquées les unes
sur les autres comme les tuiles d'un toit. Ils habitent
les mers, mais toujours près des côtes. On les voit
souvent ramper sur les rochers ou s'attacher aux
plantes marines, pour y trouver leur nourriture. —
Les *lymnées* et les *planorbes* se trouvent dans les
étangs, les lacs d'eau douce et toutes les eaux dormantes, où ils se nourrissent de matières végétales.
Quelquefois ils quittent leur demeure habituelle
pour grimper sur les arbres, dont ils dévorent les
feuilles.

Certains mollusques, désignés sous le nom de *Ptéropodes*, et faisant partie de la classe des gastéropodes, ont pour appendices locomoteurs ou organes
du mouvement deux nageoires placées, comme des
ailes, de chaque côté de la bouche. Ils sont tres-
petits et communément répandus dans les mers du
nord, où ils errent à l'aventure sans jamais se fixer.
Le genre principal est l'*hyale*, qui a le corps enfoncé
dans une petite coquille en forme de cornet.

A cette même classe appartiennent encore un
grand nombre de mollusques recherchés surtout

pour leurs coquilles, remarquables par l'élégance de leurs formes ou la beauté de leurs nuances : tels sont les *volutes*, les *casques*, les *buccins*, les *porcelaines*, les *nérites*, et une foule d'autres dont les dépouilles figurent dans les collections de conchyliologie.

Classe des Acéphales.

Les *Acéphales* sont ainsi nommés parce que, chez ces animaux, la tête n'est pas distincte du reste du corps. Ces mollusques ont un cœur composé d'un ventricule et de deux oreillettes ; leur bouche est cachée avec le reste du corps dans un manteau membraneux ; ils sont presque tous à coquille bivalve. Voici les genres les plus importants :

L'*huître* (*fig.* 34), pourvue d'une coquille bivalve, est un des mollusques dont l'organisation est le

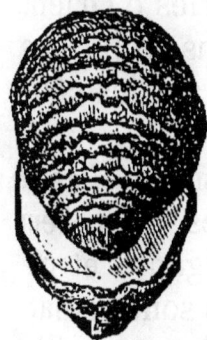

Fig. 34. — Huître.

mieux connue ; elle est enveloppée dans un large manteau ; la bouche aboutit à un estomac placé au milieu du foie, et le cœur a la forme d'une poire. Cet animal n'a ni pieds ni tentacules ; incapable de se déplacer, il reste fixé à la place où il a pris naissance, passant toute sa vie à ouvrir et à fermer sa coquille, et ne recevant d'autre nourriture que celle que l'eau de la mer lui apporte. Les huîtres habitent toutes les mers de l'Europe, mais surtout l'Océan ; elles s'attachent sur les rochers et sur les corps sous-marins par leur surface raboteuse, s'entassent les unes sur les autres et forment ainsi, non loin des côtes, des bancs immenses. Les huîtres constituent un aliment très-sain, et il s'en fait une grande consommation. On les pêche au moyen de la drague à certaines époques de l'année. La pêcherie la plus renommée en France est celle de Cancale, près de Saint-Malo. Dans les provinces maritimes, on emploie les coquilles d'huîtres comme engrais. — Les *moules* ont une coquille oblongue et bivalve : elles vivent attachées aux rochers à fleur d'eau. Mangées crues ou cuites, les moules ne constituent pas un aliment aussi sain et aussi digestible que les huîtres.

Les *arondes* ou *avicules* ont des coquilles minces et légères, nacrées intérieurement. C'est à ce genre qu'appartient une espèce célèbre, l'*aronde aux perles*, connue aussi sous le nom de *margaritifère* ou *perle-mère*. Souvent la belle nacre qui tapisse intérieurement cette coquille s'arrondit en globules et constitue les perles précieuses ou perles d'Orient, qui se pêchent dans les mers des régions tropicales, mais surtout dans le golfe Persique et sur les côtes de Ceylan.

Les *pectens* ou *peignes*, nommés aussi *coquilles de Saint-Jacques*, sont surtout recherchés pour leur coquille, qui est d'une forme assez élégante et parée de belles couleurs. — Les *bénitiers* sont remarquables par l'énorme accroissement de leur coquille, qui pèse quelquefois plus de deux cent cinquante kilogrammes. — Le *solen* ou *manche de couteau* est renfermé dans une coquille cylindrique garnie de trois dents à chaque valve. Souvent il quitte l'eau pour venir sur le sable et se creuser un trou profond, qui devient pour lui son habitation la plus or dinaire, et son refuge quand il est menacé de quelque danger. — Le *marteau* est enfermé dans une coquille qui, par sa forme singulière, ressemble assez à l'instrument dont il porte le nom. — La *pholade* creuse l'argile, les vieux bois, et même les pierres les plus dures, et s'y fait une demeure qui la met à l'abri de la poursuite de ses ennemis; mais dès qu'elle a pris de l'accroissement, elle ne peut plus sortir de l'enveloppe qu'elle se construit. — Le *taret* est fort nuisible dans les ports de mer; il creuse le bois des vaisseaux pour s'y loger, et y fait des trous aussi profonds que ceux qu'on y pratiquerait au moyen d'une tarière.

Classe des Brachiopodes.

Les *Brachiopodes* sont des mollusques caractérisés par une coquille à deux valves inégales et par deux bras en spirale qui peuvent saillir de la coquille. Ils se tiennent fixés aux rochers. Parmi les principaux genres on distingue les *cranies,* qui vivent dans les mers chaudes; les *lingules,* les *calcéoles,* les *orbicules,* les *caprines,* qu'on trouve souvent à l'état fossile.

Classe des Tuniciers [1].

Les *Tuniciers* sont des animaux aquatiques qui ont pour caractères principaux un tube digestif contourné sur lui-même, ouvert à ses deux bouts, un manteau très-grand, en forme de sac, et un appa-

---

[1] Les Tuniciers et les Bryozoaires sont souvent désignés sous le nom de *molluscoïdes.*

reil branchial très-développé. Voici les genres les plus remarquables :

Les *ascidies,* nommées aussi *outres de mer,* ont, au lieu de coquille, une substance cartilagineuse et flexible, qui cède à leurs mouvements en garantissant leur corps. Elles sont attachées aux rochers qui les voient naître, et lancent de l'eau autour d'elles pour se défendre. Plusieurs brillent d'une lueur phosphorescente ; d'autres étalent leurs appendices découpés en forme de branches ou de fleurs. — Les *pyrosomes* doivent leur nom, qui signifie corps de feu, à la lumière éclatante qu'ils répandent à la surface des mers pendant la nuit; cet effet est dû au phosphore qui se dégage de leur corps. Réunis en troupes nombreuses, ils se meuvent constamment et produisent ainsi des traînées de feux qui présentent l'image d'un incendie. — Les *biphores* ou *salpes* ont une forme régulière et symétrique représentant une sorte de sac à deux ouvertures. Leur enveloppe est si transparente que l'on peut voir fonctionner tous les organes dans l'intérieur de leur corps. Ces animaux se reproduisent par générations alternantes, c'est-à-dire qu'une génération se compose d'individus isolés, et une autre génération d'individus agrégés.

Classe des Bryozoaires.

Les *Bryozoaires* ont la même organisation que les tuniciers, mais le manteau moins développé et les branchies à nu. Ces organes consistent dans une couronne de tentacules qui entourent la bouche et qui sont garnis latéralement de cils vibratiles. La plupart de ces animaux habitent la mer ; d'autres se trouvent dans les eaux douces. Citons les principaux genres.

Les *eschares* habitent des cellules testacées, percées d'une seule ouverture, disposées autour d'une tige libre, et formant des rameaux ou des disques de formes régulières. — Les *plumatelles* ont la partie supérieure du corps garnie de barbes épineuses qui produisent l'effet d'un panache. — Les *cellépores*, mollusques dont les cellules sont testacées ou cornées, adhèrent aux rochers, aux plantes, aux crustacés. Ces cellules forment souvent, comme celles des eschares, des rameaux ou des disques d'une régularité parfaite. — Les *flustres* sont des animaux agglomérés dans des loges ou cellules distinctes pour chacun d'eux et constituant ainsi des espèces de lames ou de feuilles fixées aux corps sous-marins. Une espèce de flustre, nommée *dentelle de mer*, se trouve communément sur nos côtes.

Questionnaire.

Quels sont les caractères généraux des mollusques? — Décrivez leur organisation. — Comment se meuvent-ils?— Leurs sens sont-ils développés? — A quoi se borne leur instinct? — Où vivent-ils? — En combien de classes les mollusques sont-ils séparés? — Quelles sont ces classes? — Quels sont les caractères distinctifs des céphalopodes? — Donnez quelques détails sur la seiche, le calmar, les poulpes et l'argonaute. — Quels sont les caractères des gastéropodes? — Donnez quelques détails sur l'escargot, les limaces, les oscabrions et les lymnées. — Par quels caractères se distinguent les ptéropodes? — Quel est le genre principal? — Quels sont les caractères des acéphales? — Donnez quelques détails sur l'huître, les moules, les arondes, les peignes, les bénitiers, le solen, le marteau, la pholade et le taret. — Quels sont les caractères des brachiopodes? — Nommez les principaux genres. — Quels sont les animaux que renferme la classe des tuniciers? — Donnez quelques détails sur les ascidies, les pyrosomes, les biphores ou salpes. — Par quoi se distinguent les animaux compris dans la classe des bryozoaires? — Donnez quelques détails sur les eschares, les plumatelles, les cell-lépores et les flustres.—Qu'est-ce que la dentelle de mer?

CHAPITRE XVI.

Quatrième embranchement : les Rayonnés ou Zoophytes; leur division en classes.— Classe des Échinodermes. — Classe des Polypes.
Cinquième embranchement : les Protozoaires; leur division en classes.—Classe des Spongiaires.—Classe des Rhizopodes. — Classe des Infusoires.

4ᵉ Embranchement. Les Rayonnés.

Les *Rayonnés*, appelés aussi *Zoophytes*, forment le quatrième embranchement ou la quatrième grande série des animaux. Ils se distinguent par la simplicité de leur organisation, bien inférieure à celle des animaux des autres séries, et par la disposition de leurs diverses parties, qui forment le plus souvent autour d'un point central des rayons semblables à ceux d'une étoile. Cette disposition leur a fait donner le nom de *rayonnés*. Ils doivent celui de *zoophytes* ou *animaux-plantes* à la ressemblance que la plupart d'entre eux ont avec un végétal et à la forme de leurs appendices, qui rappellent les pétales d'une fleur. Ces animaux n'ont pas de tête apparente, pas de membres articulés ; le plus souvent il n'existe chez eux aucun organe particulier pour la respiration. Tous les sens manquent également, à l'exception de celui du toucher, qui est toutefois peu développé. Les mouvements sont presque aussi nuls que les sens : les zoophytes sont en général fixés sur les rochers marins, où ils vivent à la manière des plantes.

L'embranchement des rayonnés comprend deux classes : les *Échinodermes* et les *Polypes*[1].

Classe des Échinodermes.

Les *Échinodermes* ou *Rayonnés épineux* se distinguent par leur peau généralement garnie d'épines ou de pointes articulées et mobiles : ce sont autant

Fig. 35. — Astérie.

de petites ventouses qui servent à la locomotion. Ils ont des organes pour la respiration et la circulation, et généralement une seule ouverture qui sert à la fois de bouche et d'anus. Les uns sont libres, les autres sont fixés et portés sur un pédoncule testacé. Voici les genres les plus importants :

Les *astéries* ou *étoiles de mer* (*fig.* 35) ont un

1. Les *Acalèphes*, qui formaient autrefois une troisième classe des rayonnés, sont rangés aujourd'hui parmi les polypes.

corps aplati et divisé en cinq rayons, au centre desquels se trouve une ouverture destinée à recevoir les aliments. Elles sont voraces et détruisent une grande quantité de vers et de crustacés qu'elles saisissent avec leurs tentacules. Elles reproduisent en peu de temps les rayons qu'un accident leur fait perdre.—Les *oursins* ont une enveloppe revêtue d'une croûte calcaire et percée d'une infinité de petits trous par où passent les pieds, qui ressemblent à des épines ou à des piquants, ce qui a fait donner à ces animaux le nom de *hérissons* ou de *châtaignes de mer*. Plusieurs espèces d'oursins sont bonnes à manger. — Les *holothuries,* qui ont la forme de vers, et dont la taille est souvent considérable, vivent sur les rochers ou sur les rivages de la mer. Leur nourriture consiste en animalcules qu'elles saisissent au moyen des appendices qui entourent leur bouche.

Classe des Polypes.

Les *Polypes* ou *Coralliaires* sont de petits zoophytes gélatineux, dont la bouche est entourée de tentacules ou de bras; le plus souvent ils sont réunis et attachés ensemble. Les uns, nommés *polypes à corps nu,* ne présentent dans leur organisation aucune partie dure; les autres se construisent par exsudation, comme les mollusques à coquillages, une demeure solide, de nature cornée ou pierreuse, qui a reçu le nom de *polypier.*

Citons les genres les plus remarquables parmi les polypes à corps nu.

Les *méduses,* dont la forme est absolument semblable à celle d'un champignon, abondent sur nos côtes. — Les *physalies* se trouvent dans l'océan Atlantique, où elles voguent librement au gré des flots. On ne saurait les toucher sans inconvénient, car elles produisent de vives démangeaisons sur la peau, et c'est ce qui leur a fait donner le nom d'*orties de mer*. — A cette catégorie appartiennent encore les *béroés*, qui ressemblent à de petits ballons, et les *cestes*, qui ont la forme d'un long ruban gélatineux.

Les *hydres*, nommées aussi *polypes à bras* ou *polypes d'eau douce*, sont des animaux gélatineux à corps allongé consistant en une espèce de sac dont l'ouverture forme la bouche et la tête de l'animal, le bout du sac sa queue, et les petits barbillons l'ouverture de ses bras. C'est avec ces bras que les hydres saisissent les animalcules aquatiques dont elles se nourrissent. On peut les retourner comme un gant, sans que la vie cesse en elles, et, dans cette position, elles continuent à manger comme auparavant. Elles se reproduisent par bourgeons, comme les plantes. De plus, si on les coupe par morceaux, chaque fragment se complète et devient en peu de temps un animal parfait, de telle sorte que le polype, au lieu d'être détruit, se trouve remplacé par plusieurs individus semblables à lui. Ces animaux, qui sont presque microscopiques, habitent les eaux douces et surtout les étangs. — Les *actinies* ont un corps charnu et vivent librement dans la mer, tantôt séparées, tantôt réunies. Quand la mer est calme et que le ciel est serein, on les voit étaler à la surface des eaux leurs tentacules ornés des couleurs les plus vives; et leur forme imite si bien les pétales d'une fleur, que ces animaux ont reçu le nom d'*anémones de mer.*

Les *polypes à polypiers* sont enveloppés, comme nous l'avons dit, d'une substance solide, calcaire ou cornée. Groupés ou agglomérés ensemble, ils communiquent entre eux par leur base, participent à une vie commune et constituent une sorte d'association d'animaux composés. Les polypiers sont des espèces de ruches dont le travail est continu, parce que les animaux qui les habitent et les accroissent incessamment vivent sédentaires, sans jamais quitter leurs cellules. Ils varient de forme suivant les animaux qui les produisent et qui en augmentent la masse à mesure qu'ils se multiplient, c'est-à-dire par les générations qui se succèdent. Les polypes à polypiers jouent un rôle important parmi les animaux qui peuplent le globe ; ce sont eux qui laissent après leur mort les plus grandes traces de leur existence. Ils forment dans le fond de la mer ou le long des côtes d'immenses dépôts de matières calcaires, et c'est ainsi que des amas de polypiers toujours croissants contribuent, dans l'océan Pacifique, à l'augmentation des écueils et à la formation des îles.

Parmi les polypes à polypiers, voici les genres qui méritent d'être décrits :

Les *coraux* ou *polypes corticaux* (*fig.* 36) sont entièrement pierreux ; on reconnaît les po-

Fig. 36. — Corail.

lypes ou les animaux dans les rosettes épanouies qui leur servent de parure. Pour l'aspect et la forme, le corail est semblable à un petit arbre dépouillé de ses feuilles. Ce polypier se rencontre dans la Méditerranée et dans la mer Rouge. L'axe central est d'un rouge vif et a la dureté du marbre ; c'est cette matière que l'on emploie à faire des colliers, des bracelets et toutes sortes de bijoux. Le corail est l'objet d'un commerce important sur les côtes de l'Algérie, de la Sicile et de la Grèce.

Les *madrépores* sont des polypiers arborescents formés par la réunion d'un grand nombre de cellules disposées en rayons. Ces polypiers se trouvent abondamment répandus dans l'océan Pacifique et dans l'archipel Indien ; c'est à leur action continue qu'est due surtout la formation des récifs qui rendent ces mers si dangereuses pour la navigation. —Les *tubipores* ou *polypes à tuyaux* forment des polypiers revêtus d'une croûte calcaire très-dure et d'une belle couleur rouge. Les tubes qu'ils habitent sont ouverts aux extrémités pour laisser passer l'animal, et rangés les uns à côté des autres comme les tuyaux d'un orgue. — Les *alcyons* sont tantôt en forme d'arbustes, tantôt semblables à des champignons ; d'autres fois ils forment sur la surface des corps une croûte assez épaisse. Ils ont au sortir de l'eau de belles couleurs que le contact de la lumière leur fait perdre. — Citons encore les *gorgones*, vulgairement nommées *arbres de mer,* et qui se distinguent des coraux par la nature cornée de leurs polypiers ; les *pennatules*, ainsi appelées de leur ressemblance avec une plume à écrire ; les *vérétilles,*

qui n'adhèrent pas au sol, mais sont simplement en-
foncées dans le sable par une des extrémités de leur
tige commune.

5ᵉ Embranchement. Les Protozoaires.

Le cinquième et dernier embranchement du règne
animal comprend les animaux les plus petits et les
plus simples. Ils sont formés d'une matière gélatineuse qui n'a pas d'organisation apparente et qu'on
désigne sous le nom de *sarcode*.

L'embranchement des protozoaires renferme trois
classes : les *Spongiaires*, les *Rhizopodes* et les *Infusoires*.

Classe des Spongiaires.

La classe des *Spongiaires* comprend les *éponges* et
toutes les productions analogues du règne animal,
dans lesquelles les caractères les plus saillants de
l'animalité n'apparaissent que pendant les premiers
temps de la vie ; plus tard ces corps ressemblent
à des végétaux informes plutôt qu'à des animaux
ordinaires ; ils deviennent complétement immobiles,
et demeurent fixés aux rochers sous-marins. La
plupart des spongiaires sont propres aux mers des
régions chaudes ; quelques-uns se trouvent cependant sur nos côtes. — Les *éponges* sont des corps
d'une nature molle et poreuse, sans aucune enveloppe calcaire ou cornée, et les animaux qui y sont
renfermés, réunis les uns aux autres, forment une
masse gélatineuse où il est impossible de distinguer
une apparence d'organisation. On les trouve abon-

damment répandues dans la Méditerranée et surtout dans l'Archipel grec. Les principaux usages de l'éponge sont bien connus.

Classe des Rhizopodes.

La classe des *Rhizopodes*, désignés aussi sous le nom de *Foraminifères*, comprend des animaux microscopiques dont le corps globuleux, sans organes intérieurs visibles, est muni extérieurement de filaments contractiles servant de moyen de locomotion. Le test calcaire dont le corps de ces petits êtres est revêtu est généralement percé d'un grand nombre de trous, et c'est ce qui leur a fait donner le nom de foraminifères (porte-trous). Les espèces vivantes sont très-nombreuses dans les mers des contrées chaudes. Les espèces fossiles, telles que les *nummulites*, les *orbulines*, les *sidérolites*, sont si multipliées que certains terrains en sont en grande partie composés. Ainsi le calcaire grossier du bassin de Paris, la craie de la Champagne, sont presque entièrement formés de débris de coquilles de foraminifères.

Classe des Infusoires.

La classe des *Infusoires* renferme des animalcules microscopiques, invisibles à l'œil nu; le microscope seul permet d'étudier leurs contours, leurs mouvements, les apparences de leur organisation. Les infusoires se développent abondamment dans les infusions végétales ou animales, dans les eaux dormantes. Les uns sont pourvus de cils vibratiles qui leur servent d'organes de locomotion, les autres de filaments très-ténus ou d'expansions qui en tiennent lieu : de là, on distingue les *infusoires ciliés* et les *infusoires flagellifères*. Parmi les premiers nous citerons les *vorticelles,* ainsi nommés à cause du tourbillonnement produit dans le liquide par la couronne de cils qu'ils agitent sans cesse ; les *bursaires,* qui ont le corps en forme de bourse et qui se tiennent généralement à la surface des eaux croupies. Parmi les infusoires flagellifères, voici quels sont les genres les plus intéressants. Les *vibrions* ont reçu le nom d'*anguilles microscopiques,* parce que les minces filaments qui les constituent ont la forme allongée de ces poissons ; ces petits animaux se développent avec une grande rapidité dans le lait et dans tous les liquides contenant des matières organiques. — Les *volvoces,* de forme ronde, se trouvent généralement dans les eaux marécageuses ; leur manière de se mouvoir est fort singulière : ils tournent continuellement sur eux-mêmes, se roulant dans tous les sens avec une grande rapidité, et c'est à ces évolutions qu'ils doivent leur nom. — Les *monades,* de forme ovale, globuleuse ou lenticulaire, sont tellement petites que, vues au moyen du plus fort microscope, elles ressemblent à des points tourbillonnant dans l'eau où elles nagent. — Les *amibes* se réduisent à une goutelette ou petite larme concrétée de matière vivante, sans organisation appréciable ; il serait difficile de déterminer la forme de ces êtres singuliers, parce qu'ils en changent, pour ainsi dire, à chaque instant dans leurs mouvements continuels ; ces animalcules, ainsi que les monades, peuvent être considérés comme les infiniment petits de la création.

Ici la science humaine s'arrête ; elle ne peut pas aller au delà : et cependant, au delà, il y a encore des êtres animés que notre vue ne saurait atteindre, même à l'aide des instruments d'optique les plus parfaits. C'est un monde qui nous est inconnu. Que de merveilles échappent à notre admiration ! mais que de merveilles s'offrent aussi à nos regards dans les êtres si nombreux et si divers que renferme le règne animal et qui tous ont reçu une organisation appropriée à la destination pour laquelle ils ont été créés ! Comme nous devons nous humilier devant la grandeur de Dieu et sa puissance infinie qui éclate dans toutes ses œuvres ! En même temps, comme nos pensées doivent s'élever avec amour et respect vers l'auteur de toutes choses pour l'adorer et le bénir !

Questionnaire.

Décrivez les caractères généraux et l'organisation des rayonnés. — Pourquoi sont-ils ainsi nommés ? — A quoi doivent-ils le nom de zoophytes ?— En combien de classes sont-ils divisés ? — Quelles sont ces classes ? — Quels sont les caractères distinctifs des échinodermes ? — Donnez quelques détails sur les astéries, les oursins et les holothuries. — Quels sont les caractères des polypes ? — Qu'appelle-t-on polypes à corps nu et polypes à polypiers ? — Donnez quelques détails sur les méduses, les physalies, les hydres et les actinies. — Décrivez les polypes à polypiers. — Mentionnez les principaux genres, les coraux, les madrépores, les tubipores, les alcyons, les gorgones, les pennatules, les vérétilles. — Quels sont les caractères qui distinguent les protozoaires? — Combien de classes cet embranchement renferme-t-il? — Quels sont les animaux compris dans la classe des spongiaires? — Par quels caractères se distinguent-ils? — A quoi ressemblent-ils? — Donnez quelques détails sur les éponges. — Donnez quelques détails sur les animaux compris dans la classe des rhizopodes ou foraminifères. — Quels sont les caractères des animaux que renferme la classe des infusoires? — Quels sont les principaux genres parmi les infusoires ciliés? — Décrivez les vorticelles et les bursaires. — Décrivez, parmi les infusoires flagellifères, les vibrions, les volvoces, les monades et les amibes. — Où vivent généralement ces animalcules? — Quel rang occupent-ils dans la création? — N'y a-t-il pas encore d'autres animaux qui par leur petitesse échappent à notre vue? — Quelles pensées doit faire naître en nous l'existence de tous ces êtres qui ont reçu de Dieu une organisation appropriée à la destination pour laquelle ils ont été créés?

CHAPITRE XVII.

BOTANIQUE.

Organisation générale des végétaux. — Parties constitutives des végétaux: leurs diverses fonctions. — Organes accessoires des végétaux; leurs fonctions. — Produits utiles des végétaux.

Organisation générale des végétaux. La *Botanique* est la science du règne végétal ; elle nous apprend à connaître les plantes, à les distinguer par leurs propriétés et par leurs noms, à les classer et à retirer toute l'utilité possible de cette connaissance. De toutes les parties de l'histoire naturelle, la botanique est peut-être celle qui nous offre les objets d'étude les plus intéressants et les plus variés. Envisagée dans ses applications, elle nous fait également connaître les vertus salutaires ou malfaisantes des plantes, et les avantages que nous pouvons en retirer dans l'économie agricole et domestique, dans la médecine et dans les arts.

Les végétaux appartiennent, comme les animaux, au règne organique, c'est-à-dire qu'ils exécutent toutes leurs fonctions vitales à l'aide d'appareils particuliers appelés *organes*. Comme les animaux, ils naissent, se nourrissent, croissent, se reproduisent et meurent. Mais il y a cette grande différence entre les animaux et les végétaux, que les premiers sont doués de sensibilité et vont, pour la plupart, au-devant de leur nourriture, tandis que les seconds, fixés au sol et privés de sensibilité, puisent leur nourriture dans les milieux où ils se trouvent placés..

Parties constitutives des végétaux ; leurs diverses fonctions. Si l'on jette un coup d'œil sur un végétal pris au hasard, sur un tilleul, par exemple, ce qui frappe d'abord dans cet arbre, c'est le *tronc conique* qui en fait la principale partie. A l'extrémité supérieure, il se sépare en *branches* et en *rameaux;* à l'extrémité inférieure, il se divise en *racines :* quant aux rameaux, ils sont terminés par les *feuilles*, et les racines, par les *radicelles*. Si l'on coupe en deux le tronc de ce tilleul, on trouve au centre un étui qui renferme la *moelle :* celle-ci est entourée par le *bois* ou *corps ligneux,* et ce dernier est recouvert à son tour par un bois moins dur que l'on appelle *aubier*. Enfin, au-dessus de l'aubier, se trouve l'*écorce* enveloppant ces diverses parties. De la moelle à l'écorce se prolongent les *lignes* ou *rayons médullaires,* qui établissent la communication du centre à la circonférence.

Les feuilles qui couvrent les branches de ce tilleul sont produites par de petites excroissances appelées *bourgeons*, et les bourgeons sont alimentés par les fluides des végétaux; le principal et le plus important de ces fluides est la *séve*. Du milieu des feuilles se détache une petite fleur blanchâtre soutenue par une enveloppe circulaire et découpée en étoile, désignée sous le nom de *calice*. Les petites lames blanches qui dépassent le calice sont les *pétales*. Au centre existent plusieurs filets qui sont de deux natures : les plus extérieurs sont les *étamines,* qui rayonnent du centre vers le dehors; celui du centre est le *style,* qui est terminé par le *stigmate,* et au-dessous duquel se trouve l'*ovaire;* ce dernier grossit à l'époque de la maturité et se change en *fruit.* Le fruit enfin renferme la *graine* qui doit reproduire le végétal.

La graine, considérée en général, est la partie la plus importante de la plante. Elle renferme elle-même un petit corps organisé nommé *embryon,* dont le développement doit produire une plante identique à celle qui lui a donné naissance. L'embryon est formé de trois parties : la *tigelle,* rudiment de la tige, terminée par un petit bourgeon appelé *gemmule;* la *radicule,* rudiment de la racine; les *cotylédons,* consistant en un ou plusieurs appendices charnus qui enveloppent la tigelle et la gemmule. Les cotylédons paraissent destinés à fournir à la jeune plante les premiers sucs alimentaires : tantôt ils restent sous terre après la germination de la graine ; tantôt ils s'élèvent à la surface du sol avec la tigelle, et forment les premières feuilles dites feuilles séminales.

La présence, le nombre et l'absence des cotylédons ont un rapport si remarquable avec les caractères offerts par toutes les autres parties de la plante, qu'on a fondé sur cette considération la division des végétaux en trois grands embranchements. Les plantes dont la graine n'a qu'un seul cotylédon sont appelées *plantes monocotylédones,* celles dont la graine a deux ou plus de deux cotylédons sont dites *plantes dicotylédones,* et on nomme *acotylédones* les plantes dont la graine n'a pas de cotylédon, comme, par exemple, les champignons et les mousses.

Organes accessoires des végétaux; leurs fonctions. Outre ces organes principaux, qui seront étudiés plus loin, on distingue dans les végétaux les parties *élémentaires* ou les tissus qui les composent : le *tissu cellulaire,* le *tissu vasculaire,* le *tissu fibreux ;* la *séve,* fluide incolore et transparent; le *cambium,* produit de la séve, et qu'on trouve en couches plus ou moins épaisses entre l'écorce et l'aubier à l'époque de la végétation ; enfin les *sucs propres,* autres que la séve, tels que les sucs gommeux, laiteux, résineux, etc.

Le tissu cellulaire est constitué par la réunion de très-petites cellules accolées les unes aux autres et closes de toutes parts. Lorsqu'elles sont pressées, elles ont la forme des alvéoles des abeilles ou de la mousse de savon. La moelle surtout présente cette organisation, parce qu'elle n'est en général composée que de tissu cellulaire. Chacune de ces petites cellules a les parois minces et transparentes : elles contiennent dans leur intérieur diverses matières qui peuvent être gazeuses, liquides ou solides, telles que de l'air, de l'oxygène, des sucs de nature diverse, de la fécule.

Lorsque les cellules sont allongées dans une même direction, et que les cloisons qui interceptaient les fluides ont été détruites, elles donnent naissance au tissu vasculaire. Ce tissu se compose de vaisseaux destinés à porter l'air, ou la séve ou d'autres sucs, dans toutes les parties du végétal. On

distingue les *vaisseaux entiers,* les *vaisseaux poreux*
et les *trachées.*

Les vaisseaux entiers semblent remplir dans les
plantes les fonctions que les veines et les artères
remplissent chez les animaux. Ils sont ordinairement parallèles aux tiges et aux branches, et toujours disposés dans le sens de la longueur de la
plante. Ils portent l'air ou les liquides jusqu'aux
extrémités supérieures, ensuite ils les font redes-
cendre jusqu'aux racines.

Les vaisseaux poreux sont fendus latéralement de
distance en distance par de petites découpures; ils
sont en très-grand nombre dans la tige des monocotylédones, c'est-à-dire des plantes dont la graine
n'a qu'un cotylédon.

Les trachées ou vaisseaux aériens ont pour mis-
sion principale de répartir de l'air pur ou plus ou
moins modifié dans les différentes parties du végétal; toutefois, au moment de l'ascension de la
séve, c'est-à-dire au printemps, cette séve peut
monter aussi par les trachées.

D'autres vaisseaux, nommés *laticifères,* contiennent un suc propre, ou *latex,* qui varie suivant les
végétaux auxquels il appartient. Dans la chélidoine
ou éclaire, plante commune de nos champs, ces
vaisseaux sont remplis d'un suc jaune; dans les
euphorbes, d'un suc blanc; dans la sanguinaire,
plante du Canada, d'un suc rouge. D'une saveur
douce ou caustique, quelquefois sans odeur et sans
saveur, ce suc est encore tantôt laiteux, comme
dans le figuier, tantôt gommeux, comme dans les
cerisiers. Il faut se garder de croire que ce suc soit

un produit comparable au sang des animaux et aussi nécessaire à la vie des plantes que le sang l'est à celle des animaux : c'est plutôt un produit excrémentitiel. Les cellules qui le contiennent sont quelquefois placées bout à bout comme les grains d'un chapelet ; d'autres fois elles se fondent en canaux tortueux, irréguliers, souvent dirigés suivant la longueur des organes, mais formant aussi un lacis enchevêtré qui serpente irrégulièrement entre les cellules.

Enfin le tissu fibreux, désigné aussi sous le nom de tissu ligneux, se compose de cellules très-allongées, disposées bout à bout les unes au-dessus des autres, de manière à former des faisceaux de fibres remarquables par leur ténacité. C'est ce tissu qui constitue la masse du bois dans les végétaux ligneux, ainsi que les pétioles et les nervures des feuilles dans toutes les plantes. C'est encore le tissu fibreux qui constitue dans plusieurs végétaux, et notamment dans le chanvre et le lin, les fibres textiles employées à la fabrication des cordes et des toiles.

Telles sont les parties principales que nous offre chaque plante. Mais comment cette plante est-elle née et comment s'est-elle développée ? La végétation repose essentiellement sur la graine, qui renferme le principe d'une plante nouvelle. Qu'on sème la graine d'une plante pourvue de cotylédons, et qu'on suive avec soin les changements qu'elle subit lentement. D'abord elle se gonfle et déchire son enveloppe. Par son extrémité supérieure s'élève le rudiment d'une nouvelle tige, la tigelle ou gem-

mule ; par l'extrémité inférieure descend le rudiment de la racine, la radicule. En même temps, les
cotylédons s'écartent et s'épanouissent en forme de
feuilles au pied de la tige ; celle-ci se développe
rapidement. Si la plante est une herbe, elle atteint
en moins d'un an toute sa croissance, et meurt
après avoir donné les fleurs et les fruits. Si la
plante est un arbuste, la tige prend une consistance
plus solide, elle résiste au changement des saisons
et renouvelle tous les ans les phénomènes de la
végétation. Si enfin la plante est un arbre, la tige
s'élève majestueusement sous la forme d'un tronc
qui se divisera en branches et en rameaux, pour
vivre longtemps et donner chaque année des milliers
de fruits et de graines.

Ces métamorphoses d'une graine quelquefois
imperceptible sont, à proprement parler, la vie de
toutes les plantes. Comme elles se rapportent aux
divers organes du végétal, il faut étudier séparément
chacun de ces organes. Les uns, appelés *organes de
nutrition* ou *de végétation*, servent à nourrir et à
conserver le végétal, en puisant dans l'atmosphère
ou dans le sein de la terre les substances alimentaires : telles sont la *racine*, la *tige* et les *feuilles*.
Les autres, appelés *organes de reproduction*, servent
à propager la plante, c'est-à-dire qu'ils en reproduisent l'espèce ; ce sont : la *fleur,* le *fruit* et la
graine, principe de toutes les plantes.

Produits utiles des végétaux. Il faudrait de
longues pages pour énumérer tous les produits
utiles donnés par les végétaux. Il suffira de citer les
céréales, telles que le blé, le riz, l'orge, l'avoine,

qui offrent les ressources les plus précieuses pour l'alimentation de l'homme et des animaux domestiques; les plantes fourragères, trèfle, luzerne et sainfoin, indispensables aux animaux de travail; les plantes légumineuses et les arbres fruitiers, dont les produits sont si utiles et si variés ; la vigne, non moins utile pour son fruit destiné à la fabrication du vin; les plantes oléagineuses, telles que le colza et la navette, produisant des graines qui donnent de l'huile; les plantes textiles, comme le chanvre et le lin, dont les tiges fournissent une filasse propre à se convertir en fil; les plantes tinctoriales, garance, gaude, etc., renfermant une substance colorante propre à teindre les étoffes; les plantes médicinales, mauve, guimauve, patience, centaurée, rhubarbe, etc., dont les diverses parties fournissent divers médicaments; enfin les arbres forestiers, tels que le chêne, le hêtre, l'orme, le charme, l'érable, etc., dont le bois est employé pour le chauffage et se prête à toutes les formes pour les constructions, pour la fabrication des meubles et pour les arts mécaniques : sans compter encore une foule de végétaux étrangers à nos climats qui donnent des produits utiles ou de première nécessité, comme le cotonnier, la canne à sucre, l'arbre à thé, le caféier, etc., et cette nombreuse variété de fleurs recherchées pour l'éclat de leurs couleurs ou leur parfum. On ne peut encore ici que bénir la main de la Providence qui a répandu ses dons avec tant de profusion, et qu'admirer la merveilleuse harmonie qui règne dans l'organisation générale des végétaux. La bonté et la puissance de

Dieu se manifestent dans toutes les parties de la
création.

Questionnaire.

Quel est l'objet de la botanique? — Quelle est son utilité? — Quels rapports et quelles différences y a-t-il entre les végétaux et les animaux? — Quelles sont les parties constitutives d'un végétal? — Donnez quelques détails
sur chacune d'elles. — Qu'appelle-t-on cotylédons? — La
présence, l'absence et le nombre des cotylédons n'ont-ils
pas donné lieu à une grande division des végétaux? —
Qu'appelle-t-on plantes monocotylédones? plantes dycotilé-
dones? plantes acotylédones? — Quelles sont les parties
élémentaires des végétaux? — Comment est constitué le
tissu cellulaire? — Quelle forme présentent les petites cellules? — Comment est formé le tissu vasculaire? — De
quoi se compose-t-il? — Donnez quelques détails sur les
vaisseaux entiers, les vaisseaux poreux, les trachées et
les laticifères. — De quoi se compose le tissu fibreux? —
Quelles sont les parties qu'il constitue dans les végétaux?
— Quels sont les changements que subit une graine après
qu'elle a été semée?—Quels sont les organes de nutrition
et les organes de reproduction dans les plantes? — Indiquez sommairement les produits utiles donnés par les
végétaux. — N'a-t-on pas encore ici une preuve de la
bonté et de la puissance de Dieu?

CHAPITRE XVIII.

Organes de la nutrition dans les végétaux. — Racines. Fonctions des racines, leur durée et leur structure. Produits utiles des racines. — Tiges. Formes et structure des tiges. Bourgeons. Produits utiles des tiges.

Organes de la nutrition dans les végétaux. Les organes qui servent à nourrir la plante sont : la *racine,* qui pompe au sein de la terre les sucs nourriciers ; la *tige,* à travers laquelle la *séve* circule d'une extrémité à l'autre, et les *feuilles,* qui puisent dans l'air d'autres principes de nutrition, et qui sont en même temps les organes de la respiration des plantes.

Racines. La *racine* est cette partie du végétal qui croît en sens inverse de la tige, c'est-à-dire qui tend à descendre au sein de la terre. Toutes les plantes, excepté un bien petit nombre ont une racine qui aspire par ses extrémités une partie de leur nourriture. Quelques végétaux, toujours enfouis dans le sol, totalement dépourvus de feuilles et de tige, paraissent consister en une seule racine : telle est la truffe. D'autres, comme le gui, implantent les filaments de leurs racines sur l'écorce des arbres ; ce sont de véritables parasites qui vivent aux dépens d'une séve étrangère. Enfin il y a des plantes aquatiques qui flottent librement avec leurs racines à la surface des eaux.

La racine se compose de trois parties essentielles : le *collet*, le *corps* et les *radicelles*. L'endroit précis qui sépare la racine de la tige, c'est-
à-dire le point où le végétal s'élève d'une part et
descend de l'autre, s'appelle *collet* ou *nœud vital*.
Immédiatement au-dessous du collet, qu'il n'est
pas toujours facile de reconnaître, se trouve une
partie moyenne nommée *corps*, de forme et de
consistance variées. Un peu plus bas, la racine se
sépare en filaments déliés : ce sont les *radicelles*
ou le *chevelu*, dont les extrémités sont nommées
spongioles. La fonction principale de ces radicelles est de pomper l'humidité du sol. Ce sont autant de petites bouches qui sucent les fluides voisins; si elles rencontrent un peu d'eau dans le sein
de la terre, elles s'allongent et se ramifient de
mille manières, formant dans leur ensemble ce
qu'on nomme une queue de renard. Les plantes
grasses, telles que les cactus, manquent quelquefois de radicelles ; ces végétaux ne tirent point leur
nourriture de la terre ; leurs racines servent seulement à les fixer au sol ; ils puisent dans l'atmosphère tous leurs sucs nourriciers et s'élèvent à une
hauteur prodigieuse.

Fonctions des racines. Les racines ne servent
pas seulement à fixer au sol la plupart des végétaux. Leur principale fonction, comme il est dit
plus haut, consiste à puiser dans le sein de la terre
l'eau et les diverses substances qui doivent servir à
la nutrition de la plante. Destinées à vivre dans
l'obscurité, à pénétrer à travers les différentes cou-

ches de la terre et loin de nos regards, les racines n'ont pas reçu en partage l'élégance de la forme, les agréments de la parure dont les tiges et les branches sont embellies; mais elles sont douées des organes de l'utilité, et c'est par ces organes que les sucs et la séve pénètrent dans l'intérieur de la plante qu'ils vont animer. Aussi la nature, en donnant à la racine la fonction de nourrir le végétal, l'a douée de la force nécessaire pour remplir sa destination. Ainsi, à mesure qu'elle a besoin d'humidité, elle pénètre plus profondément dans le sol; elle se plie, se relève, s'étend dans toutes les directions, se replie en tous sens, et surmontant tous les obstacles pour trouver sa nourriture, elle s'introduit entre les pierres et jusque dans les fentes des rochers. Sans doute une telle puissance n'existe pas dans toutes les racines. Souvent même un arbre dont le tronc s'élève à une grande hauteur, un palmier ou un sapin, n'aura qu'une racine faible et médiocre; au contraire, une plante herbacée, comme la luzerne, est pourvue d'une racine très-étendue.

Durée et structure des racines. Par rapport à leur durée, les racines sont *annuelles, bisannuelles* ou *vivaces.* Les racines annuelles ne vivent qu'un an, comme celles du blé, de l'orge. Les racines bisannuelles vivent deux ans, c'est-à-dire que la plante à laquelle elles appartiennent ne fleurit et ne donne des graines que dans la seconde année, après quoi elle meurt : telles sont la betterave, la carotte. Les racines vivaces appartiennent aux végétaux

dont la tige vit pendant un grand nombre d'années,
tels que le chêne, le cerisier et les autres arbres
et arbustes ; elles appartien-
nent aussi à des tiges herbacées qui ne vivent qu'un
an, tandis que leurs racines
ont une durée indéfinie :
telles sont la luzerne et l'asperge.

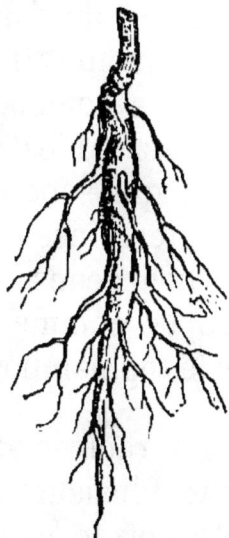

Par rapport à leur struc-
ture, les racines constituent
trois groupes principaux, et
leurs formes diverses sont
toujours admirablement adap-
tées à la nature du sol dans
lequel se trouve la plante.
Le premier groupe renferme
les *racines pivotantes* (*fig.* 37),
c'est-à-dire les racines dont
le corps s'enfonce verticalement dans le sol ; elles sont
simples, comme dans la carotte ou le navet, ou ramifiées, comme dans le chêne
ou le peuplier. Le deuxième
groupe renferme les *racines*
fibreuses (*fig.* 38), composées
de fibres tantôt grêles, tantôt
plus ou moins renflées : telles
sont les racines du blé, de
l'asperge, des palmiers. Le
troisième groupe renferme

Fig. 37. — Racine pivotante.

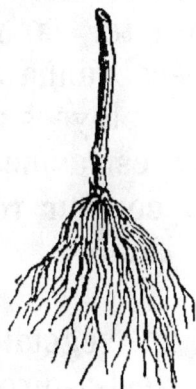

Fig 38. — Racine fibreuse.

les *racines tubériformes* (*fig.* 39), c'est-à-dire les racines qui renferment des renflements plus ou moins nombreux en forme de tubercules, comme celles du dahlia et de la pivoine. Il ne faut pas les confondre avec les véritables tubercules, qui sont des tiges souterraines portant des bourgeons, telles que la pomme de terre et le topinambour.

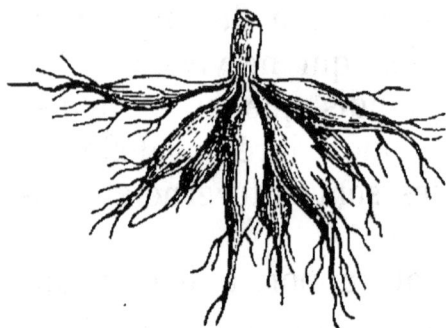

Fig. 39. — Racine tubériforme.

Produits utiles des racines. Les racines sont utilisées par l'homme à divers titres. Plusieurs racines charnues, telles que la carotte et le navet, servent à notre alimentation et à celle des animaux domestiques ; d'autres donnent en outre des produits utiles, comme la betterave, dont on extrait le sucre. Quelques racines ligneuses fournissent des médicaments précieux : il suffit de citer la rhubarbe, la patience, le chiendent, l'ipécacuanha et le jalap. Enfin d'autres racines sont employées avec avantage pour la teinture, telles que les racines de la garance et de l'orcanète pour la couleur rouge et celle du curcuma pour la couleur jaune.

Tiges. La *tige* est cette partie du végétal qui croît en sens contraire des racines, c'est-à-dire qui s'élève verticalement en cherchant l'air et la lumière ; elle sert de support aux branches, aux feuilles, aux fleurs et aux fruits. La tige est tantôt *ligneuse*, c'est-à-dire formée de bois, comme dans les arbres et les arbrisseaux ; tantôt *herbacée*, c'est-à-dire tendre et verte, comme dans les plantes nommées *herbes*.

Par rapport à la forme et à la structure, on distingue quatre espèces de tiges : le *tronc*, le *stipe*, le *chaume* et la *tige* proprement dite.

Le *tronc*, tige ligneuse, s'amincit ordinairement de plus en plus à mesure qu'il s'élève, et se divise en branches et en rameaux à une certaine hauteur. Il se compose de l'*écorce*, du *corps ligneux* et de la *moelle*. Tous les arbres de nos climats, le chêne, l'orme, le frêne, présentent cette organisation.

Le *stipe*, tige fibreuse, droite et à peu près cylindrique, se ramifie très-rarement, et n'a point d'écorce, à proprement parler. Aussi épais à son extrémité supérieure qu'à sa base, il se renfle souvent au centre et se termine toujours par un bouquet de feuilles et de fleurs. Les palmiers nous offrent cette forme de tige.

Le *chaume*, tige simple et cylindrique, est la tige du blé et des autres graminées. Il est creux à l'intérieur, et raffermi de distance en distance par des cloisons épaisses que l'on appelle *nœuds*. La force du chaume augmente aux endroits des nœuds, qui ne se rompent jamais. Les feuilles sont roulées autour de la tige en forme de gaînes ; elles sont longues, minces et pointues.

La *tige* proprement dite appartient aux plantes herbacées, telles que l'œillet, la giroflée, etc. Il ne faut pas la confondre avec le support de la fleur, qui s'allonge quelquefois d'une manière considérable et prend alors le nom de *hampe;* la fleur de jacinthe est portée sur une hampe et non pas sur une tige.

Formes et structure des tiges. La tige affecte une foule de formes. Elle s'élève comme la vigne, grimpe comme le lierre, rampe sur la terre comme le fraisier, tourne en spirale comme le volubilis, tantôt de droite à gauche, tantôt de gauche à droite. Parfois elle est cylindrique, et parfois triangulaire; souvent elle prend ces deux formes, l'une après l'autre : ainsi la tige du laurier-rose est d'abord triangulaire ; elle devient cylindrique en vieillissant. Par rapport à sa surface, la tige est unie et lisse, ou couverte de poils, de fentes, de sillons; ou bien elle est armée d'épines et d'aiguillons, comme le rosier et l'aubépine.

La tige appelée *tronc* est formée, comme on l'a déjà vu, de trois parties distinctes, qui sont l'*écorce,* le *corps ligneux* et la *moelle.*

L'*écorce* se compose de plusieurs parties délicates : l'*épiderme,* l'*enveloppe herbacée,* les *couches corticales* et le *liber.* L'*épiderme* est une membrane mince qui enveloppe tout le végétal, membrane qui persiste chez certains arbres et se fendille pour s'élargir, comme sur l'orme ; tandis qu'elle se renouvelle chez les autres, après s'être détachée par plaques, comme sur le platane, ou par anneaux, comme sur le cerisier. L'épiderme s'oppose à une transpiration trop abondante qui affaiblirait la plante ; il conserve les parties qu'il recouvre et les empêche de se dessécher. Au-dessous de l'épiderme se trouve une enveloppe de la consistance et de la couleur de l'herbe, appelée *enveloppe herbacée*; elle entoure les *couches corticales*, qui revêtent elles-mêmes le *liber* aux lames minces comme les feuillets d'un livre Ainsi, en enlevant l'écorce d'un arbre, on doit trouver dans l'écorce : l'épiderme, l'enveloppe herbacée, les couches corticales et le liber.

Parmi les écorces les plus précieuses sont : l'écorce de chêne, qui sert, sous le nom de *tan*, à la préparation des cuirs, et l'écorce de tilleul, dont on fabrique des cordes communes. Deux écorces des contrées intertropicales, le quinquina du Pérou et la cannelle de Ceylan, se recommandent l'une comme médicament énergique, l'autre commé aromate.

Le *corps ligneux* ne comprend que deux parties : le *bois* proprement dit ou *bois parfait* et l'*aubier* ou *bois imparfait*. Les couches ligneuses, d'abord molles et herbacées, n'acquièrent pas subitement la solidité du bois parfait; il faut un temps assez long pour opérer ce changement. L'aubier ne diffère que très-peu du bois parfait; seulement il est plus tendre, et d'une couleur plus claire dans les végétaux dont le bois est rouge ou noir : ainsi, dans le bois d'ébène, le bois parfait est noir, tandis que l'aubier est de couleur blanche. Chaque retour du printemps voit naître une nouvelle couche solide qui recouvre, comme un étui, les couches des années précédentes, tandis qu'entre l'écorce et le bois il se forme une nouvelle couche d'aubier. Ainsi tous les ans une couche d'aubier se convertit en bois, de sorte que l'on peut compter l'âge d'un arbre en

comptant les couches concentriques à la partie inférieure de son tronc.

La *moelle* est renfermée au centre du tronc, dans
un étui qui porte le nom de *canal* ou *étui médul-
laire*. Elle est abondante, humide et de couleur
verte dans les jeunes arbres; elle est blanche et
sèche dans les vieux. Elle communique avec l'é-
corce au moyen de prolongements ou rayons que
l'on aperçoit distinctement sur un tronc d'arbre
scié en deux. C'est elle qui est la véritable origine
de l'enveloppe herbacée, dont les différentes ramifications pénètrent toute l'épaisseur de la plante et
portent les sucs nourriciers qui y ont été préparés.

Dans les tiges des dicotylédones, comme le chêne,
le hêtre, etc., l'accroissement se fait d'une manière
constante en hauteur et en épaisseur. L'accroissement en hauteur résulte du nouveau jet que les
tiges poussent chaque année à leur sommet, et
l'accroissement en épaisseur est dû à l'addition de
couches nouvelles qui se placent chaque année
entre le bois et l'écorce Une tige d'un an n'est
composée que de deux couches, l'une ligneuse,
l'autre corticale, enveloppant la moelle, qui est
alors fort abondante.

Dans les tiges des monocotylédones, comme les
palmiers, l'accroissement se fait dans les deux dimensions; mais, au bout d'un certain temps, il n'a
plus lieu qu'en hauteur. On peut connaître leur
âge par le nombre des anneaux qui existent à la
surface de la tige, et qui indiquent la place où
s'insérait le bouquet de feuilles tombées annuellement.

Les tiges souterraines, qu'on appelle aussi *souches*, restent cachées dans le sol, au lieu de croître et de se développer dans l'atmosphère. Elles portent des bourgeons qui chaque année produisent des rameaux aériens. Ainsi les *tubercules*, tels que la pomme de terre et le topinambour, sont de véritables tiges souterraines qui contiennent une matière féculente et portent des bourgeons susceptibles de produire de nouvelles plantes. Les *bulbes*, qu'on appelle aussi *oignons*, sont des espèces de bourgeons qui, en se développant, reproduisent une plante semblable à celle qui leur a donné naissance. Ils se composent ordinairement d'écailles plus ou moins nombreuses, tantôt étroites et appliquées les unes sur les autres, comme dans le lis, tantôt emboîtées les unes dans les autres, comme dans l'oignon et la jacinthe; quelquefois le bulbe est un tubercule charnu, de forme variée, environné de membranes minces, comme dans le safran et le glaïeul.

Bourgeons. Nous avons dit que les bulbes ou oignons de certaines plantes sont considérés comme des espèces de bourgeons. Mais on donne plus particulièrement le nom de *bourgeon* à une sorte de noyau cellulaire qui représente l'embryon d'une tige ou d'un rameau. Quand ce germe commence à poindre, il est nommé *œil*, et consiste en un petit corps de forme conique composé d'écailles imbriquées, c'est-à-dire disposées à la manière des tuiles sur un toit. L'œil, en se développant, devient bourgeon ou bouton : bourgeon, s'il doit donner des branches ou des feuilles; bouton, s'il doit donner des fleurs ou des fruits. On appelle bourgeon *axillaire* celui qu'on observe à l'aisselle des feuilles; bourgeon *terminal,* celui qui forme l'extrémité d'un rameau, et bourgeon *adventif,* celui qui naît accidentellement sur diverses parties du végétal. C'est au commencement de l'été que les bourgeons apparaissent; ils se développent jusqu'à la fin de l'automne, restent stationnaires pendant l'hiver, et, au retour du printemps, ils se gonflent, se dilatent, et leurs écailles s'écartent pour donner passage aux organes qu'elles protégeaient. Les bourgeons sont généralement recouverts d'un enduit visqueux qui les garantit des atteintes d'un froid rigoureux.

Produits utiles des tiges. L'homme trouve dans les tiges des produits utiles et même de première nécessité. Elles nous fournissent les bois de.chauffage, les bois de construction, dont les plus usités sont, parmi les bois d'Europe, le chêne, le hêtre, l'aune, le noyer, l'érable, le pin, et parmi les bois étrangers, l'acajou, le palissandre, l'ébène. C'est la tige du plus précieux des roseaux, la canne à sucre, qui fournit dans les pays intertropicaux les quantités énormes de sucre colonial expédiées annuellement en Europe. La tige du palmier et celle de certaines fougères fournissent aux habitants de l'Asie et de l'Océanie une fécule très-nourrissante; la fécule de palmier est connue et employée en Europe sous le nom de *sagou.* Les tiges du lin, du chanvre, du phormium-tenax ou lin de la Nouvelle-Zélande, du jute ou chanvre de l'Inde, fournissent la fibre textile dont on fait la toile et les cordages. En Orient, on emploie aux mêmes usages les fibres de l'ortie blanche de la Chine et du bananier textile. Parmi les tiges souterraines, il suffit de citer les tubercules de la pomme de terre, une des plantes alimentaires les plus précieuses pour l'homme et pour les animaux domestiques, et qui fournit en outre à l'industrie de l'alcool et de la fécule.

Questionnaire.

Quels sont les organes de nutrition et de respiration? — Qu'est-ce que la racine? — De combien de parties se compose-t-elle? — Qu'est-ce que le collet? le corps? les radicelles? — Quelle est la fonction des racines? — De quelle puissance sont-elles douées? — Qu'appelle-t-on racines annuelles? bisannuelles? vivaces? — Qu'est-ce que les racines pivotantes? les racines fibreuses? les racines tubériformes? — Donnez quelques détails sur l'utilité qu'on retire des racines. — Qu'est-ce que la tige? — Combien d'espèces en distingue-t-on? — Qu'est-ce que le tronc? — De quoi se compose-t-il? — Qu'est-ce que le stipe? le chaume? la tige proprement dite? — Quelles sont les diverses formes qu'affecte la tige? — Indiquez les différentes parties dont se compose l'écorce. — Mentionnez quelques écorces précieuses. — De quoi se compose le corps ligneux? — Donnez quelques détails sur l'aubier. — Où se trouve la moelle? — Comment communique-t-elle avec l'écorce? — Comment se fait l'accroissement dans les tiges des dicotylédones et dans celles des monocotylédones? — Donnez quelques détails sur les tiges souterraines ou souches, sur les bulbes et sur les bourgeons. — Quels sont les produits utiles fournis par les tiges?

CHAPITRE XIX.

Feuilles. Leurs fonctions, leur disposition et leurs diverses
formes. Produits utiles des feuilles. — Séve. Ses fonctions et
sa marche dans les végétaux. Produits utiles de la séve. –
Sécrétions.

Feuilles. Les *feuilles* sont des appendices membraneux annexés à la tige. Elles sont formées par
l'épanouissement des fibres de la tige et du tissu de
l'enveloppe herbacée. Les mailles que ces fibres ou
nervures laissent à jour en se croisant sont remplies
par un tissu cellulaire qui a reçu le nom de *parenchyme* et que recouvre un *épiderme* particulier
c'est-à-dire une membrane mince et transparente
Ces diverses parties forment ce qu'on appelle le
limbe ou le *disque* de la feuille. Souvent la feuille
est portée par une queue légère que l'on appelle
pétiole, d'où lui vient le nom de *feuille pétiolée* qui
lui est donné dans ce cas; mais souvent aussi elle
naît immédiatement de la tige, comme on peut le
remarquer dans le blé et dans les autres graminées
elle porte alors le nom de *feuille sessile*. Un petit
nombre de végétaux, tels que le cactus et la cuscute
n'offrent aucune apparence de feuilles. Dans ce cas
les fonctions de la tige et des feuilles se confondent
la tige et la feuille ne sont alors qu'un même organe

Fonctions des feuilles. Les feuilles jouent un
grand rôle dans la vie du végétal. Elles sont et

quelque sorte les racines aériennes qui vont puiser dans l'air, en le décomposant, la nourriture propre au végétal ; elles sont les agents principaux de la respiration et de l'exhalation. On distingue dans toute feuille deux surfaces qui ont une apparence et des fonctions distinctes : l'une, la surface supérieure, ordinairement plus lisse, plus ferme et vernissée, paraît destinée à exhaler les principes qui seraient nuisibles au végétal ; l'autre, la surface inférieure, d'une couleur plus terne et souvent couverte d'un duvet cotonneux, aspire les fluides nécessaires à la vie du végétal.

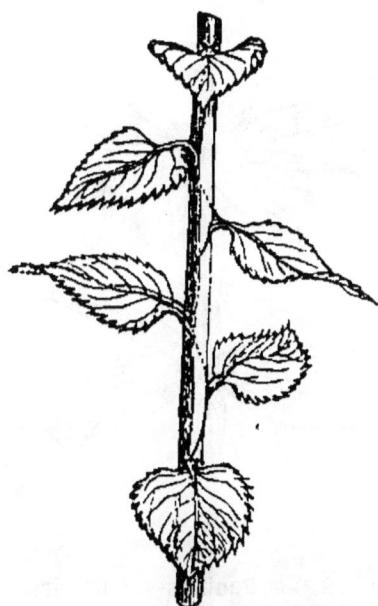

Fig. 40. — Feuilles alternes.

Diverses sortes de feuilles ; leur disposition et leurs formes. Les feuilles sont *simples* ou *composées*. Les feuilles simples sont celles dont le pétiole ne porte qu'une expansion ou qu'une lame, comme la feuille du lilas ou de la giroflée. Les feuilles composées sont formées d'un assemblage de petites feuilles ou folioles portées par un pétiole commun, comme la feuille du marronnier d'Inde ou de l'acacia.

Par rapport à leur insertion ou disposition, les feuilles sont dites *alternes* (*fig.* 40), c'est-à-dire disposées en spirale autour de la tige, comme dans le

tilleul; *opposées* (*fig.* 41), c'est-à-dire placées vis-
à-vis l'une de l'autre, comme dans le lilas; *verticillées* (*fig.* 42), c'est-à-dire rangées en anneaux
horizontaux autour de la tige, comme dans la garance.

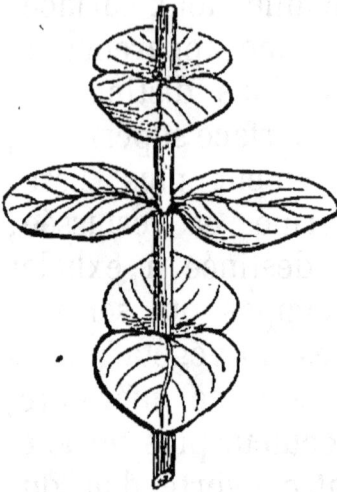

Fig. 41. — Feuilles opposées.   Fig. 42. — Feuilles verticillées.

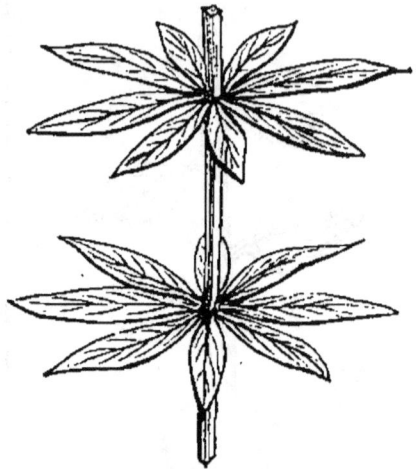

Les feuilles affectent une foule de formes, parmi
lesquelles nous citerons les plus ordinaires. Elles
sont *pennées*, disposées comme des barbes de plume,
comme dans l'acacia; *lancéolées*, rétrécies vers
l'extrémité en fer de lance, comme dans le plantain;
digitées, imitant les doigts d'une main ouverte, comme
dans le marronnier d'Inde; *dentées*, découpées comme
les dents d'une scie; *gladiées*, en forme de sabre,
comme dans l'iris; *sagittées*, en fer de flèche, comme
dans la fléchière, plante aquatique; *spatulées*, en
forme de spatule, comme dans la pâquerette; *cor-
dées*, en cœur, comme dans le nénuphar; *linéaires*,
très-étroites, comme dans plusieurs graminées.

La couleur des feuilles varie à l'infini : les unes se colorent en vert clair, en vert foncé, en vert glauque ; les autres sont rouges, dorées, argentées ; d'autres enfin ont la couleur de la rouille. Beaucoup de feuilles sont odorantes, surtout lorsqu'on les froisse entre les doigts. Celles du géranium d'Afrique ont une odeur en général désagréable, et cependant dans l'une de ces espèces la feuille a le parfum de la rose.

Tous les ans, au moins dans nos climats, à l'approche de l'automne, les feuilles sont soumises à une mort véritable. Elles changent d'abord de couleur, deviennent jaunes ou couleur de rouille et finissent par tomber. Néanmoins dans le pin, le genévrier, le buis, et dans quelques autres végétaux toujours verts, elles ne tombent pas ; elles durent tout l'hiver et ne meurent que lorsque les feuilles nouvelles sont sorties des bourgeons.

Les feuilles exécutent des mouvements singuliers. S'il arrive qu'en courbant une branche, dans un jardin, on ait tourné la surface inférieure des feuilles vers le ciel, on voit bientôt celles-ci se retourner lentement et reprendre leur position ordinaire. Ce n'est pas la lumière seule qui produit l'irritabilité dans les feuilles d'une plante : une secousse légère, un courant d'air, une étincelle électrique, suffit pour faire redresser les folioles de la sensitive. Elles se recouvrent toutes comme les tuiles d'un toit, et semblent se briser avec les branches en tombant les unes sur les autres au moindre contact, pour se relever ensuite dès qu'on ne les touche plus. Les feuilles des acacias se couchent le soir sur leur tige, comme pour se livrer au sommeil; celles d'une espèce de mauve se roulent en cornet; celles de la balsamine s'inclinent vers la terre et forment une voûte au-dessus des fleurs comme pour les protéger. Le sainfoin oscillant du Bengale a ses feuilles composées de trois folioles, dont les deux latérales sont agitées d'un mouvement continuel, tandis que celle du milieu reste en repos. Si par hasard celle-ci vient à s'agiter, les deux autres deviennent aussitôt immobiles. L'attrape-mouche de l'Amérique a ses feuilles divisées en deux lobes mobiles; qu'un insecte imprudent vienne se reposer à l'extrémité de ces feuilles, elles se referment aussitôt et emprisonnent celui qui les irritait. Dans nos climats, les étamines de l'épine-vinette et celles de la pariétaire sont sensibles. Ce phénomène de la sensibilité des végétaux est aussi difficile à expliquer que beaucoup d'autres que nous voyons sans les comprendre. L'intelligence humaine n'est pas faite pour pénétrer tous les mystères de la création.

Produits utiles des feuilles. Les feuilles, comme les tiges et les racines, ont leur emploi et leur utilité dans l'économie domestique : les unes servent de nourriture, soit à l'homme, soit aux animaux; les autres nous donnent, par infusion dans l'eau bouillante, des boissons agréables ou salutaires; d'autres enfin, après qu'elles sont tombées des arbres, sont employées comme engrais. Parmi les feuilles les plus utiles, il faut nommer celles du thé, dont les propriétés sont connues de tout le monde, et les feuilles de l'indigotier, qui donnent dans les

colonies, spécialement au Bengale et au Guatémala,
la belle matière colorante bleue connue sous le nom
d'indigo. Mentionnons encore les feuilles du tabac,
qui sont l'objet d'une industrie considérable, et les
feuilles du laurier-cerise, qui, soumises à la distil-
lation, donnent un produit fréquemment employé en
médecine.

**Séve; ses fonctions et sa marche dans les
végétaux.** La *séve* ou *lymphe* est un liquide sans
odeur et sans saveur, que l'on peut comparer au
sang qui circule dans les veines des animaux. Comme
le sang, elle est contenue dans des vaisseaux ou
réservoirs particuliers; elle s'y élabore lentement,
et fournit au végétal une partie des sucs nécessaires
à son alimentation. La séve a deux courants opposés
ou mouvements en sens inverse. Elle monte d'abord
des racines vers les branches par les couches corticales du bois, et, quand elle est parvenue vers les
extrémités des branches, elle se répand dans les
feuilles : là elle se dépouille de sa quantité surabondante de principes aqueux et des substances qui
sont devenues étrangères ou inutiles à la nutrition
de la plante. Alors, suivant une marche inverse, elle
redescend des feuilles vers les racines, en traversant
les divers tissus qui forment l'écorce et plus particulièrement les fibres du liber. Le premier mouvement constitue ce qu'on appelle la *séve ascendante,*
et le second, la *séve descendante.*

La séve ne s'élève pas avec la même vitesse dans
toutes les plantes. La cause de son élévation est
multiple; elle gît d'une part dans l'évaporation con-

sidérable qui se fait à la surface des feuilles, d'autre
part dans un phénomène de capillarité. La chaleur,
la lumière et l'électricité influent sur le mouvement
de la séve. Aussi sa marche ascendante commence-
t-elle au printemps, et ce mouvement se continue
pendant toute la période active de la végétation; en
hiver, elle se ralentit, mais elle n'est pas complétement suspendue. Quand on coupe, au printemps,
un sarment de vigne, la séve coule abondamment :
c'est ce que les jardiniers appellent *les pleurs de la
vigne*. Le mois d'août est la seconde époque de l'année
où la séve devient abondante dans les arbres de nos
climats.

On a vu que lorsque la séve est arrivée à l'extrémité des rameaux, elle laisse échapper une partie
de l'eau surabondante qu'elle contient : cet acte est
connu sous le nom de *transpiration* ou d'*exhalation*.
Souvent l'eau s'exhale en vapeur; souvent aussi elle
se réunit en gouttelettes à la surface du végétal.
Dans certaines plantes exotiques, dont les feuilles
sont roulées en cornets, chaque matin la transpiration remplit d'eau ces petits réservoirs. La transpiration se fait souvent par des pores spéciaux qui
terminent la feuille, notamment chez plusieurs graminées; mais elle peut aussi dans certains cas s'é-
chapper par les *stomates*, petites ouvertures invisibles à l'œil nu qui existent sur les parties vertes
des plantes.

Les végétaux offrent des phénomènes analogues
à la respiration, et ce sont les feuilles qui sont les
organes essentiels de la respiration des végétaux.
Cet acte consiste dans la décomposition, sous l'in-

fluence de la lumière solaire, de l'acide carbonique absorbé par la partie verte des feuilles dans l'atmosphère ou puisé dans le sol par les racines. Le végétal retient le carbone, qui se fixe dans ses tissus pour le nourrir, et rejette au dehors une grande partie de l'oxygène. Il faut remarquer ici la différence qu'il y a entre la respiration des animaux et celle des végétaux. Tandis que les animaux, par suite de l'acte de la respiration, vicient l'air en lui enlevant une partie notable de son oxygène, qu'ils remplacent par de l'acide carbonique, les végétaux, au contraire, sous l'influence de la lumière, débarrassent l'atmosphère de ce principe impropre à la respiration des animaux et lui rendent en échange de l'oxygène. L'équilibre se trouve ainsi rétabli, et c'est là encore une preuve de l'admirable harmonie qui règne dans l'univers. L'acte de la respiration chez les végétaux n'a pas, dans l'obscurité, les mêmes résultats que sous l'influence de la lumière ; un phénomène contraire se produit, c'est-à-dire que les végétaux absorbent de l'oxygène et dégagent de l'acide carbonique. Alors l'air dans lequel ils vivent est bientôt vicié, et ils ne tardent pas eux-mêmes à languir et à s'étioler. Aussi est-il toujours dangereux d'accumuler des fleurs ou des fruits dans un appartement fermé, surtout pendant la nuit. En même temps que les végétaux respirent, ils rejettent ou exhalent les gaz qui pourraient nuire à leur organisation : c'est ce qu'on appelle *exhalation* ou *expiration*.

La séve, parvenue dans les feuilles, y subit des modifications importantes qui sont dues à l'influence de la chaleur et de la lumière. C'est alors qu'elle devient réellement propre à nourrir le végétal, et que, prenant une marche opposée à celle de la séve ascendante, elle se dirige des feuilles vers les racines et se change en un liquide mucilagineux désigné sous le nom de *cambium*, qui sert, comme substance nutritive, au développement des éléments, fibres ou cellules, qui existent déjà dans les végétaux. Le cambium s'épaissit par degrés, et, s'assimilant au végétal, il finit par former deux couches distinctes, l'une d'aubier, l'autre de liber. C'est ainsi que s'explique l'accroissement des végétaux.

Produits utiles de la séve. La séve et les sucs propres de plusieurs arbres fournissent des produits précieux pour l'économie domestique et l'industrie. Parmi les sécrétions les plus utiles des végétaux, il faut mentionner les gommes, spécialement recherchées par la médecine pour leurs propriétés adoucissantes, surtout la *gomme arabique*, provenant de différentes espèces d'acacias d'Arabie, et fréquemment employée pour la peinture et les arts industriels. Dans la Russie, on recueille au printemps la séve du bouleau, en pratiquant des incisions dans le tronc de cet arbre; cette séve, après qu'elle a fermenté, devient un vin léger, agréable et salubre. En Amérique, la séve sucrée de l'érable rouge, recueillie de la même manière et évaporée sur un feu doux, donne un sucre de qualité moyenne. Dans l'Asie orientale, en Amérique et dans la Polynésie, le suc laiteux du figuier élastique, de l'hévéa et de quelques autres arbres, épaissi par la chaleur sur des moules en terre cuite, est livré au commerce pour être transformé en objets de toute sorte sous les noms de *caoutchouc* et de *gutta-percha*. Le suc épaissi de plusieurs espèces de pavots, notamment du pavot somnifère ou pavot d'Orient, donne l'opium, qui constitue, à petite dose, l'un des calmants le plus utilement employés en médecine, et qui, à trop forte dose, agit comme un poison violent. Plusieurs espèces de pins, et notamment le pin maritime, fournissent de la résine et du goudron. Du mélèze découle aussi une résine abondante, vulgairement nommée *térébenthine de Venise*. Le frêne de Calabre laisse suinter un liquide épais connu sous le nom de *manne*.

Sécrétions. La plupart des végétaux produisent des matières variées connues sous le nom de *sécrétions* ou *excrétions* végétales : ce sont en général des liquides plus ou moins épais, des sucs, des huiles, des résines, des gommes, des mucilages sucrés. Quant aux excrétions des racines, elles sont peu connues ; on sait seulement qu'elles deviennent nuisibles aux plantes du voisinage, et on attribue à leur action l'antipathie marquée de certains végétaux les uns pour les autres. Ainsi la scabieuse nuit au développement du lin, et le chardon fait périr l'avoine. Par un effet contraire, certaines plantes ont de la sympathie, c'est-à-dire qu'elles se plaisent entre elles, et qu'elles contribuent réciproquement à la rapidité de leur croissance.

Questionnaire.

Comment sont formées les feuilles? — Indiquez-en les diverses parties. — Qu'est-ce qu'une feuille pétiolée? une feuille sessile? — Quelle est la fonction des feuilles? — Qu'appelle-t-on feuilles simples? feuilles composées? — Indiquez les différentes formes qu'affectent les feuilles. — Qu'appelle-t-on feuilles alternes? feuilles opposées? feuilles verticillées? — Quels changements les feuilles éprouvent-elles chaque année? — Donnez quelques détails sur les mouvements qu'exécutent les feuilles. — Quels sont les principaux usages des feuilles? — Qu'est-ce que la séve? — Où est-elle contenue? — Quels sont ses deux mouvements? — A quelle époque est-elle le plus abondante? — Donnez quelques détails sur la transpiration ou exhalation des végétaux. — Quels sont les organes essentiels de la respiration dans les végétaux? — En quoi consiste cet acte? — Pourquoi est-il dangereux de laisser la nuit des fleurs et des fruits dans une chambre habitée? — Quelles modifications subit la séve lorsqu'elle est arrivée dans les feuilles? — Quels sont les produits utiles fournis par la séve et les sucs propres des végétaux? — Qu'est-ce que les sécrétions végétales? — A quelle cause attribue-t-on l'antipathie que certaines plantes ont les unes pour les autres? — N'y a-t-il pas aussi des plantes qui ont de la sympathie entre elles?

CHAPITRE XX.

Organes de la reproduction dans les végétaux. — Fleur. Composition et forme des fleurs; leur disposition. Parties constitutives des fleurs. Floraison. Produits utiles des fleurs. — Calendrier de Flore.

Organes de la reproduction dans les végétaux. Les organes qui concourent à la reproduction et à la perpétuité de l'espèce sont : la *fleur,* le *fruit* et la *graine.*

Fleur. La fleur est un appareil qui renferme et protége les organes de la fructification. Elle ne consiste pas pour la science, comme pour le vulgaire, dans cette enveloppe brillante qui frappe nos yeux par l'éclat de ses couleurs et à laquelle on donne le nom de *corolle.* Celle-ci, composée d'une seule ou de plusieurs pièces appelées *pétales,* n'est qu'une partie accessoire de la fleur, et on peut même remarquer qu'elle manque quelquefois. Ainsi plusieurs arbres, tels que le noyer, le chêne, le saule, n'ont point de pétales : cependant ils ont une fleur. C'est qu'il n'y a réellement de fleur que dans la réunion de certaines parties qui concourent à la reproduction de la plante.

Composition et forme des fleurs. Pourvue de tous les organes qui peuvent entrer dans sa composition, la fleur comprend : le *calice* et la *corolle,* organes accessoires ; les *étamines* et le *pistil*, organes essentiels. Une fleur qui possède ces quatre parties, comme une rose, est appelée *fleur complète*. Si elle n'en possède que quelques-unes, comme la fleur du noyer, du sapin, etc., elle est appelée *fleur incomplète*. Les quatre parties essentielles dont se compose une fleur complète forment quatre couches superposées appelées *verticilles*, toujours disposées dans un ordre invariable et symétrique, comme on peut le remarquer dans la figure 43, en allant de la circonférence au centre : le calice ou la première enveloppe correspond au chiffre 1, et la corolle ou seconde enveloppe au chiffre 2 ; les étamines sont représentées par le chiffre 3 ; le chiffre 4 désigne le pistil.

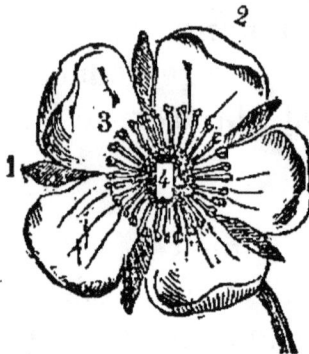

Fig. 43.

La fleur est dite *sessile*, lorsqu'elle est placée sur la tige ou sur les rameaux sans aucune partie intermédiaire ; elle est dite *pédonculée*, lorsqu'elle s'élève sur un pédoncule ou support particulier, vulgairement connu sous le nom de *queue de la fleur*. Le géranium, le jasmin, le lilas, ont des pédoncules.

Les organes accessoires qui composent l'enveloppe florale constituent ce qu'on appelle le *périanthe* ou *périgone*, qui est tantôt entier et formé d'une seule pièce, comme dans la belle-de-nuit ; tantôt, au contraire, formé de plusieurs pièces, comme dans la renoncule. Cette partie de la fleur varie, pour ainsi dire, dans chaque végétal. Elle est quelquefois simple et unique, comme dans le lis, et porte alors le nom de *calice* : mais le plus souvent elle est double, c'est-à-dire qu'elle forme deux enveloppes ; et dans ce cas l'enveloppe extérieure s'appelle *calice,* et l'enveloppe intérieure *corolle.*

Le plus souvent la fleur est entourée de petites feuilles dont la forme varie à l'infini : ce sont les *bractées.* Quand elles entourent la fleur en manière de collerette, elles prennent le nom d'*involucre.* Dans la mauve, dans l'œillet et dans quelques autres plantes, l'involucre est très-rapproché du périanthe et occupe la place d'un second calice. Dans quelques plantes, par exemple dans les graminées, les bractées se composent de petites écailles disposées sur les côtés d'un pédoncule commun et tenant lieu des enveloppes propres de la fleur ; elles constituent alors ce qu'on nomme une *glume.*

Disposition des fleurs. La disposition des fleurs est extrêmement variable. Dans le blé et l'orge, elles forment un *épi.* Quand le pédoncule se ramifie, comme dans la vigne et le groseillier, elles forment une *grappe.* Si les ramifications sont disposées en pyramide, la réunion des fleurs forme un *thyrse,* comme dans le lilas. Si les pédoncules naissent de différents points de la tige et arrivent à la même hauteur, la fleur est en *corymbe,* comme dans le sorbier. Si ces pédoncules partent du même point de la tige pour arriver à la même hauteur, la fleur est en *cyme,* comme dans le sureau. Enfin, si les pédoncules se subdivisent à l'infini et s'écartent comme les rayons d'un parasol, la fleur est en *ombelle*, comme dans le persil.

Parties constitutives des fleurs. Les quatre parties essentielles dont se compose la fleur complète sont, comme on l'a déjà vu, le *calice,* la *corolle,* les *étamines* et le *pistil.*

Le *calice* (*fig. 44 et 45*), ou enveloppe florale extérieure, est toujours placé à l'extrémité du pédoncule. Il est ordinairement vert, foliacé, et offre la même structure que les feuilles.

Le calice peut être composé d'une ou de plusieurs pièces ou appendices semblables à des feuilles et nommées *sépales*. Ainsi on appelle *monosépale* (*fig.* 44) le calice composé d'une seule pièce, comme dans la rose, et *polysépale* (*fig.* 45), celui qui est composé de plusieurs pièces, comme dans la giroflée. Ces pièces sont ordinairement terminées par des dents ou découpures aiguës, tantôt régulières, tantôt de forme bizarre et indéterminée. Dans les fleurs composées, le calice commun est formé d'un

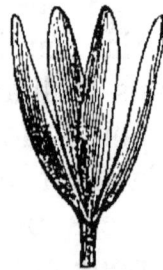

Fig 44. — Calice monosépale.   Fig. 45. — Calice polysépale.

grand nombre de pièces nommées *écailles calici-nales*.

Quant aux formes que le calice peut affecter, elles sont très-variées : ainsi il est cylindrique, anguleux, en pointe, en forme de cloche, de poire, etc. Dans les plantes qui n'ont point de corolle, le calice n'a plus la couleur verte ; il prend les couleurs les plus brillantes, ainsi qu'on le voit dans la tulipe.

Destiné à défendre les jeunes fleurs contre les ardeurs du soleil et les pluies abondantes, le calice remplit en quelque sorte les fonctions de protecteur. En effet, si, à l'époque de leur développement, on prive les fleurs de leur calice, elles s'altèrent et périssent bientôt.

La *corolle* (*fig. 47 et 48*) est la seconde enveloppe florale, l'enveloppe intérieure : c'est la partie la plus apparente de la fleur, la plus remarquable par la délicatesse de son tissu et par ses doux parfums, la plus brillante par la beauté et la variété de ses couleurs et de ses nuances.

La corolle peut, comme le calice, se composer de plusieurs parties ou appendices qui ont quelque analogie avec les feuilles et qui prennent le nom de *pétales* (*fig. 46*).

Fig. 46.

Pétale.

On distingue les corolles en *monopétales* (*fig. 47*) et en *polypétales* (*fig. 48*), suivant qu'elles se composent d'une seule ou de plusieurs pièces. Chaque pétale est attaché à la base de la fleur par un *onglet* ou prolongement mince et pointu de la

Fig. 47. - Corolle monopétale.   Fig. 48. — Corolle polypétale.

corolle. On peut surtout le remarquer dans les pétales de l'œillet.

Les variétés de forme de la corolle sont très-nombreuses. Elle est *tubulée,* c'est-à-dire s'allongeant en forme de tube, comme dans le lis ; *campanulée,* s'évasant à la base en forme de cloche, comme dans le liseron ; *labiée,* divisée en deux lèvres, comme dans la mélisse ; *personnée,* présentant l'apparence d'un masque ou d'un capuchon, comme dans le muflier ; *papilionacée,* disposée en ailes de papillon, comme dans le pois ; *cruciforme,* en croix, comme dans le cresson ; *rosacée,* disposée en rosace, comme dans la rose simple ; *caryophyllée,* composée de cinq pétales dont la base est enfermée dans le calice, comme dans l'œillet.

La principale fonction de la corolle est de protéger les organes essentiels à la fructification, qu'elle enveloppe lorsqu'ils n'ont point encore assez de consistance, et qu'elle loge, pour ainsi dire, lorsqu'ils sont capables d'exécuter leurs fonctions.

Les *étamines* (*fig.* 49) sont avec le pistil les parties qui servent à reproduire le végétal. Une plante dans laquelle on aura coupé à dessein les étamines et le pistil ne produira point de fruit, ni par conséquent de graines. Les étamines ont, en général, la forme de filaments et sont situées entre la corolle et le pistil. Elles se changent aisément en pétales, parce qu'elles ont avec ceux-ci la plus grande analogie de position et de substance : cette métamorphose se voit dans les fleurs doubles. La manière dont les étamines naissent sur la fleur par rapport au pistil et au périanthe s'appelle leur *insertion;* et cette insertion peut se faire de trois manières différentes. Ainsi les étamines naissent de dessous l'ovaire, comme dans l'œillet ; ou bien elles sont attachées au calice, autour du pistil, comme dans le rosier ; ou bien, enfin, elles naissent de l'ovaire, comme dans le narcisse. La connaissance de l'insertion des étamines est fort importante, parce qu'elle sert de base à la classification des plantes.

L'étamine se compose de trois parties : l'*anthère* (1), le *filet* (3) et le *pollen* (2). L'*anthère* a la forme d'un sachet ou d'une petite capsule, quelquefois simple, mais ordinairement double ou à deux loges; elle contient une poussière très-fine, et occupe le sommet ou la partie supérieure de l'étamine. Le *filet* est une espèce de pédicule qui porte l'anthère; c'est la

Fig. 49.
Étamine.

partie la moins importante de l'étamine : aussi n'existe-t-il pas dans toutes les fleurs. Le *pollen* est cette poussière très-fine dont nous venons de parler. Tous les végétaux sont pourvus de cette poussière, qui se présente au microscope sous la forme de petits grains arrondis. Le pollen est ordinairement de couleur jaune. Pour bien le distinguer, il faut déchirer les anthères d'une grosse fleur, par exemple du lis.

Au milieu des étamines se trouve ordinairement le *pistil* (*fig.* 50), qui occupe le centre de la fleur. Il est tantôt unique, tantôt multiple, et est formé d'appendices assez semblables à des feuilles, mais repliés en dedans.

Fig. 50.

Pistil.

Le pistil se compose de trois parties : le *stigmate*, le *style* et l'*ovaire*. Le *stigmate* repose sur le style et occupe la partie la plus élevée. Quand le style manque, le stigmate repose immédiatement sur l'ovaire. Le *style* est le prolongement mince et délié de l'ovaire. L'*ovaire* est la partie inférieure du pistil ; il renferme toujours les fruits et les graines ou semences. Ainsi, dans une fleur complète, considérée extérieurement, on trouve d'abord le *calice*, première enveloppe florale, ensuite la *corolle*, seconde enveloppe, puis les *étamines*, et au milieu des étamines le *pistil.*

Floraison. Les fleurs apparaissent d'abord sous la forme de *bourgeons* un peu plus gros que ceux des feuilles et connus sous le nom de *boutons*.

Elles restent ainsi contractées et, pour ainsi dire, emprisonnées pendant un espace de temps plus ou moins long ; puis, quand elles sont arrivées au terme de leur croissance, elles s'épanouissent sous l'influence de l'air, de la lumière et de la chaleur, et ce phénomène est appelé la *floraison* des plantes. On désigne par ce mot non-seulement la dilatation des enveloppes florales, mais aussi l'époque où chaque espèce de plante fleurit. Tous les végétaux ne portent pas de fleurs au même âge ; la plupart des plantes herbacées fleurissent dans la première année de leur vie ; pour les arbustes, il faut trois ou quatre ans, et pour les arbres, un temps plus long encore. Les plantes fleurissent chacune en leur temps : les unes au printemps, les autres à l'automne, celles-ci en été, celles-là en hiver. Dans nos climats, c'est aux mois de mai et de juin qu'il y a le plus de fleurs épanouies. Plus on s'avance vers les pays froids, plus la floraison est retardée. Ainsi l'amandier, qui en France commence à fleurir dans le mois de février, ne fleurit en Suède qu'au mois de juin.

Les horticulteurs, en employant la culture forcée dans les serres chaudes ou tempérées, obtiennent en toute saison une grande variété de fleurs. C'est ainsi qu'en hiver on peut se procurer les plus belles fleurs, telles que les camellias, pour former des bouquets ou orner les appartements.

Produits utiles des fleurs. Les fleurs d'un grand nombre de plantes offrent de précieuses ressources pour la médecine et l'industrie. Les fleurs de la

mauve, de la violette, de la camomille, du tilleul, etc., sont employées comme remèdes; on connaît les propriétés calmantes de la fleur d'oranger
et de son eau distillée. Le jasmin, la rose, la tubéreuse, l'œillet et la plupart des fleurs très-odorantes
sont utilisés par la parfumerie; d'autres, telles que
le carthame et le safran, donnent à l'industrie des
matières colorantes. Ce sont encore les fleurs qui
fournissent aux abeilles les sucs que ces insectes
savent convertir en miel. Mais ce qui les distingue
surtout, c'est le vif éclat de leurs couleurs, c'est la
suavité de leurs parfums. Objet de tous les soins
des horticulteurs qui cherchent à multiplier, à perfectionner les espèces, elles font l'ornement des
jardins, soit par la beauté de leurs formes, soit par
l'éclat et la variété de leurs nuances.

Calendrier de Flore. Quoique l'humidité et la
chaleur réunies hâtent l'apparition des fleurs, et que
le froid la retarde, les variations qui résultent de
ces influences ne sont jamais très-grandes d'une
année à l'autre dans le même pays et pour le même
climat : chaque mois a ses fleurs. On a pu former
ainsi, pour le climat de Paris, un *calendrier de Flore*,
donnant le tableau des principales plantes qui fleurissent chaque mois.

Janvier : la *perce-neige*, l'*ellébore noir* ou *rose de Noël*,
le *bois-gentil*.
Février : les *crocus*, les *saxifrages roses*, les *anémones*,
le *noisetier*.
Mars : la *primevère*, l'*iris*, la *giroflée jaune*, l'*amandier*, le *pêcher*, l'*abricotier*, le *groseillier épineux*.

Avril : la *violette*, la *pervenche*, la *corbeille d'or*, la *couronne impériale*, le *prunier*, le *poirier*, le *groseillier*.

Mai : le *lilas*, le *muguet*, la *tulipe*, l'*anémone*, la *jacinthe*, la *renoncule*, les *rhododendrons*, le *fraisier*, le *cerisier*, le *pommier*, le *marronnier*, l'*acacia*.

Juin : la *rose*, le *lis*, le *pied-d'alouette*, le *coquelicot*, le *froment*, la *vigne*, le *tilleul*.

Juillet : les *œillets*, les *glaïeuls*, les *roses-trémières*, la *menthe*, le *houblon*.

Août : la *reine-marguerite*, l'*héliotrope*, la *balsamine*, la *scabieuse*, les *œillets d'Inde*.

Septembre : le *dahlia*, le *réséda*, la *véronique*, la *guimauve*.

Octobre : les *chrysanthèmes*, les *bruyères*, les *asters*.

Novembre : le *réséda*, le *laurier-tin*.

Décembre : la *perce-neige*, les *lichens*, les *mousses*.

Les plantes, les unes annuelles ou bisannuelles, les autres vivaces, dont la floraison est indiquée ci-dessus pour les divers mois de l'année, sont des plantes de pleine terre. Il y en a d'autres qui font aussi l'ornement des jardins durant toute la belle saison, mais qu'il faut garantir de la gelée pendant l'hiver en les mettant à l'abri dans une orangerie ou une serre. Parmi ces plantes, nous nommerons principalement les *géraniums*, les *pélargoniums*, les *azalées*, les *fuchsias*, tous remarquables par la variété et l'éclat de leurs fleurs ; les *camellias*, les *orangers*, les *lauriers-roses*, les *myrtes*, les *daphnés*, arbustes élégants dont les fleurs blanches, roses ou diversement nuancées exhalent dans quelques espèces une odeur suave.

Questionnaire.

Quels sont les organes de reproduction dans les végétaux? — En quoi consiste la fleur? — De quels organes
se compose-t-elle? — Qu'est-ce qu'une fleur complète?
une fleur incomplète? — Qu'appelle-t-on fleur sessile et
fleur pédonculée?—Qu'est-ce que le périanthe et les bractées?—Quelles sont les diverses dispositions des fleurs?—
Donnez quelques détails sur le calice. — Qu'est-ce que la
corolle?— Sous quel rapport est-elle remarquable? —Indiquez-en les diverses formes? — Donnez quelques détails
sur les étamines. — Quelles sont les parties dont se compose l'étamine? — Indiquez la nature de chacune de ces
parties. — Où est situé le pistil? —De quoi se compose-
t-il? — Sous quelle forme apparaissent d'abord les fleurs?
— Qu'est-ce que la floraison? — Quelle est dans nos climats la saison où il y a plus de fleurs? — Par quels procédés peut-on obtenir des fleurs en toute saison? — Quels
sont les divers usages des fleurs? — D'après quelles con-
sidérations a-t-on formé un calendrier de Flore?

CHAPITRE XXI.

Fruit. Classification des fruits. Diverses espèces de fruits. Produits utiles des fruits. — Péricarpe; sa structure. — Graine:
ses parties principales. Germination. — Produits utiles des
graines. — Reproduction des végétaux par bouture, par marcotte et greffe.

Fruit. Le fruit est la production qui succède à la
fleur dans les végétaux et qui sert à les propager;
c'est, à vrai dire, l'ovaire de la fleur parvenu à son

état de perfection ou de maturité. Pour atteindre
ce degré de développement, l'ovaire attire à lui tous
les sucs nourriciers de la tige; alors la fleur change
d'aspect, les étamines se flétrissent et se détachent,
la corolle se dessèche et tombe; souvent aussi le
calice éprouve le même sort.

Le fruit, de quelque végétal qu'il provienne, se
compose toujours de deux parties plus ou moins
intimement unies, qui sont le *péricarpe* et la *graine*.
Le *péricarpe* est l'enveloppe quelquefois sèche et
membraneuse, quelquefois coriace et fibreuse, quelquefois épaisse et charnue, qui renferme et protège
la graine. La *graine* est la partie interne du fruit,
qui contient le germe. Dans la poire, la pomme, la
pêche, le péricarpe est très-distinct de la graine;
mais dans le blé, l'orge, l'avoine, ces deux parties
sont tellement adhérentes, qu'on a regardé longtemps ces semences comme dépourvues de péricarpe : ce qui est une erreur. Un grain de blé, un
grain de seigle, sont des fruits tout aussi bien qu'une
pomme ou une poire.

Classification des fruits. Les fruits sont divisés
en quatre groupes ou classes, d'après le nombre et
la disposition des carpelles dont ils se composent.
Ces quatre classes sont : 1° les fruits *simples* ou
apocarpés, provenant d'un seul carpelle, tels que les
fruits de l'amandier, de l'orme, de la fève, du haricot, de l'orge, du riz; 2° les fruits *multiples* ou
polycarpés, provenant de plusieurs carpelles distincts
et réunis en nombre variable dans une même fleur,
comme le fruit du framboisier ou du fraisier; 3° les

fruits *soudés* ou *syncarpés*, provenant de la réunion
de plusieurs carpelles soudés ensemble dans une
même fleur : tels sont les fruits du châtaignier, du
noisetier, du pavot, du raisin, du melon ; 4° les fruits
composés ou *synanthocarpés,* qui sont formés par la
réunion de plusieurs ovaires appartenant à des fleurs
primitivement distinctes, comme les fruits du mûrier, de l'ananas, du figuier.

Diverses espèces de fruits. Les principales espèces de fruits sont : la *capsule,* la *silique,* la *gousse,*
le *fruit à noyau,* le *fruit à pepins,* la *baie,* le *cône.*
La *capsule* est un fruit dont l'enveloppe, sèche et
membraneuse, renferme les graines, comme dans le
pavot, le muflier. La *silique* est un fruit plus long
que large, composé de deux pièces ou de deux battants ; les graines sont attachées alternativement des
deux côtés, et souvent séparées par une mince cloi-
son, comme dans la giroflée, le chou. La *gousse,*
appelée aussi *légume,* est formée, comme la silique,
de deux battants ou vulgairement de deux cosses,
et varie beaucoup dans sa forme : cylindrique dans
le lotier, gonflée dans le pois chiche, renflée en
vessie dans le baguenaudier, tournée en spirale dans
la luzerne, elle présente une foule d'autres modifications. Le *fruit à noyau* ne peut se confondre avec
les fruits précédents ; il se compose d'une chair
molle et succulente, renfermant un noyau au milieu
duquel se trouve l'amande : la prune, la cerise,
l'abricot, la pêche, sont des fruits à noyau. Le *fruit
à pepins* se compose d'une chair plus ou moins succulente ; au centre sont de petites loges formées par

des cloisons membraneuses qui renferment les semences, appelées *pepins :* la pomme et la poire sont
des fruits à pepins. La *baie* est un fruit mou et
charnu, comme les deux fruits précédents; mais on
n'y trouve pas de noyau, et la graine a la forme de
petits pepins nageant dans une pulpe plus ou moins
aqueuse; le raisin et la groseille sont des fruits à
baies. Le *cône* enfin est un fruit qui a la forme la
plus extraordinaire; son nom indique qu'il s'élève
en pyramide. Il se compose d'écailles appliquées les
unes sur les autres et attachées par une de leurs
extrémités à un axe commun : les semences sont
logées entre l'axe et les écailles. On l'appelle *pomme
de pin,* lorsqu'il naît sur les arbres de ce nom.

Dans son acception la plus étendue, le mot *fruit*
comprend non-seulement les fruits proprement dits,
mais les grains, les légumes, etc., que la terre produit, et qui servent en grand nombre à la nourriture
de l'homme. Dans un sens plus restreint et dans le
langage vulgaire, ce mot s'entend seulement des
produits des arbres fruitiers, sans avoir égard à la
graine. L'objet de la culture du fruit, dans ce cas,
est le développement du péricarpe : la greffe, la
taille bien dirigée, le sol approprié aux espèces, sont
les moyens les plus efficaces de perfectionner et
d'accroître les produits. La plupart des meilleurs
fruits que possède l'Europe nous sont venus de
l'Orient : ainsi, l'abricot est originaire de l'Arménie;
la cerise, de l'ancien royaume de Pont, en Asie; la
figue, de la Mésopotamie; la pêche, de la Perse; la
prune, de la Syrie.

Produits utiles des fruits. Plusieurs fruits sont au premier rang des présents que l'homme doit à la bonté de la Providence. Le fruit de la vigne est le plus précieux de tous : il nous donne le vin, la plus salutaire des boissons fermentées; c'est avec le vin qu'on fabrique l'alcool employé dans un grand nombre d'industries. Les pommes et les poires sont aussi employées pour la fabrication de boissons fermentées connues sous les noms de *cidre* et de *poiré*. L'olive produit la meilleure huile comestible. Avec les cerises, les groseilles, les framboises, les abricots et d'autres fruits on prépare des confitures estimées ou des sirops rafraîchissants. Les oranges et les citrons à l'état frais, les figues, les dattes et les prunes à l'état sec, sont l'objet d'un commerce très-important.

Péricarpe. Le péricarpe, formé par les parois mêmes de l'ovaire, sert à contenir et à protéger les graines. On distingue dans l'épaisseur du péricarpe trois parties, qui sont : l'*épicarpe*, membrane extérieure, mince, sorte d'épiderme, comme la peau de la pêche ou de la pomme; l'*endocarpe*, autre membrane qui revêt la cavité intérieure, tantôt légère et molle comme dans la gousse des légumineuses, tantôt écailleuse comme autour des pepins de la pomme, tantôt dure et ligneuse comme dans les fruits à noyau; le *mésocarpe*, partie spongieuse ou charnue qui se trouve entre l'épicarpe et l'endocarpe, et qui constitue la chair de nos fruits, le brou de la noix, etc. Ces trois parties, réunies et soudées intimement, constituent le péricarpe.

Graine. Il ne faut pas confondre la *graine* ou *se-
mence* avec le fruit : elle n'en est qu'une partie.
Enfermée dans le péricarpe, la graine offre deux
parties distinctes : en dehors, l'*épisperme* ou téguments propres, enveloppes qui servent à la protéger ;
en dedans, l'*amande,* qui renferme les cotylédons et
l'*embryon* ou le *germe.* Ainsi dans la graine des plantes on retrouve les mêmes parties constituantes que
dans l'œuf des oiseaux ; les téguments protégent la
graine, comme la coquille protége l'œuf.

Dans l'embryon (*fig.* 51), partie essentielle de la
graine et destiné à reproduire une plante semblable
à celle dont il provient, on distingue déjà les différentes parties d'une plante en miniature : la *radicule,* qui doit former la racine ; la *tigelle* ou *plu-
mule,* qui fait suite à la radicule
et qui, en s'élevant dans l'atmosphère, deviendra la tige de la
nouvelle plante ; la *gemmule,* qui
est placée au sommet de la tigelle et qui consiste en un bourgeon terminal composé de feuilles
rudimentaires ; les *cotylédons* ou
le *corps cotylédonaire,* composé
d'un ou de plusieurs petits appendices latéraux, qui forme-
ront les premières feuilles.

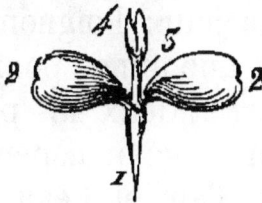

Fig. 51.—Embryon d'une
plante dicotylédone.

1. Radicule. — 2. Coty-
lédons. — 3. Tigelle. —
4. Gemmule.

Le caractère le plus important, dans le règne végétal, appartient à l'embryon : c'est sur sa structure
ou composition que sont fondées les grandes divisions du règne végétal.

Germination. On désigne sous le nom de *germination* l'ensemble des phénomènes que présente une graine qui se développe pour donner naissance à un nouveau végétal. Le premier effet de la germination est le gonflement de la graine. La tigelle, ou partie supérieure de la plante, déchire son enveloppe et se dirige vers l'air et la lumière; en même temps la radicule, ou partie inférieure de la plante, s'enfonce dans la terre et donne naissance à la racine. Peu après la petite tige s'élève, étale ses folioles, qui verdissent et puisent leur nourriture dans l'atmosphère. Alors il n'y a plus de graine : le phénomène de la germination en a fait une plante.

Le temps que chaque graine emploie pour germer varie suivant les espèces et suivant le climat. Ainsi le blé, le millet et le seigle germent ou sortent de terre au bout d'un jour; le haricot, l'épinard, la laitue, du troisième au quatrième jour; l'oignon, le vingtième jour seulement; il faut une année pour le pêcher, l'amandier, le châtaignier, et deux ans pour le noisetier. Mais la germination exige indispensablement trois choses : la chaleur, l'air et l'eau. La chaleur accélère le gonflement de la graine; elle est le principe et le soutien de la vie végétale. L'air est l'aliment secondaire de toutes les plantes, qui périssent infailliblement si elles en sont privées. L'eau enfin ne leur est pas moins nécessaire : c'est elle qui, en pénétrant dans la substance de la graine, ramollit ses enveloppes et détermine, dans la nature même des cotylédons, des changements qui les rendent propres à fournir au jeune végétal les premiers matériaux de sa nutrition.

Si la germination nous offre de telles merveilles, notre étonnement redouble encore quand nous examinons la prévoyance avec laquelle la Providence a pourvu à la propagation de toutes les espèces de végétaux. Certains fruits s'ouvrent d'eux-mêmes à l'époque de leur maturité et lancent au loin leurs graines nombreuses. Souvent les semences ou les graines, ornées d'aigrettes ou pourvues d'ailes ou de membranes légères, s'élèvent au gré des vents et sont transportées à des distances considérables. Il y en a d'autres qui sont armées de pointes, hérissées de crochets, pour s'attacher aux corps environnants. Plusieurs sont aussi enduites d'une substance huileuse qui les défend contre les injures de l'air. Les eaux des fleuves et de la mer charrient souvent des graines en grande quantité et à des distances infinies. Enfin, la fécondité des plantes étonne l'imagination; on a compté plus de trois cent mille graines sur un pied de tabac et près de six cent mille sur un orme. Si une foule de causes ne venaient neutraliser cette fécondité prodigieuse, on verrait en peu d'années la surface de la terre couverte de végétaux. Ainsi, on a calculé que, si chacune des graines que renferment les plantes venait à germer, le produit d'un terrain de quelques kilomètres carrés égalerait la végétation du globe entier. Mais l'homme et les animaux consomment une grande partie de ces graines pour leur nourriture, et empêchent ainsi l'excès de la reproduction.

Produits utiles des graines. Les graines constituent les produits les plus utiles des plantes cultivées pour l'usage de l'homme. Ainsi le blé et le seigle nous donnent, dans leurs graines, la farine qui sert à faire le pain, aliment de première nécessité. Avec la graine du caféier on prépare une boisson d'un usage général, et avec la graine du cacaoyer, connue sous le nom de cacao, on fabrique le chocolat. Les graines des haricots, des pois, des fèves, entrent pour une grande partie dans notre alimentation journalière. Les graines du colza, de la navette, du sésame d'Orient, du pavot œillette, donnent des huiles estimées ; de la graine du ricin ou palma-christi on extrait une huile purgative employée en médecine. Enfin d'autres espèces de graines fournissent à l'industrie ou à l'économie domestique des produits utiles et variés.

Reproduction des végétaux par bouture, marcotte et greffe. La reproduction des végétaux au moyen de la graine est dite faite par voie de fécondation. Elle peut aussi s'opérer sans fécondation par divers modes ou procédés connus sous les noms de *bouture*, de *marcotte* et de *greffe*.

Bouture. Il n'est pas rare de voir au pied de certains arbres plusieurs pousses végéter avec vigueur. Si on les sépare du tronc pour les planter isolément, loin de mourir, elles croissent avec plus de force et donnent naissance à des arbres. Par une opération appelée *bouture* dans le jardinage, on imite le procédé indiqué par la nature. Cette opération consiste à placer dans la terre humide l'extrémité inférieure d'une branche détachée de sa tige. La branche, par les différents points de sa surface en contact avec le sol, ne tarde point à prendre racine et donne naissance à un nouvel individu. C'est ainsi qu'on parvient à multiplier facilement les saules, les peupliers et d'autres arbres. La tige n'est pas, du reste, le seul organe des végétaux qui soit propre à les multiplier de bouture. Un grand nombre de plantes d'ornement se bouturent par les feuilles et même par des fragments de feuille. Ainsi une feuille de citronnier ou d'oranger, soigneusement bouturée, s'enracine et produit un jeune arbre.

Marcotte. On donne le nom de *marcotte* à une branche qui tient encore à la plante-mère, et qu'on met en terre en la recourbant. Souvent on incise la partie recourbée, afin de faciliter l'émission des racines. Dès que la branche est enracinée, on la sépare de la plante-mère, et elle prend alors une existence indépendante, ou, en d'autres termes, elle est devenue une nouvelle plante. Le marcottage s'applique particulièrement à la vigne et au groseillier.

Greffe. La *greffe* est une opération non moins utile qui consiste à implanter sur un végétal un bourgeon ou un rameau qu'on enlève à un autre végétal, à un arbre d'espèce cultivée. Il faut, pour que ce procédé réussisse, que la greffe soit établie entre le liber des deux végétaux, et de plus qu'il y ait entre eux une certaine analogie, c'est-à-dire qu'ils soient de la même espèce, du même genre ou du moins de la même famille. Ainsi on greffe toutes les espèces et variétés de pruniers, de pêchers, d'abricotiers, l'une sur l'autre ; on peut même greffer l'abricotier sur le prunier, mais le poirier ne se greffera pas sur le pommier. La greffe est une opération d'une grande utilité en horticulture ; elle sert à conserver et à multiplier des espèces et des variétés de plantes d'ornement qui ne se reproduiraient pas d'elles-mêmes, ou d'arbres fruitiers qui donnent ainsi plus promptement des produits meilleurs, et qui ne pourraient se perpétuer par le semis de leurs graines, en conservant l'ensemble de leurs qualités.

Questionnaire.

Qu'est-ce que le fruit? — Quelles sont les parties dont il se compose? — Qu'est-ce que le péricarpe? — Que renferme la graine? — En combien de groupes ou classes les fruits sont-ils partagés? — Donnez quelques détails sur chacune de ces quatre classes. — Quelles sont les principales espèces de fruits? — Donnez quelques détails sur la capsule, la silique, la gousse, le fruit à noyau, le fruit à pepins, la baie et le cône. — Dans le langage vulgaire, que comprend le mot fruit? — Quels sont les moyens d'améliorer les produits? — De quels pays la plupart des fruits d'Europe sont-ils originaires? — Donnez quelques détails sur l'utilité des fruits. — Quelle est la fonction du péricarpe? — De quelles parties se compose-t-il? — Quelles sont les parties dont se compose la graine? — Qu'est-ce que l'embryon? — Quelles sont les parties qu'on y distingue? — Qu'est-ce que la germination? — Indiquez-en les diverses phases. — Toutes les graines emploient-elles le même temps pour germer? — Quelles sont les trois choses nécessaires à la germination?—Indiquez les moyens qu'emploie la nature pour propager les végétaux. — Quels sont les principaux produits utiles donnés par les graines? — Comment la reproduction des végétaux s'opère-t-elle sans fécondation? — Donnez quelques détails sur les procédés de bouture, de marcotte et de greffe.

CHAPITRE XXII.

Classification du règne végétal. — Classification artificielle ou système : Systèmes de Tournefort et de Linné. — Classification naturelle ou méthode : Méthode de Laurent de Jussieu; Modifications faites à cette Méthode.
Phanérogames. Leur division en embranchements.—Embranchement des Dicotylédones. — Classe des Thalamiflores.

Classification du règne végétal.

Le grand nombre et la variété des végétaux répandus sur la surface de la terre ont imposé la nécessité de les classer dans un ordre régulier, afin de pouvoir les étudier et les distinguer par les caractères qui leur sont propres. Pour arriver à ce but, on a imaginé une classification botanique, c'est-à-dire un arrangement d'après lequel les plantes sont divisées en classes, les classes en familles, les familles en genres, les genres en espèces, qui comprennent elles-mêmes des variétés.

On distingue deux sortes de classification : l'une appelée *classification artificielle* ou *système*, comme sont les classifications de Tournefort et de Linné, l'autre appelée *classification naturelle* ou *méthode*, et qui a été créée par Antoine-Laurent de Jussieu.

La classification artificielle, dont les divisions principales sont établies d'après des caractères tirés exclusivement d'un seul organe, a pour objet principal de faire trouver avec facilité le nom des plantes qu'elle renferme; mais elle a l'inconvénient de séparer des végétaux qui ont entre eux la plus grande analogie de formes et de propriétés, et de ne rien apprendre sur l'organisation générale d'une plante, en dehors du caractère unique qui a servi à la déterminer. Dans la classification naturelle, les divisions ne sont point établies d'après la considération d'un seul organe; les plantes sont groupées d'après l'ensemble des caractères empruntés à toutes leurs parties. Les divisions sont ainsi plus faciles à retenir, et les rapports qui unissent entre eux les individus du règne végétal sont exactement établis.

Classification artificielle : Systèmes de Tournefort et de Linné. Dans le système de Tournefort, botaniste français du dix-septième siècle, le règne végétal est divisé en deux grandes sections : les herbes et les arbres. Ces deux sections forment vingt-deux classes, fondées sur la consistance et les dimensions de la tige ainsi que sur la forme ou l'absence de la corolle. Enfin, chaque classe se subdivise en plusieurs ordres. Ce système fut bientôt remplacé par celui de Linné.

Linné, botaniste suédois du dix-huitième siècle, qui a rendu d'immenses services à la science de l'histoire naturelle, partage toutes les plantes connues en deux grandes sections, subdivisées en vingt-quatre classes : la première section renferme les plantes dont les fleurs sont visibles, et se divise en vingt-trois classes; la deuxième section, exclusivement formée de la vingt-quatrième classe, comprend les plantes dont les fleurs ne sont pas visibles ou n'existent pas. Le système de Linné repose entièrement sur les caractères que l'on peut tirer des organes essentiels de la plante, c'est-à-dire des étamines et des pistils. Les classes sont établies d'après les étamines, et les ordres généralement d'après les pistils. De tous les moyens inventés pour coordonner les végétaux et faciliter la recherche de leurs noms, la classification de Linné est sans contredit un des plus simples. Cette classification est facile à retenir; mais elle a le défaut de réunir quelquefois dans un même groupe des plantes disparates et de placer dans des groupes différents des espèces qui se ressemblent. Aussi la classification naturelle a-t-elle prévalu.

Classification naturelle : Méthode de Laurent de Jussieu. Les affinités qui doivent servir de base à une méthode naturelle ont été établies par Antoine-Laurent de Jussieu, célèbre botaniste français de la fin du dix-huitième siècle. Avant lui, Magnol, de Montpellier, avait déjà introduit, en botanique, des familles dont l'arrangement était fondé sur la structure du calice et de la corolle; Rivin, de Leipsick, avait publié une classification basée sur la figure de la corolle, sur le nombre des graines, sur la forme, la consistance et les loges du fruit; Ray, botaniste anglais, avait classé plus de dix-huit mille espèces, qu'il divisait d'après le nombre des cotylédons, la séparation ou l'agglomération des fleurs, la présence ou l'absence de la corolle, la consistance du fruit, et l'adhérence ou l'indépendance de l'ovaire relativement au tube de la fleur. Le problème des affinités naturelles était donc posé depuis longtemps. Ce fut Antoine-Laurent de Jussieu qui, s'appuyant sur les études déjà faites par son oncle Bernard de Jussieu, eut la gloire de résoudre ce problème en découvrant le grand principe de la subordination des caractères, principe lumineux qui éclaira bientôt toutes les branches de l'histoire naturelle.

La méthode d'Antoine-Laurent de Jussieu a sur les systèmes qui l'ont précédée l'avantage immense de présenter un tableau gradué de l'organisation végétale, depuis la plante la plus simple jusqu'à celle qui est la plus compliquée. Elle est établie sur la structure de l'embryon, c'est-à-dire sur l'absence ou sur le nombre des cotylédons, sur la position relative ou insertion des étamines, sur la forme des enveloppes florales, enfin sur les caractères tirés de la structure de la graine et du fruit. La méthode naturelle établie par de Jussieu comprend trois embranchements ou grandes divisions : les plantes acotylédones, plantes dont la graine n'a point de cotylédons ou dont les cotylédons ne sont pas apparents ; les plantes monocotylédones, plantes dont la graine n'a qu'un seul cotylédon ; les plantes dicotylédones, plantes dont la graine a plusieurs cotylédons. Ces trois divisions renferment quinze classes. Chacune de ces classes se compose d'un nombre plus ou moins considérable de groupes de végétaux appelés familles ; chaque famille se partage en un certain nombre de genres, et chaque genre comprend un nombre plus ou moins grand d'espèces.

L'embranchement des plantes acotylédones ne forme qu'une seule classe. Celui des plantes mono-cotylédones forme trois classes, suivant que les étamines sont hypogynes, c'est-à-dire insérées sur le réceptacle ; périgynes, c'est-à-dire insérées sur le calice ; épigynes, c'est-à-dire insérées sur l'ovaire. Enfin l'embranchement des plantes dicotylédones, divisé en fleurs apétales, monopétales, polypétales, et en fleurs diclines, forme onze classes, toujours d'après les trois modes d'insertion des étamines.

Modifications apportées à la Méthode de Jussieu. La classification d'Antoine-Laurent de Jussieu a été perfectionnée par son fils Adrien et modifiée par de Candolle, botaniste genevois, sans perdre toutefois le caractère général qui la constituait, et sans qu'aucun changement important fût apporté au groupement des familles. Ultérieurement, plusieurs botanistes, parmi lesquels il faut citer, en France, M. Ad. Brongniart, en Angleterre Lindley, en Allemagne Endlicher, ont essayé de distribuer les familles en ordres d'une valeur supérieure qu'ils ont appelés classes ou alliances. Mais les savants qui ont tenté de grouper ainsi les familles étant loin de s'entendre entre eux, nous avons adopté la classification suivante, qui, tout en restant fidèle aux principes établis par de Jussieu, tient compte des progrès de la science.

Les végétaux y sont partagés en deux grandes divisions primordiales, les *Phanérogames* et les *Cryp-*

Tableau de la Classification du règne végétal.

I. PHANÉROGAMES.

EMBRANCHEMENTS.	SOUS-EMBRANCHEMENTS.	CLASSES.	FAMILLES PRINCIPALES.
1. Plantes dicotylédones.	Polypétales . .	Thalamiflores. . . .	Crucifères, Renonculacées, Papavéracées, Malvacées.
		Caliciflores	Rosacées, Ombellifères, Légumineuses.
	Monopétales. .	Caliciflores	Rubiacées, Caprifoliacées Cucurbitacées
		Corolliflores.	Solanées, Labiées, Jasminées.
	Apétales. . . .	Monochlamydées . .	Polygonées, Euphorbiacées, Amentacées.
		Gymnospermes . . .	Conifères, Cycadées.
2. Plantes monocotylédones.	. . . .		Graminées, Liliacées, Orchidées, Palmiers.

II. CRYPTOGAMES.

EMBRANCHEMENTS.	SOUS-EMBRANCHEMENTS.	CLASSES.	FAMILLES PRINCIPALES.
3. Plantes acotylédones.	Vasculaires. .	Filicinées	Fougères, Prèles.
		Muscinées.	Mousses.
	Cellulaires . .	Lichénées	Lichens.
		Champignons	Agaricinées.
		Algues	Confervacées, Fucacées.

togames. A ces deux grandes divisions se rattachent trois embranchements, les *Dicotylédones*, les *Monocotylédones* et les *Acotylédones*. L'embranchement des Dicotylédones, subdivisé en *polypétales*, *monopétales* et *apétales*, comprend cinq classes, les *Thalamiflores*, les *Caliciflores*, les *Corolliflores*, les *Monochlamydées* et les *Gymnospermes*. L'embranchement des Monocotylédones n'a pas de subdivisions. L'embranchement des Acotylédones, subdivisé en *vasculaires* et *cellulaires*, comprend cinq classes, les *Filicinées*, les *Muscinées*, les *Lichénées*, les *Champignons* et les *Algues*. Les diverses divisions de cette classification sont représentées dans le tableau ci-contre.

I. Phanérogames.

Les *Phanérogames* comprennent les végétaux dont les organes reproducteurs sont apparents, et c'est là ce qui leur a fait donner le nom qu'ils portent. Ils se reproduisent au moyen de graines ou d'embryons cotylédonés. Ils sont pourvus de fleurs renfermant des étamines, qui sont destinées à fournir le pollen, et des pistils, qui produisent des ovules.

Les Phanérogames sont divisés en deux embranchements : les *Dicotylédones* et les *Monocotylédones*.

Embranchement des Dicotylédones.

Ce qui caractérise les végétaux renfermés dans l'embranchement des *Dicotylédones*, c'est qu'ils ont ordinairement deux ou plusieurs cotylédons et qu'ils sont à faisceaux ligneux groupés concentriquement.

Les plantes dicotylédones, subdivisées en polypétales, monopétales et apétales, comprennent cinq classes : les *Thalamiflores*, les *Caliciflores*, les *Corolliflores*, les *Monochlamydées* et les *Gymnospermes* ou végétaux à graines nues.

Classe des Thalamiflores.

Les végétaux compris dans la classe des *Thalamiflores*, plantes dicotylédones polypétales, ont une double enveloppe florale, corolle et calice. La corolle est toujours polypétale, c'est-à-dire que les pétales sont séparés et distincts. Les étamines et le pistil sont insérés sur le réceptacle de la fleur.

Principales familles. Les *Crucifères* doivent leur nom à leurs quatre pétales qui figurent une croix : elles renferment des plantes herbacées, à feuilles alternes, à fleurs disposées en grappes simples ; le fruit est une silique. Elles forment une des familles les plus nombreuses, dont toutes les plantes contiennent dans leurs diverses parties une huile essentielle piquante, qui leur donne des propriétés antiscorbutiques. Les unes sont alimentaires, les autres employées en médecine ou dans l'industrie : tels sont le *chou*, le *navet*, la *rave*, le *radis*, le *cresson*, le *raifort*, le *cochléaria*, la *moutarde* ou le *sénevé*, le *pastel ;* les feuilles de cette dernière plante fournissent une matière colorante bleue analogue à l'indigo. La plus grande partie des huiles consommées en Europe pour l'éclairage, pour la fabrication des savons communs et divers autres usages industriels, est fournie par les graines de plusieurs plantes crucifères, spécialement par le *colza*, la *navette* et la *cameline*, cultivés très en grand dans tout le nord de la France. Enfin, quelques espèces de cette famille, telles que la *giroflée*, la *corbeille d'or*, la *julienne*, le *thlaspi* ou *téraspic*, sont cultivées comme plantes d'ornement.

Les *Renonculacées* se composent de plantes et d'arbrisseaux le plus souvent sarmenteux, à feuilles alternes ou opposées, à fleurs tantôt solitaires, tantôt en grappe ou en panicule. Cette famille renferme un grand nombre de plantes d'ornement, telles que la *renoncule*, dont le *bouton d'or* des champs est une espèce; l'*anémone*, la *pivoine*, le *pied-d'alouette* ou *dauphinelle*, les *ancolies*, les *nigelles*, et plusieurs autres espèces vénéneuses, comme l'*aconit* et l'*ellébore*, plante à laquelle les anciens attribuaient faussement la propriété de guérir la folie. — Les *Nymphéacées* renferment des plantes aquatiques, à fleurs très-grandes, blanches ou jaunes, portées sur de longs pédoncules : les principaux genres sont le *nénuphar* et le *nymphea lotus*. La belle plante nommée *reine Victoria*, remarquable par la grandeur de ses feuilles et de ses fleurs, est aussi une nymphéacée. — A la famille des *Berbéridées* appartient l'*épine-vinette*, dont les fruits astringents servent à faire des confitures. — A la famille des *Magnoliacées* appartiennent les *magnoliers* et les *tulipiers*, au feuillage élégant et aux belles fleurs d'une odeur suave.

Les *Papavéracées* ont la tige herbacée et les feuilles alternes; le fruit est une capsule, ou bien

il est allongé en forme de silique. Elles renferment
des plantes industrielles et médicinales et des plantes d'ornement. Toutes possèdent plus ou moins
des propriétés narcotiques. A cette famille appartiennent : la *chélidoine* ou *éclaire*, vulgairement nommée *herbe aux verrues*, parce que le suc de cette
plante les fait disparaître ; le *coquelicot*, d'un rouge
éclatant, qui croît spontanément parmi les blés ; le
pavot, dont l'espèce appelée *pavot somnifère* ou
pavot des jardins est cultivée dans les parterres
comme fleur d'ornement, et dans les champs pour
extraire de ses graines l'huile connue sous le nom
d'huile d'œillette : c'est du pavot qu'on retire l'opium,
particulièrement préparé en Orient, substance qui,
à petite dose, constitue l'un des médicaments les
plus utiles et qui, à trop forte dose, agit comme un
poison violent. — A la petite famille des *Fumariacées*
appartient la *fumeterre*, employée en médecine.

A la famille des *Capparidées* appartient le *câprier
épineux*, dont les boutons de fleurs sont employés
comme assaisonnement sous le nom de câpres. — Les
Violariées renferment la *violette* et la *pensée*, fleurs
des bois et des jardins. — Les *Résédacées* renferment
le *réséda odorant* et la *gaude* ou *réséda tinctorial*, dont
on retire une belle couleur jaune. — A la petite famille des *Polygalées* appartient le *polygala*, dit *laitier*
ou *herbe à lait*, plante amère et tonique. — La famille
des *Caryophyllées* comprend des plantes herbacées,
à tige cylindrique et noueuse. Elle est divisée en
deux tribus : à la tribu des *silénées* appartiennent
les *œillets*, dont les diverses espèces sont cultivées
dans nos jardins ; les *silènes*, aux fleurs élégantes et

délicates, blanches ou roses; les *lychnis*, d'un rouge pourpre; la *saponaire*, plante médicinale. A la tribu des *alsinées* appartiennent la *spergule*, plante fourragère, et le *mouron des oiseaux*. — Le *lin*, cultivé dans plusieurs contrées de l'Europe et employé pour la fabrication des toiles, appartient à la famille des *Linées*. — Les *Tiliacées*, dont le genre principal est le *tilleul*, ont le bois tendre et blanc et l'écorce flexible; leurs fleurs sont employées en médecine.

Les *Malvacées* se composent d'herbes, d'arbrisseaux et d'arbres, à feuilles alternes, à fleurs solitaires ou diversement groupées, et formant des espèces d'épis; le fruit est capsulaire ou charnu. Parmi les végétaux les plus importants de cette famille, il faut citer: le *cotonnier*, cultivé en Asie, en Amérique et en Afrique pour le précieux duvet qui enveloppe ses graines et qui, sous le nom de coton, est employé à une immense fabrication d'étoffes; le *cacaoyer*, originaire d'Amérique, et dont les graines, qui sont le cacao, servent à faire le chocolat; la *mauve* et la *guimauve*, fréquemment employées en médecine pour leurs propriétés adoucissantes. A la même famille appartiennent aussi les *roses trémières*, plantes d'ornement, et le *baobab* d'Afrique ou *calebassier*, le plus gros des arbres connus. — Les *Géraniacées*, plantes d'ornement, comprenant de nombreuses espèces de *géraniums* et de *pélargoniums*, nous offrent aussi la *capucine*. — A la famille des *Balsaminées* appartiennent la *balsamine des bois*, plante vénéneuse, et la *balsamine des jardins*, remarquable par la couleur variée de ses fleurs. — Les *Aurantiacées* renferment des arbres ou des arbustes recherchés

pour leurs fleurs et pour leurs fruits : l'*oranger*, l
citronnier, le *cédratier*. — A la petite famille de
Camelliées appartiennent l'*arbre à thé*, qui croît en
Chine et au Japon, et le *camellia*, élégant arbrisseau
de cette dernière contrée.

Fig. 52. — Branche de l'arbre à thé (famille des Camelliées).

Les *Hypéricinées* ont pour genre principal le *mille-
pertuis* ou *herbe de la Saint-Jean*, plante médicinale.
—Les *Acérinées* ou *érables* ont la tige ligneuse et les
fleurs en corymbe, en grappe ou en thyrse : leur séve
est douce et agréable au goût; une espèce d'érable,

l'*érable rouge* d'Amérique, fournit du sucre en assez grande quantité : le *sycomore* appartient aussi à cette famille. — Les *Hippocastanées* renferment le *marronnier d'Inde*, bel arbre, remarquable par ses fleurs blanches panachées de rose, étagées en grappes pyramidales.— Les *Clusiacées* ou *Guttifères*, arbres ou arbrisseaux exotiques, sont remplis d'un suc résineux ou gommeux ; une espèce fournit la gommegutte, employée en peinture et en médecine. A cette famille appartient aussi le *mangoustan* d'Amérique, célèbre par le parfum et la saveur de ses fruits. — La famille des *Ampélidées* ou des *Vignes* renferme la *vigne,* dont la culture remonte à la plus haute antiquité, et qui est aujourd'hui répandue dans les pays chauds ou tempérés. La vigne est une des principales richesses agricoles de la France.

Questionnaire.

Quel moyen a-t-on pris pour arriver à classer les végétaux?—Combien de sortes de classifications distingue-t-on? — Quel est l'objet de la classification artificielle et celui de la classification naturelle? — En quoi consiste le système de Tournefort? — Donnez quelques détails sur le système de Linné. — Quels avantages offre la méthode d'Antoine-Laurent de Jussieu? — Sur quels principes est-elle fondée? — Quels sont les savants qui l'ont perfectionnée? — Quelles sont les deux grandes divisions du règne végétal? — Indiquez les embranchements, les sous-embranchements et les classes. — Quels sont les végétaux compris dans la division des phanérogames? — Par quels caractères se distinguent les dicotylédones? — Combien de classes renferment-ils? — Quels sont les caractères distinctifs des thalamiflores? — Nommez les principales

familles de cette classe. — Indiquez les genres les plus
importants des crucifères, des renonculacées, des papavéracées, des malvacées, des aurantiacées, des camelliées, des ampelidées, etc.

CHAPITRE XXIII.

Suite des Dicotylédones. — Classe des Caliciflores. Division
en deux séries. — Caliciflores polypétales.— Caliciflores monopétales. — Classe des Corolliflores.

Classe des Caliciflores.

Les plantes que renferme la classe des *Caliciflores*,
plantes dicotylédones polypétales ou monopétales,
sont pourvues, comme les thalamiflores, d'une double
enveloppe florale, c'est-à-dire d'un calice et d'une
corolle, mais le calice est soudé au disque, et les
étamines, ainsi que la corolle, sont insérées ou paraissent insérées sur le calice lui-même. Cette corolle est polypétale ou monopétale, et dans ce dernier cas les pétales sont plus ou moins soudés entre
eux.

La classe des caliciflores se partage donc en deux
séries : les *caliciflores polypétales* et les *caliciflores
monopétales*.

Caliciflores polypétales.

Principales familles. Les *Rosacées* renferment des
plantes herbacées, des arbustes et des arbres, à feuilles
alternes, à fleurs en forme de *rose,* et très-variées
dans leur mode d'inflorescence : le fruit est aussi

très-variable. Cette grande et riche famille, qui comprend, outre les rosiers, une foule d'autres végétaux remarquables, notamment la plupart de nos arbres fruitiers, est partagée en plusieurs sous-familles ou tribus, qui peuvent être considérées comme des familles distinctes. Ainsi à la tribu des *Rosées* ou *Rosacées* proprement dites appartiennent les nombreuses espèces et variétés des *rosiers*, dont fait partie l'*églantier*; — à la tribu des *Amygdalées* ou *Drupacées*, l'*amandier*, le *pêcher*, l'*abricotier*, le *cerisier*, le *prunier*; — à la tribu des *Pomacées*, le *pommier*, le *poirier*, le *coignassier*, le *sorbier*, l'*alisier*, le *néflier*,

Fig. 53. — Fleur d'églantier (famille des Rosacées).

l'*azerolier*, l'*aubépine;* — à la tribu des *Dryadées* ou *Fragariées*, le *fraisier*, la *ronce*, dont une espèce est le *framboisier*, la *benoite*, plante médicinale et le *laurier-cerise;* — à la tribu des *Sanguisorbées*, la *pimprenelle* et l'*aigremoine*, plantes médicinales;— enfin, à la tribu des *Spiréacées*, les *spirées*, les unes sauvages, les autres cultivées comme plantes d'ornement pour leurs fleurs blanches ou rosées.

La famille des *Ombellifères* se compose de plantes herbacées dont les fleurs, disposées en parasol ou en ombelle, ont un calice d'une seule pièce et à cinq dents auxquelles correspondent cinq pétales; elle renferme un grand nombre de plantes alimentaires ou d'assaisonnement, comme la *carotte*, le *céleri*, le *persil*, le *panais*, le *cerfeuil;* à côté de ces végétaux si utiles, remarquons quelques aromates : l'*angélique*, dont on confit les tiges, la *coriandre*, l'*anis vert*, le *fenouil*, et un poison violent, la *ciguë*, qui compense ses propriétés vénéneuses par des vertus médicales très-énergiques contre plusieurs maladies graves. La *petite ciguë* ou *ciguë des jardins* peut être facilement confondue avec le persil : ce qui distingue ces deux plantes, c'est que le persil a les fleurs jaunes et d'une odeur agréable, tandis que les fleurs de la petite ciguë sont blanches et d'une odeur nauséabonde. — A la petite famille des *Araliacées* appartient le *lierre*, qui s'attache aux vieux murs et au tronc des arbres; — à la famille des *Saxifragées* appartiennent diverses espèces de *saxifrages*, plantes herbacées, à fleurs blanches, roses ou pourpres, réunies en grappes ou en panicules.— Les *Crassulacées* renferment des plantes herbacées ou

des arbustes, vulgairement nommés *plantes grasses,*
à cause de leurs tiges et de leurs feuilles épaisses et
charnues. Telles sont les *crassules,* dont une espèce
a des fleurs d'un rouge éclatant; la *joubarbe* et l'or-
pin, employés autrefois en médecine et à peu près
délaissés aujourd'hui. — Les *Cactées* se composent
de végétaux les plus extraordinaires par leur forme
et par leur mode d'accroissement; c'est là que se
trouvent les *cactus* ou *cierges,* plantes grasses à la
tige épaisse, dont les principales espèces sont le
cierge du Pérou et le *nopal* ou *figuier d'Inde,* sur
lequel on recueille la précieuse cochenille, insecte
avec lequel on prépare la plus belle couleur écarlate. — A la famille des *Myrtées* appartiennent le
myrte, joli arbrisseau; le *seringat*[1], à odeur prononcée de fleur d'oranger; le *grenadier,* aux belles
fleurs rouges, et le *giroflier,* originaire des Moluques
et dont les boutons de fleurs sont employés comme
aromates sous le nom de clous de girofle.

La famille des *Légumineuses* comprend des plantes
herbacées, des arbustes, des arbrisseaux et même
des arbres de grande dimension : les feuilles sont
alternes, et le fruit est constamment une gousse.
Cette famille, l'une des plus utiles et des plus importantes du règne végétal, fournit un grand nombre de
plantes employées soit pour la nourriture de l'homme
et des animaux, soit pour l'industrie et la médecine.
Elle est partagée en trois sous-familles ou tribus,
Papilionacées, Césalpiniées et *Mimosées.* Les *Papilio-*

---

1. Le nom de *syringa* donné par corruption à cette plante
est le nom latin du lilas.

nacées, ainsi nommées à cause de la forme de leur fleur, renferment, comme genres principaux, parmi les plantes potagères, le *haricot,* la *fève,* le *pois,* la *lentille;* parmi les plantes fourragères, le *trèfle,* la *luzerne* et le *sainfoin;* parmi les végétaux employés dans l'industrie, l'*indigotier,* dont on extrait la belle couleur bleue connue sous le nom d'indigo, et le *genêt,* qui fournit aussi à la teinture une couleur jaune; parmi les plantes médicinales, la *réglisse.* A cette tribu appartiennent aussi le *cytise* des Alpes, le *faux ébénier,* le *robinier* ou *faux acacia,* le *sophora* du Japon, le *baguenaudier.* — Les *Césalpinées* renferment le *caroubier,* le *févier,* le *bois de Judée,* les *bois de Campêche* et du *Brésil,* qui fournissent des matières colorantes rouges, la *casse* et le *séné,* plantes médicinales, les baumes du Pérou et de Tolu que donnent par incision des arbres du genre *myroxylon.* — A la tribu des *Mimosées* appartiennent les *acacias* véritables qui produisent la *gomme arabique,* et la *sensitive,* jolie plante dont les folioles se couchent les unes contre les autres au moindre attouchement.

Les *Grossulariées* ou *Ribésiacées* renferment le *groseillier* et le *cassis,* qui fournissent des baies abondantes et sucrées.—La famille des *Rhamnées* renferme plusieurs espèces de *rhamnus* ou de *nerpruns,* entre autres, le *rhamnus catharticus,* dont les baies sont employées en médecine ou pour la teinture, le *rhamnus frangula* ou *bourdaine,* dont le bois très-léger réduit en charbon est employé pour la fabrication de la poudre, et le *rhamnus alaternus* ou *alaterne,* aux fleurs qui sentent le miel et aux feuilles persistantes. A la même famille appartient le *juju-*

bier, dont les fruits sont employés en médecine comme adoucissants. — Les *Célastrinées*, voisines des Rhamnées, ont pour genre principal l'*evonymus* ou le *fusain*, dont les jeunes branches, réduites en charbon, servent à faire des crayons pour l'esquisse des dessins. — Les *Térébinthacées* nous offrent des produits utiles. Plusieurs espèces de *pistachiers* donnent des résines; le fruit du *pistachier vrai* renferme une amande à chair verte d'une saveur douce et agréable. L'écorce et les feuilles de différentes espèces de *sumacs* sont employées pour la préparation des cuirs; le *sumac-vernis*, arbre de l'Amérique et du Japon, laisse suinter un suc qui, en séchant à l'air, devient un vernis très-recherché; les *balsamiers* fournissent le baume de la Mecque, la myrrhe et l'encens.— La famille des *Onagrariées* ou *Œnothéracées* renferme, comme genres principaux : l'*onagre*, plante herbacée à fleurs jaunes, blanches, rouges ou violacées, et les *épilobes*, à fleurs munies d'aigrettes, dont une espèce est vulgairement nommée *osier fleuri*. — A la famille des *Portulacées* appartient le *pourpier*, plante potagère; une espèce, le *pourpier à grandes fleurs*, est cultivée comme plante d'ornement.

Caliciflores monopétales.

Principales familles. La famille des *Ilicinées* ou *Aquifoliacées* comprend des arbres et des arbrisseaux toujours verts; le genre principal est le *houx*, dont l'écorce et les jeunes pousses servent à faire de la glu. —Les *Caprifoliacées* ou *Chèvrefeuilles* sont presque toutes des arbrisseaux d'agrément, au feuillage délicat et à la fleur odorante ; cette fleur s'arrondit souvent en entonnoir irrégulier, et renferme cinq étamines ; le fruit est toujours une baie ; à cette famille appartiennent le *chèvrefeuille des jardins*, le *camérisier* ou *chèvrefeuille des buissons*, la *symphorine*, le *sureau*, la *viorne* ou *laurier-tin*. — A la famille des *Loranthacées* appartient le *gui*, plante parasite dont l'espèce principale est le *gui blanc* qui croît communément sur le pommier, le poirier, le saule, le frêne, mais qu'on trouve très-rarement sur le chêne. On sait que le gui du chêne était un objet de vénération pour les Gaulois.—A la famille des *Cornées* appartient le *cornouiller,* dont les petits fruits, de couleur rouge, sont comestibles. — Les *Rubiacées,* qui doivent leur nom à la teinture rouge que l'on extrait de quelques-unes de leurs racines, renferment des arbres, des arbrisseaux, rarement des herbes, à feuilles le plus souvent opposées, à fleurs disposées en cyme ou en grappe. Elles fournissent aux arts et à la médecine des produits précieux ; ce sont : la *garance*, dont la culture a pris une grande extension en France et qui donne une belle couleur rouge employée pour l'impression des toiles peintes et pour teindre les draps ; le *quinquina*, originaire d'Amérique, dont l'écorce, amère et fébrifuge, est employée en médecine ; l'*ipécacuanha*, également employé en médecine comme vomitif. A la même famille appartient le *caféier,* dont la graine est le café ; cette plante, qui croît naturellement en Arabie, a été transplantée aux Indes et aux Antilles, où elle s'est parfaitement acclimatée. Le *gaillet jaune* ou *caille-lait*, l'*aspérule* ou *petit muguet*, le *bois de*

fer, sont aussi des rubiacées.— A la famille des *Va-*
lérianées appartiennent la *valériane*, employée en
médecine , et la *mâche*, plante potagère. — Les
Dipsacées ont la corolle en tube ou en entonnoir divisé
sur les bords, la tige herbacée et les feuilles souvent
verticillées, c'est-à-dire disposées circulairement
autour de la tige; elles renferment, entre autres
plantes : la *scabieuse*, si commune dans les champs;
la *cardère* ou le *chardon à foulon*, dont les capitules
secs, armés de piquants à la fois souples et solides,
servent à la préparation nommée *lainage* que reçoivent les tissus de laine.

Les *Composées* ou *Synanthérées* renferment un très-

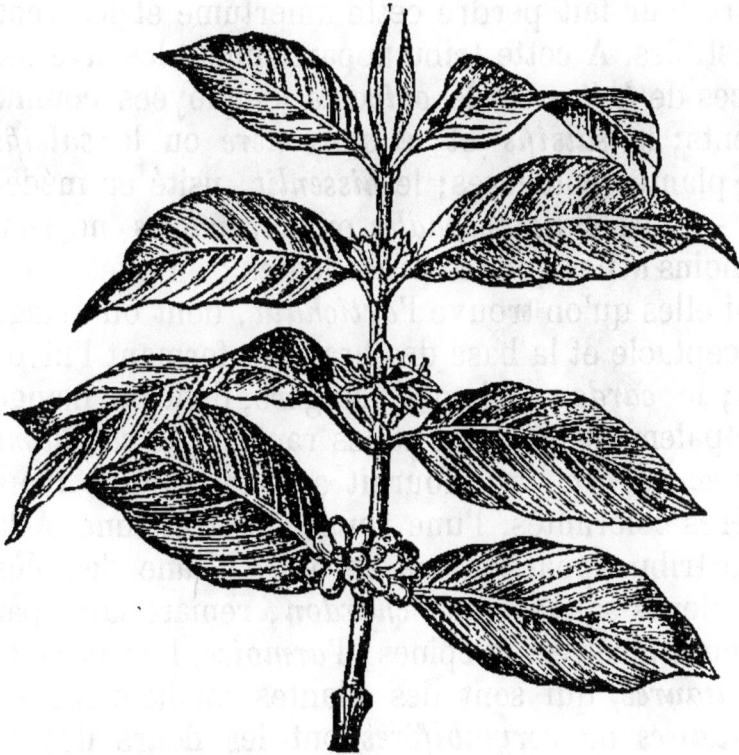

Fig. 54. — Branche de caféier (famille des Rubiacées).

grand nombre d'espèces de végétaux herbacés ou ligneux, d'arbustes ou d'arbrisseaux. Les feuilles sont alternes, rarement opposées. Les fleurs, très-petites, sont réunies dans un calice ou un involucre commun : les unes, régulières, appelées *fleurons,* ont le limbe partagé en cinq dents ; les autres, irrégulières, et nommées *demi-fleurons,* ont le limbe déjeté en dehors en une languette à cinq dents. Cette grande famille a été partagée en trois tribus, qui sont : les *chicoracées,* les *cinarocéphales* et les *radiées.* — Les *chicoracées,* qui tirent leur nom de la *chicorée,* portent des fleurs le plus souvent jaunes ; les feuilles sont alternes ; les tiges contiennent un suc laiteux qui leur est propre. La plupart sont des herbes tendres et amères ; la culture leur fait perdre cette amertume et les rend comestibles. A cette tribu appartiennent les diverses espèces de *laitue* et de *chicorée,* employées comme aliments ; le *salsifis* et la *scorsonère* ou le *salsifis noir,* plantes potagères ; le *pissenlit,* usité en médecine. — Les *cynarocéphales* ou *carduacées* ne sont pas moins utiles que les précédentes : en effet, c'est parmi elles qu'on trouve l'*artichaut,* dont on mange le réceptacle et la base des bractées formant l'involucre ; le *cardon,* plante potagère, dont on mange principalement les côtes et les racines ; le *carthame* ou *faux safran,* qui fournit aux teinturiers deux matières colorantes, l'une rouge, l'autre jaune. A la même tribu appartiennent le *bluet,* l'une des plus jolies fleurs sauvages ; le *chardon,* remarquable par ses fleurs chargées d'épines ; l'*armoise,* l'*absinthe* et la *centaurée,* qui sont des plantes médicinales. — Les *radiées* ou *corymbifères* ont les fleurs floscu-

leuses et radiées, c'est-à-dire que ces fleurs sont formées de la réunion de mille petits fleurons dont les
lames ne s'épanouissent qu'à la circonférence. Elles
renferment un grand nombre de plantes d'ornement,
parmi lesquelles il suffira de citer les *asters*, dont
l'espèce la plus remarquable est la *reine-marguerite*,
les *dahlias*, l'*œillet d'Inde*, le *chrysanthème*, le *souci*, le
grand soleil, et plusieurs plantes médicinales, entre
autres la *camomille* et l'*arnica*.

Les *Campanulacées* ont la tige herbacée et remplie
intérieurement d'un suc laiteux ; la fleur a la forme
d'une petite clochette ; les étamines sont au nombre
de cinq, et les feuilles sont alternes. Cette famille renferme diverses espèces de campanules, entre autres,
la *violette marine*, remarquable par ses fleurs bleues,
et la *raiponce*, dont les racines et les jeunes pousses
se mangent en salade. A la famille des *Lobéliacées*, détachée des campanulacées, appartient la *lobélie*, contenant un suc laiteux qui est un poison. — Les *Érici-*
nées ou *bruyères* ont la corolle monopétale et découpée
au sommet ; presque toutes sont des végétaux remarquables par l'élégance de leur feuillage et de leurs
fleurs. Les *bruyères* sont le genre principal de cette
famille, et leurs diverses espèces, surtout les espèces
exotiques, sont cultivées comme plantes d'agrément :
parmi les espèces indigènes il faut citer la *bruyère*
à balai, dont on fait des balais et des brosses, et
qui dans plusieurs pays remplace le bois pour le
chauffage des fours. L'*arbousier*, dont les fruits sont
recherchés par les oiseaux, et dont une espèce, connue sous le nom de *busserole*, sert au tannage des
cuirs et à la fabrication du maroquin ; les *azalées* et

les *rhododendrons,* cultivés, comme plantes d'ornement, appartiennent à la famille des bruyères. —
La petite famille des *Vacciniées,* détachée de celle
des Éricinées, renferme l'*airelle* ou *myrtille,* qui produit des fruits d'une saveur acide et rafraîchissante.
— Les *Cucurbitacées* ont une tige herbacée, flexible
et grimpante : à cette famille appartiennent les *melons,*
les *concombres,* les *pastèques* ou *melons d'eau,* les
courges, les *potirons* ou *citrouilles,* fruits comestibles, remarquables par leur volume ; la *coloquinte*
et la *bryone,* dont la pulpe renferme un suc très-amer
et très-purgatif ; les *grenadilles* ou *passiflores* (fleurs
de la passion), plantes aux fleurs bleues, roses
ou pourpres, qu'on emploie à garnir des berceaux.

Classe des Corolliflores.

Les plantes comprises dans la classe des *Corolliflores,* plantes dicotylédones monopétales, ont aussi
une enveloppe florale double, mais ce qui les caractérise, c'est que leur corolle est toujours monopétale,
ce qui veut dire que les pétales sont soudés entre
eux de manière qu'ils forment comme une seule
pièce. Cette corolle, distincte du calice, est insérée
sur le réceptacle ou sous l'ovaire, et les étamines
sont insérées sur la corolle même.

Principales familles. Les *Primulacées* ou *Lysi-
machies* ont la corolle régulière et divisée en cinq
lobes : les étamines sont au nombre de cinq ; la tige
est herbacée, et les feuilles sont opposées ou verticillées. Le *mouron rouge,* qu'il ne faut pas confondre
avec le *mouron des oiseaux,* qui appartient à une
autre famille ; la *primevère,* renfermant plusieurs

espèces, surtout l'espèce connue sous le nom d'*au-
ricule* ou *oreille-d'ours*, sont des primulacées. —
Les *Jasminées*, auxquelles se rattachent les *Oléinées* ou *Oléacées*, sont des arbres, des arbustes
ou des arbrisseaux, le plus souvent grimpants, à
feuilles opposées, rarement alternes : tantôt le fruit
est une capsule, tantôt il est charnu ou contient
un noyau osseux. La plupart des genres de cette
famille sont utiles ; ce sont : l'*olivier*, dont le fruit
bien connu, l'olive, donne une huile excellente ; le *frène*, grand arbre de nos forêts, dont une espèce, le *frène de Calabre*, fournit la manne employée comme purgatif ; le *li-las*, aux belles fleurs ; le *troène*, arbrisseau élégant ; le *jasmin blanc* et le *jasmin jonquille*, qui ornent les jardins. —Parmi les *Apocynées*, il faut remarquer la *pervenche*, jolie plante cultivée dans les jardins, surtout pour les bordures, et le *laurier-rose*, élégant arbrisseau aux fleurs roses ou blanches ; les plantes de cette famille ont une

Fig. 55. — Branche d'olivier
(famille des Oléinées).

corolle régulière à cinq lobes renfermant cinq étamines; leur tige est herbacée ou ligneuse. — La famille des *Asclépiadées*, détachée de celle des *apocynées*, renferme diverses espèces d'*asclépias*, cultivées
pour la beauté de leurs fleurs.—A la famille des *Gen-
tianées* appartiennent la *gentiane* et le *ményanthe* ou
trèfle d'eau, plantes employées en médecine comme
toniques et contre les fièvres intermittentes. — Dans
les *Polémoniacées* on trouve le *phlox*, aux belles couleurs variées, dont la corolle est toujours découpée en
cinq lobes, et le *cobéa*, plante grimpante, remarquable
par la beauté de ses fleurs.

Les *Convolvulacées* comprennent des plantes herbacées ou frutescentes, à tiges généralement volubiles
ou grimpantes, à feuilles alternes, à fleurs souvent
très-grandes; la corolle s'arrondit en cloche gra-
cieuse; le fruit est une capsule renfermant une ou
deux graines. A cette famille appartiennent des plantes
d'ornement, comme le *convolvulus* ou *liseron*, appelé
encore *belle-de-jour*; des plantes médicinales, telles
que le *jalap*, dont la racine est purgative; des plantes
alimentaires, comme la *patate*, racine tuberculeuse
qui a beaucoup de rapport avec la pomme de terre;
la *cuscute*, plante parasite dont les tiges longues et
grêles sont un fléau pour d'autres végétaux cultivés,
notamment pour la luzerne et le trèfle. — Les *Borraginées* ont la tige cylindrique, les feuilles couvertes
de poils rudes et les fleurs roulées au sommet de la
plante. La *bourrache*, la *pulmonaire*, la *buglosse*,
plantes employées en médecine; le *myosotis*, aux
petites fleurs bleues, et l'*héliotrope*, plante d'ornement originaire du Pérou, sont des borraginées.

Les *Solanées*, qui tirent leur nom du genre *solanum* ou *morelle*, ont une tige herbacée, des feuilles alternes d'un aspect toujours sombre, d'une odeur souvent nauséabonde. Quelques-unes sont alimentaires; d'autres, en plus grand nombre, possèdent des propriétés vénéneuses. Parmi les espèces alimentaires, il faut citer d'abord la *pomme de terre*, originaire d'Amérique, dont on compte plus de deux cents variétés, et qui est le tubercule le plus précieux non-seulement pour la nourriture propre de l'homme, mais aussi pour celle des animaux domestiques; on en retire, en outre, de la fécule et de l'alcool. Viennent ensuite la *tomate* ou *pomme d'amour*, dont les fruits rouges et volumineux, d'une légère acidité assez agréable, sont fréquemment employés en cuisine; l'*aubergine*, aux fruits très-gros, ordinairement violets, recherchés comme aliment; le *piment* ou *poivre long*, employé comme assaisonnement; le *tabac*, originaire de l'Amérique, où il fut d'abord trouvé par les Espagnols dans l'île de Tabago, l'une des Petites Antilles. Parmi les plantes vénéneuses de cette famille on remarque la *morelle*, la *belladone*, la *jusquiame*, la *stramoine*, la *mandragore*, le *datura*, fréquemment employés en médecine. — La petite famille des *Verbascées*, détachée de celle des solanées, renferme, comme genre principal, la *molène*, dont une espèce, le *bouillon blanc*, est employée en médecine. — Les *Scrofulariées* ou *Personées* ont une corolle irrégulière en forme de masque à deux lèvres, ainsi qu'on peut le voir dans le *muflier* et dans la *digitale pourprée*, cultivés comme plantes d'ornement; la digitale pourprée est fréquemment employée aussi en médecine. La *véro-nique*, dont une espèce, la *véronique officinale*, donne en infusion une boisson tonique, appartient à la même famille, ainsi que le *Paulownia imperialis*, bel arbre du Japon, aux fleurs en grappes d'un beau bleu. — A la famille des *Bignoniacées* appartiennent les *bignones*, arbrisseaux aux fleurs pourpres ou jaunes dont une espèce est nommée *jasmin de Virginie*; le *sésame de l'Inde*, dont les graines fournissent une bonne huile comestible, recherchée aussi pour la fabrication des savons; et le *catalpa*, arbre remarquable par ses grandes feuilles et ses fleurs blanches marquetées de points pourpres. — La petite famille des *Orobanchées* renferme des plantes herbacées qui vivent la plupart en parasites sur d'autres végétaux, tels que le chanvre, le lin, le trèfle, le tabac.

Les *Labiées* ont généralement quatre étamines, deux grandes et deux petites, une tige carrée, une corolle monopétale et séparée en deux lèvres. Le *romarin*, la *sauge*, la *lavande*, la *germandrée*, la *mélisse* et la *menthe* sont des labiées : toutes ces plantes sont plus ou moins aromatiques; il en est de même des suivantes : l'*origan*, la *marjolaine*, le *thym*, le *serpolet* et la *sarriette;* les unes sont employées en médecine ou pour la parfumerie, les autres comme assaisonnement. — A la famille des *Verbénacées* appartiennent la *verveine commune*, qui croît le long des haies, sur le bord des chemins, et la *verveine citronnelle*, qui est cultivée dans les jardins, et dont les feuilles, froissées entre les doigts, répandent une odeur de citron. — Les *Acanthacées* ont la corolle irrégulière et la tige ordinairement

herbacée; les feuilles sont opposées ainsi que les
fleurs. Le genre principal est l'*acanthe*, aussi remarquable par la beauté de son port que par ses
feuilles élégantes, qui ont servi de modèle à l'architecture pour l'ornement des frises, des corniches et
principalement du chapiteau des colonnes. — Les
Plantaginées sont toutes herbacées et très-communes
en genres et en espèces; les fleurs sont réunies au
sommet, et le fruit est une petite capsule. Le *plantain* est le principal genre de cette famille, et l'espèce la plus importante est le *plantain à grandes
feuilles*, très-commun dans les champs et les prés,
et avidement recherché par les moutons, les chèvres
et les porcs. — Les *Plombaginées* sont des herbes à
feuilles alternes et à fruits capsulaires : les principaux genres sont la *dentelaire (plumbago)*, dont la
racine est purgative et employée aussi contre les
maux de dents; le *statice* ou *gazon d'Olympe*, qui
sert à faire des bordures dans les jardins. — Les
Sapotacées renferment des arbres et des arbrisseaux exotiques qui sont remplis d'un suc vénéneux,
et parmi lesquels on remarque l'*isonandra gutta* :
cet arbre croît en Asie, dans la presqu'île de Ma-
lacca, et fournit par incision la *gutta-percha*, substance appliquée à divers usages de l'industrie. —
La famille des *Ébénacées* ou des *Plaqueminiers* nous
offre les *styrax*, dont on extrait le benjoin, baume
employé dans la parfumerie, et les *ébéniers*, dont
l'aubier est blanc, tandis que le bois de l'arbre est
noir; ce bois, très-dur et susceptible de prendre un
beau poli, est très-recherché pour les ouvrages de
marqueterie.

Questionnaire.

Quels sont les caractères distinctifs des caliciflores?
— En combien de séries les divise-t-on? — Nommez
les principales familles des caliciflores polypétales. —
Indiquez les genres les plus importants des rosacées,
des ombellifères, des légumineuses, des cactées, des rham-
mées, des térébinthacées. — Nommez les principales
familles des caliciflores monopétales. — Indiquez les
genres les plus importants des caprifoliacées, des rubiacées, des composées, des radiées, des campanulacées, des
éricinées, des cucurbitacées. — Quels sont les caractères
des végétaux compris dans la classe des corolliflores? —
Nommez les principales familles. — Indiquez les genres les
plus importants des jasminées, des convolvulacées, des
borraginées, des solanées, des scrofulariées, des labiées,
des plantaginées, des sapotacées.

CHAPITRE XXIV.

Suite des Dicotylédones. — Classe des Monochlamydées. —
　Classe des Gymnospermes.
Embranchement des Monocotylédones.

Classe des Monochlamydées.

Les plantes comprises dans la classe des *Monochlamydées,* plantes dicotylédones apétales, ont pour caractère principal de n'avoir qu'une seule enveloppe
florale, et c'est ce qui leur a fait donner le nom
qu'elles portent. Les plantes de cette classe sont dépourvues de corolle, et par conséquent de pétales :
on les nomme aussi *apétales.*

Principales familles. Les *Amarantacées* sont re-

marquables par un calice fortement coloré en rouge ;
les feuilles sont de la même couleur, les fleurs
sont disposées en épi au sommet de la plante. Citons
parmi elles la *queue-de-renard* et la *célosie crête-de-
coq* ou *passe-velours,* qui font l'ornement des jardins.
—Les *Chénopodées* ou *Atriplicées* ont un calice d'une
pièce, découpé en plusieurs parties, la tige rarement
ligneuse et les feuilles souvent alternes. Les principaux genres sont : l'*arroche des jardins,* plante
potagère ; l'*épinard,* dont les feuilles, cuites et ha-
chées, forment un aliment très-usité ; la *poirée* ou
bette poirée, plante potagère ; la *betterave,* dont les
racines, tubéreuses et charnues, fournissent du sucre
et de l'alcool ; la *salsola* et la *salicorne,* dont les
cendres fournissent de la soude ; le *quinoa* du Chili
et du Pérou, dont les graines farineuses sont alimentaires. La betterave n'est pas moins utile pour la
nourriture du bétail que pour le sucre qu'on en
extrait ; les principales espèces sont : la *betterave
rouge,* qui est celle qui convient le mieux à la nourriture des bestiaux, et la *betterave blanche,* particulièrement cultivée pour la fabrication du sucre. —
Les *Polygonées* ont un calice à cinq ou six divisions
profondes, une tige herbacée, des feuilles alternes.
A cette famille appartiennent la *rhubarbe,* dont la
racine est un médicament ; la *renouée,* si féconde en
espèces dont une, la *renouée des teinturiers,* fournit
une teinture bleue ; l'*oseille,* plante alimentaire ; le
sarrasin ou *blé noir,* cultivé dans plusieurs départements de la France. — Les *Nyctaginées* nous offrent
la *belle-de-nuit,* dont les fleurs, fermées le jour,
s'épanouissent le soir.

La famille des *Laurinées* comprend des arbres ou des arbrisseaux couverts en toutes saisons de feuilles lisses souvent alternes; le fruit est ordinairement une baie. Les principales laurinées, qui renferment des principes aromatiques très-précieux, sont : le *laurier commun* ou *laurier d'Apollon*, appelé aussi *laurier-sauce*[1]; le *muscadier*, aux graines aromatiques connues sous le nom de *noix muscades;* le *camphrier*, originaire de l'Inde, et qui fournit l'huile concrète connue sous le nom de *camphre;* le *cannellier*, arbre originaire de l'île de Ceylan, et dont l'écorce est la *cannelle.* — Les *Thymélées* ont le calice d'une seule pièce, la tige ligneuse, et le fruit en forme de baie. Cette famille renferme le *daphné lauréole* et le *daphné mezéreum* ou *bois-gentil*, dont l'écorce, nommée *garou*, est vésicante. — Les *Aristolochiées* forment une classe peu importante dont le genre principal, l'*aristoloche*, offre quelques espèces remarquables : l'une, appelée *clématite*, est ordinairement employée à garnir les berceaux ou les murs des jardins; l'autre, nommée *syphon*, a de grandes feuilles découpées en cœur et des fleurs en forme de pipe. A cette famille appartiennent aussi les *népenthès*, qui croissent à Madagascar et dans les parties chaudes de l'Asie : l'extrémité des feuilles de ces plantes porte une sorte d'urne dans laquelle l'eau s'amasse et offre ainsi aux voyageurs le moyen de se désaltérer.

Les *Euphorbiacées* contiennent pour la plupart un suc vénéneux qui s'évapore à la chaleur : plusieurs

---

1. On appelle généralement *laurier* certains végétaux à feuilles persistantes, dont le plus connu est le laurier-cerise, qui appartient au genre cerisier et à la famille des rosacées.

d'entre elles, comme le *manioc*, deviennent alimentaires après une préparation ; la fécule de manioc est connue sous le nom de tapioca. Le *ricin* et le *croton tiglium*, qui fournissent, dans leurs graines, une huile très-employée en médecine ; l'*hévé*, dont une espèce de la Guyane donne par incision une sorte de caoutchouc ; le *buis*, dont le bois est recherché pour l'ébénisterie et pour la gravure sur bois, sont aussi des euphorbiacées. A la même famille appartiennent la *mercuriale*, le *tournesol des teinturiers*, le *réveille-matin* et le *tithymale*, plantes communes dans nos pays. Les ricins sont généralement cultivés en Europe comme arbustes d'ornement. — Les *Urticacées*, qui ont pour type principal l'*ortie*, renferment des herbes, des arbrisseaux et des arbres, la plupart originaires des pays chauds. Cette famille est partagée en plusieurs sous-familles ou tribus : ainsi aux urticées appartient l'*ortie*, dont les poils, quand on les touche, causent des piqûres brûlantes ; aux *morées* appartiennent le *mûrier*, originaire de la Chine et cultivé en Europe pour la nourriture des vers à soie ; le *figuier*, aux fruits d'une saveur agréable ; le *figuier indien*, qui donne la gomme laque ; l'*arbre à pain*, dont le fruit est la principale nourriture des habitants des îles de la mer du Sud ; aux *ulmacées* ou *celtidées* l'*orme* et le *micocoulier ;* aux *cannabinées* le *chanvre*, cultivé pour sa filasse, qui sert à fabriquer du fil, de la toile et des cordes, et pour ses graines, nommées chènevis, qu'on donne comme nourriture aux petits oiseaux et dont on extrait une huile excellente pour la peinture et l'éclairage ; le *houblon*, dont les cônes entrent dans la fabrication de la bière. — La petite famille des *Platanées* renferme les *platanes*, originaires d'Orient : ces beaux arbres, acclimatés dans nos pays, ornent les parcs, les promenades publiques.

Les *Amentacées* forment une importante famille qui renferme les plus beaux arbres de nos forêts et qui est répartie entre plusieurs sous-familles ou tribus : ainsi, à la tribu des *quercinées* ou *cupulifères* appartiennent le *chêne*, le *hêtre*, l'*orme*, le *châtaignier*, dont les bois sont recherchés pour le chauffage, les constructions et l'ébénisterie. Les diverses espèces de chênes donnent en outre plusieurs produits utiles. L'écorce du *chêne rouvre* et celle du *chêne vert* sont employées pour le tannage des cuirs; celle du *chêne liége*, plus léger et plus souple, sert à faire des bouchons. La noix de galle, excroissance que produisent les jeunes rameaux du *chêne d'Alep* par la piqûre d'un insecte du genre *cynips,* entre dans la composition de l'encre à écrire et de toutes les teintures en noir. Le châtaignier, outre son bois, donne des fruits abondants et chargés de fécule, bien connus sous le nom de châtaignes. A la même famille appartient le *coudrier* ou *noisetier*. — La tribu des *juglandées* comprend, comme genre principal, le *noyer;* celle des *bétulinées*, le *bouleau* et l'*aune;* celle des *salicinées*, le *saule* et le *peuplier;* enfin celle des *myricées*, l'*arbre à cire* ou *cirier* d'Amérique, dont les baies donnent une substance grasse qui peut être employée aux mêmes usages que la cire pour la fabrication des bougies.

Classe des Gymnospermes.

Les *Gymnospermes* forment une série de végétaux dont la graine est nue, c'est-à-dire dépourvue de péricarpe, et c'est ce qui leur a fait donner le nom sous lequel on les désigne.

Principales familles. Les *Conifères*, nommés aussi *arbres verts*, parce que leurs feuilles restent toujours vertes, renferment un grand nombre d'arbres ou d'arbrisseaux à suc résineux, à fleurs disposées le plus souvent en chatons ou en cônes écailleux, c'est-à-dire munis d'écailles. Cette famille, l'une des plus utiles et des plus importantes dans les contrées de l'Europe, se divise en plusieurs tribus : ainsi aux *abiétinées* appartiennent le *sapin*, diverses espèces de *pins*, dont le bois est recherché pour les constructions et qui fournissent des résines, telles que la térébenthine, le goudron, la colophane; le *cèdre*, ce bel arbre qui, dans les temps anciens, formait des forêts entières sur le mont Liban; le *mélèze*, celui de tous les arbres qui supportent le mieux le froid des régions polaires; le *sequoia* et l'*araucaria*, magnifiques arbres exotiques qui ont été introduits en Europe; la tribu des *cupressinées* renferme le *cyprès*, le *thuia*, le *genévrier*, dont les baies servent à préparer la liqueur dite genièvre; enfin à la tribu des *taxinées* appartient l'*if*, dont les fruits, petites baies d'un rouge vif, sont mangeables, mais dont les feuilles sont vénéneuses pour les vaches et les chevaux. — La famille des *Cycadées* renferme des végétaux qui sont voisins des conifères par leur organisation intérieure, et des palmiers par leur port. Les principaux

Fig. 56. — Sapin (famille des Conifères).

genres de cette famille sont : le *cycas* du Japon et le *zamia*, vulgairement nommé *pain des Hottentots*. Certaines espèces fournissent une moelle amylacée qui a toutes les qualités du sagou. Parmi les plantes fossiles, on en remarque beaucoup qui ressemblent aux cycas.

Embranchement des Monocotylédones.

Les végétaux compris dans l'embranchement des *Monocotylédones* ont une organisation moins compliquée, moins parfaite que celle des Dicotylédones. Ils n'ont ordinairement qu'un seul cotylédon, et ils sont à faisceaux ligneux isolés. De plus, les deux enveloppes florales ne sont pas toujours faciles à distinguer l'une de l'autre. La fleur a généralement un périanthe à divisions ternaires, souvent remplacées par des bractées. L'embranchement des Monocotylédones n'a pas de subdivisions.

Principales familles. Les *Graminées* comprennent toutes les plantes vulgairement appelées *céréales* et celles qui sont connues sous le nom d'*herbe* ou de *gazon* (plantes fourragères); ce sont les plus utiles pour la nourriture de l'homme et des animaux domestiques. La tige est un chaume entrecoupé de nœuds solides et revêtu de feuilles longues et minces : la fleur est cachée par de petites écailles appelées bâles ou glumes; les étamines sont souvent au nombre de trois. Les principaux genres sont : le *froment* ou *blé*, dont le grain contient la farine employée à faire le pain; le *seigle*, qui sert aux mêmes usages; l'*avoine*, qui entre en grande partie dans la nourriture de quelques animaux domestiques, et avec laquelle on prépare le gruau dont on fait usage comme aliment; l'*orge*, qui est employée pour la fabrication

Fig. 57.

Épi de blé (famille
des graminées).

de la bière ; le *maïs*, une des plantes
alimentaires les plus précieuses et
dont la farine sert à préparer des
bouillons sous les noms de *polenta* et
de *gaude*; le *riz*, qui constitue le principal aliment de la plupart des peuples de l'Orient ; la *canne à sucre*, qui
donne le sucre de canne et le rhum ;
le *chiendent*, plante vivace employée
en médecine ; le *roseau*, dont les feuilles servent de couvertures aux cabanes, et le *bambou*, avec lequel on
fait des cannes, des nattes, des cor-
beilles. — Les *Cypéracées*, famille
voisine de celle des graminées, renferment des plantes herbacées qui
croissent généralement dans les lieux
humides. Les principaux genres sont:
les *carex* ou *laiches*, qui ne sont utilisés que pour faire de la litière ou
du fumier ; les *souchets*, qui vivent
dans les pays chauds et dont une espèce, le *souchet comestible*, a des tubercules charnus qu'on mange crus
ou cuits. Une autre espèce, le *souchet à papier*, plus connu sous le nom
de *papyrus*, est remarquable par ses
hampes feuillées à leur base et formées de plusieurs pellicules : ce sont
ces pellicules dont les anciens se servaient en guise de papier, pour écrire.
— Les *Joncacées* ou *Joncées* habitent

les lieux marécageux et sont remarquables par leur tige molle et flexible, dont on fait des nattes, des paniers, des cordes et d'autres ouvrages. Elles comprennent les *joncs* et quelques autres genres peu importants. — Les *Colchicacées* ou *Mélanthacées*, qui sont au nombre des plantes les plus vénéneuses, ont pour genres principaux le *colchique d'automne* ou *colchique commun*, dont les fleurs, de couleur lilas ou rose, couvrent les prairies en automne, et le *vératre*, vulgairement nommé *véraire*, qu'on croit être l'*ellébore blanc* des anciens.

Les *Liliacées* sont des plantes herbacées dont les fleurs, grandes et belles, ont six étamines, et dont le fruit est une capsule. Elles renferment : le *lis blanc*, le *phormium-tenax* ou *lin de la Nouvelle-Zélande*, l'*aloès*, dont les fleurs se disposent en épi ; la *tubéreuse*, à odeur prononcée ; la *tulipe* et la *jacinthe*, belles plantes d'ornement ; l'*ail*, dont les principales espèces sont l'*oignon* et le *poireau*.—Les *Asparagées* ou *Asparaginées* ont la tige herbacée, et leur fruit est une baie rouge de la grosseur d'un noyau de cerise ; remarquons parmi elles : l'*asperge commune*, dont on mange les jeunes pousses de chaque année ; le *muguet*, d'une odeur agréable ; la *salsepareille*, employée en médecine. — Les *Dioscorées* renferment, comme genre principal, les *ignames*, plantes vivaces dont les rhizomes très-volumineux fournissent une précieuse substance alimentaire. Originaire de l'Inde et de la Chine, l'igname s'est acclimaté dans presque toutes les parties du monde : on le cultive et il se propage comme la pomme de terre, mais il a l'inconvénient de s'enfoncer beaucoup plus dans le sol. — Les *Iridées* sont des plantes ordinairement herbacées ; la racine est tubéreuse ; les feuilles sont engaînantes, c'est-à-dire enveloppant la tige ; le fruit est une capsule. Elles comprennent : *l'iris*, le *safran*, le *glaïeul* et beaucoup de plantes d'ornement. La souche de l'*iris de Florence* acquiert, en se desséchant, une odeur analogue à celle de la violette ; la parfumerie en fait un grand usage. Les stigmates desséchés du *safran cultivé* sont employés en médecine et entrent aussi comme assaisonnement dans certains mets ; on en retire pour la peinture une belle couleur jaune. — Les *Amaryllidées* ont à peu près la même feuille que les iridées ; leur racine est bulbeuse et non tuberculeuse, et leur fleur porte six étamines au lieu de trois. À cette famille appartiennent les *tubéreuses* et les *jonquilles*, jolies plantes bulbeuses d'ornement ; l'*amaryllis* ou *lis de Saint-Jacques*; la *perce-neige*, qui fleurit en hiver ; les *agavés* d'Amérique, dont la tige, dans certaines espèces, atteint jusqu'à vingt mètres de hauteur en moins de huit jours. — Les *Narcissées*, tribu de la famille des amaryllidées, renferment les *narcisses*, plantes à fleurs jaunes ou blanches qui font l'ornement des prés.

Les *Orchidées* ont la racine fibreuse, la tige herbacée, les feuilles souvent alternes et sessiles, et les fleurs en épi ; ces fleurs sont remarquables par l'irrégularité de leur corolle, qui présente des ressemblances bizarres : on dirait une abeille ou une grosse mouche. La *vanille*, dont le fruit sert d'aromate, et diverses espèces d'*orchis*, dont les bulbes desséchées fournissent le *salep*, sont des orchidées. — Les *Broméliacées*, plantes vivaces remarquables par leur

port, renferment, outre l'*ananas,* un des meilleurs
fruits connus, d'admirables plantes d'ornement cultivées dans les serres chaudes. — A la famille des
Musacées appartiennent les *bananiers,* originaires des
Indes; dans cette contrée et aux Antilles on les cultive avec soin pour leurs fruits excellents, appelés
bananes, et pour leurs larges feuilles employées à
divers usages domestiques. — La famille des *Cannacées* se compose de plantes herbacées, originaires des
Indes orientales ou de l'Amérique : elle renferme les
balisiers, remarquables par leurs grandes et larges
feuilles, et diverses espèces de *canna* cultivées pour
la beauté de leurs fleurs. — Les *Aroïdées* ou *Aracées*
comprennent des plantes à racine vivace, tubéreuse
et charnue, qui croissent pour la plupart dans les
régions intertropicales : quelques-unes renferment
des sucs vénéneux. Parmi les principaux genres nous
citerons l'*arum* ou *gouet,* vulgairement nommé *pied-
de-veau,* dont la racine, préalablement desséchée,
donne une fécule nourrissante; le *caladium,* dont
une espèce est le *chou caraïbe* des Antilles; la·*colo-
casie,* dont les tubercules et les feuilles sont un aliment pour le peuple dans l'Inde et la Chine.

Les *Fluviales* comprennent des plantes qui vivent
presque toutes dans les eaux douces ou salées, et principalement dans les fleuves. Cette famille se divise en
plusieurs tribus : ainsi, à la tribu des *hydrocharidées*
appartient la *vallisnérie,* plante communément répandue dans les eaux du Rhône; à la tribu des *alis-
macées* le *plantain d'eau* ou *fluteau,* qui croît sur le
bord des marais et des étangs; à la tribu des *buto-
mées* le *butome* ou *jonc fleuri,* jolie plante à fleurs

roses; à la tribu des *lemnacées* la *lentille d'eau* ou *lenticule*, dont les feuilles très-petites couvrent la surface des eaux dormantes; enfin, à la famille des *naïadées* appartient la *zostère marine,* dont les feuilles sont employées à faire des sommiers et des coussins. — Les *Palmiers* sont de grands arbres à tige droite et cylindrique, à feuilles terminales et souvent pliées en forme d'éventail; presque tous se trouvent dans les régions équatoriales. Les genres principaux de cette famille sont : le *cocotier*, qui donne des fruits excellents; le *sagoutier,* qui fournit une fécule alimentaire, le sagou, qu'on extrait de la moelle de l'arbre; le *dattier*, qui porte des fruits sains et agréables connus sous le nom de *dattes.*

Questionnaire.

Quel est le caractère distinctif des monochlamydées?— Nommez les principales familles. — Indiquez les genres les plus importants des chénopodées, des polygonées, des laurinées, des euphorbiacées, des urticacées, des amentacées. — Par quoi se distinguent les végétaux gymnospermes? — Nommez les principales familles. — Indiquez les genres les plus importants des conifères et des cycadées. — Sous quel nom sont désignés les végétaux qui forment le deuxième embranchement de la classification? — Quel est le caractère distinctif des monocotylédones? —Nommez les principales familles.— Indiquez les genres les plus importants des graminées, des liliacées, des dioscorées, des iridées, des amaryllidées, des orchidées, des cannacées, des fluviales, des palmiers.

CHAPITRE XXV.

Cryptogames. — Embranchement des Acotylédones. — Sous-embranchement des Acotylédones vasculaires. — Classe des Filicinées. — Classe des Muscinées. — Sous-embranchement des Acotylédones cellulaires. — Classe des Lichénées. — Classe des Champignons. — Classe des Algues.

II. Cryptogames.

Les *Cryptogames* comprennent les végétaux dont les organes reproducteurs sont peu apparents, et c'est là ce qui leur a fait donner le nom qu'ils portent; ils forment l'embranchement des *Acotylédones*, plantes qui n'ont pas de cotylédon. Dépourvus de pistils, d'étamines et d'ovaire, ces végétaux se reproduisent par anthérozoïdes et spores. Les anthérozoïdes, corpuscules ou corps microscopiques, sont les semences mâles, qui se transportent d'elles-mêmes au contact de l'œuf femelle pour assurer la reproduction de la plante. Les spores sont généralement des utricules, de forme ovoïde ou globuleuse, remplis d'une matière homogène.

Embranchement des Acotylédones.

L'embranchement des Acotylédones se divise en deux sous-embranchements : les *Acotylédones vasculaires* et les *Acotylédones cellulaires*.

Sous-Embranchement
des Acotylédones vasculaires.

Le sous-embranchement des *Acotylédones vascu-laires* renferme les végétaux cryptogames pourvus de vaisseaux, et comprend deux classes, qui sont les *Filicinées* et les *Muscinées*.

Classe des Filicinées[1].

La classe des *Filicinées* comprend les plantes aco-tylédones dont l'organisation se rapproche le plus de celle des végétaux phanérogames.

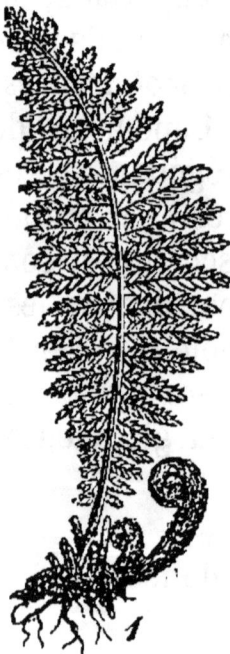

Fig. 58.
Fougère mâle.

Principales familles. Les *Fougères* forment la famille la plus importante des végétaux cryptogames. Dans nos pays, les fougères sont des plantes herbacées dont les feuilles, générale-ment découpées, sont roulées en crosse avant leur épanouissement. Elles croissent dans les bois et les lieux incultes : on retire de leurs cendres une potasse de très-bonne qualité. Avec les feuilles de ces plan-tes on fait des matelas pour les en-fants, de la litière pour les animaux domestiques. Diverses espèces de pe-tites fougères, appartenant aux genres *adiantum* et *asplenium*, et connues sous le nom de *capillaires*, ainsi que

1. Du mot latin *filices*, fougères, principale famille.

la *fougère mâle*, du genre *polysticum*, sont employées
en médecine. Dans les régions tropicales, les fougères atteignent des proportions considérables : ce
sont de grands arbres, et leur tige s'élève, comme
celle des palmiers, en se couronnant d'un bouquet
de verdure. — Les *Characées* renferment les *charas*
ou *charagnes*, plantes vulgairement nommées *lustres
d'eau*, qui croissent dans les eaux stagnantes. Leurs
tiges rameuses et rudes servent à polir les métaux
et à récurer les ustensiles de cuisine. — Les *Équi-
sétacées* ou *prêles*, vulgairement nommées *queues de
cheval* à cause de leurs rameaux effilés, sont des végétaux herbacés qui croissent généralement dans
les lieux humides, dans les marécages. La *prêle des
champs* est très-nuisible aux plantes cultivées. —
Les *Lycopodiacées* comprennent les *lycopodes*, petites
plantes terrestres qui végètent dans les lieux ombragés et frais des bois. Une espèce, vulgairement nommée *pied-de-loup*, renferme dans ses sporanges [1] une
poussière fine, d'un jaune de soufre, qui s'enflamme
subitement lorsqu'on la projette sur un corps en igni-
tion, et qu'on emploie dans les théâtres pour simu-
ler des flammes, des éclairs [2]. — Les *Rhizocarpées*
renferment des plantes aquatiques qui vivent surtout dans les étangs et les marais. Les unes sont
flottantes, les autres rampent au fond des eaux profondes.

1. On nomme *sporanges* les capsules ou vésicules membraneuses qui renferment les spores.

2. Le pollen du pin est aussi récolté en grand pour le même
usage.

Classe des Muscinées[1].

Les végétaux compris dans la classe des *Musci-nées* forment la transition entre les Acotylédones cellulaires et les Acotylédones vasculaires.

Principales familles. Les *Mousses,* humbles végétaux, reproduisent, sous la forme la plus modeste, quelques-uns des caractères qui appartiennent à des végétaux supérieurs. Elles possèdent une véritable tige, et leurs petites feuilles se réunissent en étoiles ou rosettes éparses çà et là tout le long des rameaux. Les mousses forment comme des touffes de gazon qui tapissent la terre, le tronc des arbres, les vieux murs ; il y en a même qui végètent dans les eaux. Les unes, par leurs détritus, contribuent essentiellement à la formation de la tourbe, employée comme combustible ; d'autres servent à l'emballage de divers objets, à l'ornement des jardinières. Ce sont les mousses qui fournissent aux oiseaux la plus grande partie des matériaux avec lesquels ils construisent leurs nids. — Les *Hépatiques* sont des plantes qui ont la forme d'expansions membraneuses simples, ou découpées, ou ramifiées. Les unes ont des rudiments de feuilles, des lames vertes ; d'autres ont des feuilles véritables insérées sur des tiges, ce qui leur donne l'apparence des mousses. Ces plantes n'ont aucun usage, bien qu'on leur ait attribué des propriétés contre les maladies du foie, et c'est précisément cette opinion qui leur a fait donner le nom qu'elles portent.

1. Du mot latin *musci,* mousses, principale famille.

Sous-Embranchement
des Acotylédones cellulaires.

Le sous-embranchement des *Acotylédones cellu-laires* renferme les végétaux cryptogames qui sont privés de vaisseaux et uniquement composés de cellules. Il comprend trois classes : les *Lichénées*, les *Champignons* et les *Algues*.

Classe des Lichénées.

La classe des *Lichénées* comprend les *lichens*, végétaux qui n'ont ni racines, ni tiges, ni feuilles : ils forment ces expansions plus ou moins sèches qui s'étalent sur la terre, sur les pierres, sur l'écorce des arbres. On compte de nombreuses espèces de lichens, parmi lesquelles nous nommerons le *lichen d'Islande*, employé comme aliment dans son pays natal et comme médicament pour différentes affections de la poitrine; le *lichen des rennes*, qui forme presque la seule nourriture des rennes dans les solitudes glacées de la Laponie; la *pulmonaire du chêne*, qui, en Sibérie, remplace le houblon pour fabriquer la bière. Le lichen *parelle* ou *orseille* donne une couleur violette pour la teinture. Aujourd'hui il paraît prouvé que le tissu des lichens est constitué par des filaments de champignons entrelacés autour de cellules vertes qui appartiennent à des algues enfermées dans ce tissu.

Classe des Champignons.

Les *Champignons* sont des végétaux terrestres ou parasites, c'est-à-dire qui se développent, soit sur ou dans la terre, soit sur d'autres végétaux, sur les matières en décomposition, sur le corps même des animaux. Ces acotylédones, de consistance tantôt molle, tantôt charnue, de formes très-variées, souvent pourvus d'un chapeau en forme de bouclier ou de parasol, croissent particulièrement dans les lieux humides et ombragés. Ils possèdent tous des spores, organes de la reproduction. Ces spores, au moment de la germination, donnent naissance à des filaments entre-croisés qui forment une sorte de feutrage, nommé *mycélium*. Le *blanc de champignon*, que l'on sème pour obtenir les champignons de couche, n'est autre chose que le mycélium. Parmi les nombreuses espèces de champignons, les unes sont comestibles, beaucoup d'autres sont vénéneuses, et il est toujours difficile de distinguer les premières des secondes. En général, il faut se méfier des champignons caractérisés par une chair spongieuse, une odeur désagréable, par un changement de couleur quand on les entame.

Fig. 59. — Champignon de couche.

Principales familles. A la famille des *Agaricinées hyménomycètes* appartiennent les *champignons proprement dits*, les *agarics*, dont plusieurs espèces sont comestibles, entre autres l'*agaric* dit *champignon de couche,* les *cèpes,* les *morilles,* l'*oronge* (dont une espèce voisine, la *fausse oronge,* est très-vénéneuse); les *bolets, etc.* Un champignon du genre *polypore,* nommé *agaric du chêne* ou *amadouvier,* sert à faire l'amadou. La *truffe,* qui appartient à la famille des *gastéromycètes,* végète sous terre dans les bois de chênes et de hêtres. Pour découvrir les truffes, on emploie des cochons, qui en sont très-friands, ou des chiens dressés à cette chasse. — Les *Urédinées* comprennent des champignons microscopiques et parasites, appartenant aux genres *uredo* et *ustilago,* qui se développent à la surface ou dans le parenchyme de certains végétaux : tels sont le *charbon* ou *nielle,* la *carie,* la *rouille,* qui attaquent les céréales, notamment le blé, l'avoine, le maïs, et causent ainsi de grands dommages aux récoltes. Un autre champignon, qui se présente sous divers états et qui, nommé d'abord *oïdium,* appartient au genre *érisyphe,* atteint la vigne et a fait subir des pertes considérables aux pays vignobles. C'est aussi à la présence d'un champignon parasite qu'est due la maladie des pommes de terre. — Les *Mucédinées* comprennent les *mucors* ou *moisissures,* très-petits champignons qui se développent sous la forme d'un réseau filamenteux, sur le pain aigri, les confitures fermentées et sur d'autres substances alimentaires en décomposition. — Les *Mycodermes* sont aussi des champignons microscopiques qui se développent dans les substances en fermentation et forment comme une peau ou membrane à leur surface.

Classe des Algues.

Les *Algues*, les moins parfaites de toutes les plantes, ont une organisation très-simple : vertes, brunes ou rougeâtres, elles affectent la forme de filaments, de tubes, de lames. Les unes habitent les lieux humides, les eaux douces ; les autres, les eaux salées.

Principales familles. Les *Confervacées* ont pour genre principal les *conferves,* plantes filamenteuses et de couleur verte, qui végètent dans les eaux douces : on les emploie comme engrais. Il y en a aussi qu'on trouve sur les bois pourris, sur les murs humides. Quelques espèces de conferves filamenteuses, entre autres les *oscillaires,* qui habitent les eaux stagnantes, sont animées de mouvements spontanés qui les ont fait considérer comme des êtres intermédiaires entre les animaux et les plantes. — Les *Fucacées* renferment, comme genres principaux, les *ulves* et les *fucus.* Les ulves sont de couleur verte et en forme de lames souvent enroulées sur elles-mêmes ; quelques espèces sont comestibles. Les fucus ou varechs sont des plantes marines qui adhèrent fréquemment aux rochers au moyen de crampons, qu'il ne faut pas confondre avec des racines. On retire de ces plantes, en les brûlant, de la soude et de l'iode. Une espèce de fucacée, désignée sous le nom de *sargassum,* atteint une longueur de deux ou trois cents mètres et forme en certains endroits, à la surface de l'océan, de vastes prairies qui sont un obstacle pour la marche des navires D'autres

algues appartenant aux fucacées, et dont l'ensemble
est vulgairement nommé *mousse de Corse,* quoiqu'on
les recueille à Marseille aussi bien qu'en Corse, sont
employées en médecine comme vermifuges. — A la
famille des *Floridées* appartiennent des algues remarquables par leur couleur d'un rouge pourpre. Une
espèce de floridée, la *coralline officinale*, est employée en médecine pour ses propriétés vermifuges.

**Avantages de la Botanique dans la vie domes-
tique.** — L'étude de la botanique est une source
des plus douces jouissances dans la vie domestique.
Elle donne un intérêt sans cesse renaissant aux promenades dans la campagne, où, si l'on connaît les
propriétés et la nature des végétaux, on ne peut
traverser un bois, un champ cultivé, une prairie,
sans regarder avec un sentiment de satisfaction des
plantes, des arbustes, des arbres qu'on sait distinguer, nommer et classer. Dans les bois, chaque arbre
a, pour ainsi dire, son langage, que la botanique
nous enseigne à comprendre : le chêne séculaire,
c'est la charpente des constructions urbaines ; le pin
élancé, c'est le mât du navire déployant ses voiles ;
le hêtre parle de la flamme joyeuse du foyer domestique. Dans les champs, chaque plante cultivée nous
rappelle le travail intelligent de l'homme ; dans les
prairies, le moindre brin d'herbe a son enseignement : c'est la grande source de la richesse agricole,
l'aliment indispensable des animaux domestiques.

Sous un autre point de vue, l'étude de la botanique fait naître et développe le goût des fleurs,
source de plaisirs pour tous les âges. Si, pendant le

cours de la belle saison, on s'est plu à étudier sur
pied les fleurs sauvages dans tout l'éclat de leur
fraîcheur, on aime à les revoir, durant les mauvais
jours de l'hiver, desséchées et classées dans un herbier soigneusement préparé. A côté des fleurs sauvages, l'herbier reçoit encore, à titre de souvenir,
les plus remarquables d'entre les plantes du parterre
perfectionnées par la culture.

Quels agréables délassements la connaissance de
la botanique ne nous offre-t-elle pas encore! Pour
ceux qui habitent l'intérieur des villes, l'appui de
la cheminée devient l'équivalent d'une tablette de
serre tempérée; là fleurissent, dans des vases remplis de terre ou simplement d'eau pure, les tulipes
aux nuances variées, des jacinthes et des jonquilles
douées des plus doux parfums. Sur une étagère,
suspendue au mur de l'appartement, vivent et fleurissent des collections entières de plantes grasses
naines, dont l'air est le principal aliment, et dont
la végétation nous offre les plus curieux phénomènes. Puis la fenêtre et la terrasse, si elles sont
bien exposées, peuvent admettre diverses plantes
d'ornement de chaque saison et se transformer en
un parterre en miniature. Pour ceux qui vivent habituellement à la campagne, c'est un plaisir que de
s'occuper de la culture d'un jardin, et en même
temps un moyen de se rendre utile que de récolter
les plantes médicinales les plus usuelles, la violette,
la mauve, le bouillon blanc, etc.

Enfin, la botanique, en nous faisant passer en
revue les inépuisables richesses du règne végétal,
élève nos pensées vers le créateur de toutes choses,

et nous dit aussi combien nous devons aimer, adorer et bénir la divine providence qui se montre à nous par tant de bienfaits.

Questionnaire.

Quels sont les caractères des végétaux compris dans la grande division des cryptogames? — Comment se reproduisent-ils? — Qu'est-ce que les cryptogames vasculaires? — Combien de classes renferment-ils? — Quelles sont les principales familles de la classe des filicinées? — Nommez les genres les plus importants des fougères, des characées, des lycopodiacées. — Quelles sont les principales familles de la classe des muscinées? — Donnez quelques détails sur les mousses et les hépatiques. — Qu'est-ce que les cryptogames cellulaires? — Que comprend la classe des lichénées? — Indiquez les principales espèces de lichens. — Donnez quelques détails sur les végétaux compris dans la classe des champignons.—Nommez les principales familles et les genres les plus importants. — Donnez quelques détails sur les champignons microscopiques qui se développent sur les plantes ou sur les substances alimentaires. — Qu'est-ce que les algues? — Nommez les principales familles. — Donnez quelques détails sur les conferves, les ulves et les fucus. — Quels sont les avantages qu'offre l'étude de la botanique dans la vie domestique? — Cette étude n'est-elle pas propre à élever nos pensées vers le Créateur?

CHAPITRE XXVI.

GÉOLOGIE ET MINÉRALOGIE

Définitions. — Minéralogie. — Propriétés des substances minérales.— Classification des minéraux.— Produits utiles des
minéraux.

Définitions. La *Géologie* et la *Minéralogie* ont pour
objet, à des points de vue différents, l'étude de l'enveloppe solide ou écorce du globe terrestre. Ainsi,
la Géologie s'occupe spécialement de la structure de
cette enveloppe, des grandes masses minérales,
nommées roches, qui la constituent, et des diverses
sortes de terrains qu'elles forment. La Minéralogie
décrit les corps bruts ou substances inorganiques
qui entrent dans la composition des roches et des
terrains.

I. Minéralogie [1].

On désigne sous le nom de *minéraux* tous les
corps bruts ou inorganiques, pierres, métaux, combustibles, sels, terres, qui se rencontrent à l'état
naturel dans le sein de la terre ou à sa surface. Leur
ensemble constitue le *règne minéral,* dans lequel on
comprend aussi les liquides et les gaz naturels. La

1. Une partie de la Minéralogie a beaucoup d'affinité avec
la Chimie ; de là quelques répétitions nécessaires dans nos volumes d'Histoire naturelle et de Physique et Chimie.

Minéralogie étudie les caractères extérieurs de ces corps, leur composition chimique, leurs propriétés et leurs usages.

Propriétés des substances minérales. Les minéraux, substances inorganiques, diffèrent essentiellement des végétaux et des animaux en ce qu'ils sont privés de vie et de sensibilité : ils ne peuvent ni se mouvoir ni se reproduire. Ils sont constitués de parties de matière infiniment petites, nommées *molécules*, et s'ils s'accroissent, c'est par la juxtaposition de parties nouvelles qui viennent se placer sur les premières. Leur durée peut être indéfinie; mais ils peuvent être décomposés sous l'influence de certaines causes. Les minéraux sont souvent amorphes, c'est-à-dire d'une forme mal déterminée; souvent aussi ils sont cristallisés, c'est-à-dire qu'ils présentent dans la disposition de leurs molécules une symétrie et une régularité qui se traduisent extérieurement par des formes géométriques.

Le nombre des substances minérales est très-considérable; il est donc indispensable, pour les distinguer, de connaître leurs caractères, c'est-à-dire leurs propriétés extérieures, leurs propriétés physiques et leurs propriétés chimiques.

Les principales propriétés extérieures des minéraux sont la *couleur*, la *transparence*, l'*odeur*, la *saveur*. Ainsi le saphir est bleu et le rubis est rouge; le cristal de roche est transparent; l'arsenic répand en brûlant une odeur d'ail; le sel marin a une saveur bien connue.

Les principales propriétés physiques des minéraux

sont la *dureté*, l'*élasticité*, la *ténacité*, la *mallÉa-bilité*, la *ductilité*, la *cassure*. Ainsi la craie et l'argile se laissent rayer par une pointe d'acier ; le diamant et le quartz ne se laissent pas entamer, parce qu'ils sont plus durs : voilà la *dureté*. Un arc d'acier que l'on courbe avec effort et qu'on abandonne ensuite reprend aussitôt sa première position, parce que l'acier est doué d'*élasticité*. Un fil d'or ou d'argent ne supportera pas le même poids qu'un fil de fer, parce qu'il offre moins de résistance : ce qu'on exprime en disant qu'il a moins de *ténacité*. Une masse d'étain ou de plomb s'aplatit et s'étend sous le marteau de manière à prendre toutes les formes : c'est ce qui constitue la *malléabilité*. Certains métaux, l'or, l'argent, le fer, le cuivre, s'allongent en fil lorsqu'on les force à passer par des trous d'un petit diamètre : cette propriété est nommée *ductilité*. La *cassure* d'un minéral, c'est-à-dire la manière dont il se divise naturellement, est encore une de ses propriétés physiques : cette cassure peut être unie, feuilletée, écailleuse.

Quant aux propriétés chimiques des minéraux, il suffit de mentionner leur effervescence [1] dans les acides et leur solubilité dans l'eau. Plusieurs métaux font effervescence dans l'acide nitrique ; presque tous les sels sont solubles dans l'eau.

Classification des minéraux. L'étude de la Minéralogie, si importante sous le rapport de son uti-

---

1. On nomme *effervescence* la propriété qu'ont les corps de dégager du gaz et souvent de la chaleur lorsqu'on les décompose.

lité, a été cultivée dès la plus haute antiquité, et, à
toutes les époques de l'histoire, les peuples les plus
civilisés ont été ceux qui savaient le mieux utiliser
les minéraux pour les arts et l'industrie. Mais on
connaissait les métaux utiles et on savait les appliquer aux usages de la vie bien avant qu'on songeât
à en déterminer méthodiquement les caractères et à
les classer. Ce n'est que dans les temps modernes
que la science de la Minéralogie a commencé à se
former, et elle a été perfectionnée de nos jours par
les travaux et les découvertes d'illustres savants.

Les substances minérales ont été classées dans un
ordre régulier, d'après leurs caractères analogues et
leurs propriétés. La classification la plus simple et
la plus naturelle est celle qui partage les minéraux
en trois grandes classes, savoir : 1° les *Pierres* ou
substances lithoïdes ; 2° les *Métaux* ou *substances
métalliques ;* 3° les *Combustibles* ou *substances inflammables.* Chacune de ces classes comprend un
certain nombre d'ordres, et les ordres à leur tour
se subdivisent en genres, en espèces et en variétés.
A ces trois classes se rattachent comme divisions secondaires les *Sels* et les *Terres.*

Les *Pierres* ou *substances lithoïdes* sont des corps
solides et durs, privés de la malléabilité et de la
flexibilité des métaux. Elles sont en couches placées les unes sur les autres ; elles forment quelquefois des rochers et des montagnes. Les pierres
conservent en général les propriétés de la terre dont
elles sont formées. Celles où la silice domine sont
dures ; celles où la magnésie l'emporte sont grasses
et onctueuses au toucher. Les unes ont la transpa-

rence d'une eau courante et limpide, les autres sont opaques. Les unes sont un amas de petits feuillets ou de petites lames; les autres forment un monceau d'aiguilles et de pointes entrelacées. Les pierres appelées *calcaires*, soumises à l'action du feu, se réduisent toutes en chaux : telle est la craie. D'autres pierres sont vitrifiées par le feu : tels sont le grès, les cailloux. Les vitres dont nos croisées sont garnies, les glaces qui décorent nos appartements, ne sont que du sable vitrifié mêlé avec d'autres substances, telles que la potasse, la soude ou la chaux. D'autres pierres enfin, comme le talc et l'amiante, résistent aux efforts du feu.

Les carrières sont les dépôts naturels des diverses espèces de pierres placées dans des conditions qui en rendent l'exploitation possible. Les bancs épais qu'elles forment constituent quelquefois des montagnes entières dont l'élévation, dans certaines contrées, atteint quatre mille mètres. Pour extraire les pierres, on est forcé, le plus souvent, de creuser un puits qui traverse le banc de la carrière; on forme des galeries souterraines qui se dirigent suivant les dispositions naturelles des couches, en y laissant des parties intactes pour soutenir les terres, en sorte que l'intérieur de la carrière représente une espèce de village souterrain. Les ouvriers débitent et séparent la masse de la carrière en blocs plus ou moins volumineux, selon la nature de la couche pierreuse : ces blocs sont enlevés jusqu'au haut du sol, au moyen d'un cabestan ou d'un treuil.

Les *Métaux* ou *substances métalliques* sont des corps pesants, opaques, brillants, malléables, fusibles, etc. Ils sont d'une grande utilité pour les usages domestiques et dans les arts. Sans la découverte et l'emploi des métaux, les hommes seraient restés dans l'état misérable où sont encore quelques peuplades sauvages de l'Afrique et de l'Australie. Les métaux se trouvent enfouis au sein de la terre en grandes masses auxquelles on a donné le nom d'amas et de filons. Les amas sont des masses minérales, de forme ordinairement ovale, et qu'enveloppent de toutes parts des roches de nature différente. Les filons sont des masses en forme de grandes plaques qui coupent transversalement les couches qui les renferment. On les considère comme des fentes qui se sont opérées dans les terrains par l'ébranlement du sol, et dont les vides ont été remplis peu à peu de diverses substances pierreuses ou métalliques. On pourrait les comparer à ces lézardes ou crevasses qui se manifestent sur les assises d'un édifice qui menace ruine. Les filons n'ont pas de direction fixe ; ils coupent le terrain dans tous les sens. Leur étendue et leur épaisseur sont très-variables : les uns ont deux ou trois mètres de longueur sur quelques millimètres d'épaisseur ; d'autres, au contraire, sont remarquables par leurs grandes dimensions. Quand un métal se trouve à l'état métallique parfait, c'est-à-dire à l'état de pureté, on l'appelle *métal vierge* ou *natif*. On donne le nom de *minerai* ou de *mine* aux substances minérales, telles qu'on les extrait du sein de la terre, qui contiennent des métaux utiles et qui sont susceptibles d'être exploitées. Il y a, par conséquent, entre un minerai et un minéral cette différence, que toute sub-

stance qui n'est ni végétale ni animale est un minéral,
et que tout minéral assez riche en substance métallique pour être exploité mérite seul le nom de minerai.

Pour retirer le métal des minerais, on fait subir à
ces derniers plusieurs opérations. Voici les principales : le lavage, qui consiste à faire passer un courant d'eau sur le minerai pour en détacher les particules terreuses; le grillage, au moyen duquel on
sépare du minerai les parties sulfureuses; la fusion,
l'affinage, la sublimation et autres opérations qui
sont du ressort de la chimie appliquée aux arts.
Quand on soupçonne quelque part la présence d'un
filon métallique, on fait de grandes excavations souterraines connues sous le nom de mines. Les ouvriers mineurs passent une partie de leur vie dans
ces tristes demeures, exposés aux plus grands dangers : souvent une voûte, mal soutenue par un
pilier trop faible, s'écroule tout à coup et ensevelit
les travailleurs sous les décombres; d'autres fois,
c'est une source souterraine qui, trouvant une nouvelle issue, s'élance avec force dans la mine et peut
enlever tout espoir de salut aux malheureux ouvriers.

On désigne sous le nom de *Combustibles* tous les
corps qui jouissent de la propriété de se réduire en
cendres en donnant de la chaleur et de la lumière,
et de se transformer en oxydes et en acides en se
combinant avec l'oxygène, le chlore, l'iode, etc. Les
combustibles minéraux proviennent de matières
végétales : les uns, tels que la houille et la tourbe,
servent aux besoins domestiques; d'autres, tels que
les lignites, sont employés dans les arts.

Les *Pierres*, les *Métaux* et les *Combustibles* seront
étudiés avec détails dans les chapitres suivants,
ainsi que les *Sels* et les *Terres*. Après l'énumération
de ces substances les plus importantes, nous mentionnerons les *fluides gazeux* et les *eaux*, qui sont aussi
du domaine de la Minéralogie.

Produits utiles des minéraux. Les substances
minérales que l'homme sait extraire du sein de la
terre où elles sont renfermées ont toutes leur utilité dans les arts, dans l'industrie, et sont journellement appliquées aux divers usages de la vie domestique. Ainsi les pierres communes, parmi lesquelles
il faut surtout mentionner la pierre de taille, la
pierre meulière, la pierre à plâtre, servent à construire nos habitations, les édifices publics, les
ports, les digues et tant d'autres travaux d'utilité
générale; les marbres sont employés pour la décoration des grands monuments, pour les statues, les
vases, les cheminées, les dessus de certains meubles;
les pierres précieuses, remarquables par leur éclat,
leur transparence et leurs belles couleurs, sont
recherchées pour la parure et pour ajouter un nouveau prix à des objets déjà précieux par eux-mêmes.
D'autres substances minérales sont utilisées à divers
titres : l'ardoise, pour la couverture des édifices; la
pierre lithographique, pour le dessin; le grès, pour
le pavage des rues. Parmi les métaux, les uns, tels
que l'or et l'argent, servent à fabriquer les monnaies, les bijoux et les nombreux objets d'orfévrerie; les autres, comme le cuivre, le plomb,
l'étain, le zinc, sont employés à divers usages : le

cuivre, pour la confection de vases et d'ustensiles,
pour des instruments de musique ; le plomb, pour
revêtir les terrasses, les bassins, pour faire des
tuyaux de conduite ; l'étain, pour étamer le cuivre ;
le zinc, pour les toitures et plusieurs usages domestiques. L'étain, allié au cuivre, fournit le bronze
pour les cloches et les canons. Le fer est le plus
utile de tous les métaux. A l'état de fonte, de fer
forgé, d'acier, il est employé dans une foule d'industries et pour un grand nombre de travaux : il
suffit de mentionner les instruments aratoires, les
rails des chemins de fer, les charpentes des édifices,
les balcons des croisées, les ressorts des voitures,
les instruments de chirurgie, les objets de serrurerie, les couteaux et des outils de tout genre. C'est
aussi le fer qui donne ces fils électriques destinés
soit à préserver nos édifices de la foudre, soit à
transporter d'un bout du monde à l'autre l'expres-
sion de la pensée. Les combustibles sont encore très-
utiles, surtout la houille, qui non-seulement alimente le foyer domestique, les usines, les chaudières
des locomotives et des bâtiments à vapeur, mais qui
encore fournit le gaz pour l'éclairage. Enfin, parmi
les produits utiles des minéraux, il y a des sables et
des terres qui par leur mélange servent à fabriquer
les poteries, la faïence et la porcelaine. Mais ce qu'il
faut peut-être le plus admirer, c'est le mélange, le
transport et la distribution sur les points habitables
de la surface du globe des éléments divers qui constituent la terre végétale, source de toute production, de toute richesse agricole.

Questionnaire.

Quel est l'objet de la géologie et de la minéralogie? — Sous quel rapport diffèrent-elles? — Qu'est-ce que les minéraux? — Quelles sont les substances que comprend le règne minéral? — Quelles sont les propriétés extérieures des minéraux? — Donnez quelques détails sur leurs propriétés physiques et chimiques. — En combien de classes divise-t-on les substances minérales? — Quelles sont ces classes? — Qu'appelle-t-on pierres ou substances lithoïdes? — Quelles sont en général leurs propriétés? — Indiquez les propriétés particulières de quelques-unes d'entre elles. — Par quels procédés les pierres sont-elles extraites des carrières? — Qu'est-ce que les métaux ou substances métalliques? — Où les trouve-t-on? — Quelle est leur utilité? — Qu'appelle-t-on métal natif et minerai? — Quelles sont les principales opérations pour retirer le métal des minerais? — De quelle propriété jouissent les substances désignées sous le nom de combustibles? — Quelle est leur utilité? — Mentionnez les produits utiles que fournissent les minéraux.

CHAPITRE XXVII.

Les Pierres. — Calcaire. Quartz. Gypse. Feldspath. Mica. Talc. Pierres composées. Gemmes ou pierres précieuses.

Les Pierres.

Les *Pierres* ou *substances lithoïdes*, connues aussi sous le nom de *roches*, sont un mélange de terres et de métaux. Les terres les plus abondantes dans la nature sont la silice, l'alumine, la magnésie et la chaux. Quelquefois une seule terre sans mélange donne naissance à une pierre : le quartz est regardé comme de la silice pure, et le saphir, pierre précieuse, comme de l'alumine pure.

Parmi les pierres nombreuses qui composent l'écorce de notre globe, nous citerons principalement le *calcaire*, le *quartz*, le *gypse*, le *feldspath*, le *mica* et le *talc*. Les *pierres composées* et les *pierres précieuses* seront l'objet d'une mention spéciale.

Calcaire. Le *calcaire* ou *carbonate de chaux* est une des substances le plus abondamment répandues dans la nature. Les espèces principales du calcaire sont la *pierre à chaux*, le *marbre*, l'*albâtre calcaire*, la *pierre lithographique*, la *craie* et le *spath d'Islande*. — La *pierre à chaux* vulgaire, appelée aussi *pierre de taille*, est sans contredit le calcaire le plus répandu. Les maisons sont construites généralement avec ce calcaire. Il est peu susceptible de poli, mais il se durcit à l'air et se conserve intact un long espace de temps. C'est avec ce calcaire grossier que l'on fait la chaux en le chauffant dans des fours particuliers qui sont ou des trous creusés dans les flancs d'une colline ou des chambres construites en briques. Le produit de cette calcination s'appelle *chaux vive* ou *caustique*. Dans cet état la chaux absorbe l'eau avec rapidité, en s'échauffant considérablement ; elle se fendille alors, augmente de volume et finit par se réduire en une poudre blanche qui prend le nom de *chaux éteinte*. Cette dernière est la base de tous les mortiers employés pour la maçonnerie. Tous les calcaires indifféremment peuvent se convertir en chaux, soit par la chaleur, soit par les acides. La *chaux hydraulique* est un mortier qui a la propriété de durcir sous l'eau ; elle est employée avantageusement dans la construction des ponts. On la prépare avec des pierres qui contiennent de la chaux et de l'argile en diverses proportions ; c'est à la présence de l'argile dans la pierre calcaire que la chaux hydraulique doit ses propriétés. — Le *marbre* a de nombreuses variétés employées pour la statuaire, pour la décoration des édifices et pour l'ameublement. Citons les plus remarquables : le *marbre blanc de Paros*, dont les anciens faisaient leurs statues, et le *marbre blanc de Carrare*, principalement employé par les statuaires modernes ; le *jaune antique* et le *jaune de Sienne*, sans veines ni taches, qu'on retrouve dans plusieurs monuments romains ; le *rouge antique*, d'une teinte de sang ; le *marbre de Languedoc*, entremêlé de blanc et de rouge ; le *marbre Sainte-Anne*, exploité en Belgique, noir et semé de taches blanches irrégulières : c'est un des plus communs en France ; on l'emploie pour les dessus de cheminées, de tables, de meubles. — L'*albâtre calcaire* ou albâtre proprement dit est très-dur et susceptible d'un beau poli ; il est d'un blanc laiteux ou jaunâtre, souvent avec des veines qui le nuancent agréablement. On en fait des vases, des statuettes et d'autres objets d'ornement. — La *pierre lithographique* a la surface lisse et le grain serré ; elle remplit pour la lithographie le même office que les planches de cuivre pour la gravure. — La *craie* est friable, très-tendre et presque toujours blanche ; le *blanc d'Espagne* est de la craie broyée et mêlée

d'eau : on s'en sert dans les écoles pour écrire sur
l'ardoise ou sur le tableau noir et aussi dans la peinture à la détrempe. — Le *spath d'Islande,* limpide et
cristallisé, a la propriété de la double réfraction,
c'est-à-dire que l'on voit une double image des objets
qu'on regarde à travers deux faces opposées.

Quartz. Le *quartz,* cette substance qu'on désigne
tour à tour sous les noms de *caillou,* de *gravier,* de
sable, de *grès,* de *cristal de roche,* d'*agate,* selon la
forme sous laquelle il se présente dans la nature,
est abondamment répandu sur tous les points du
globe. On le trouve à la surface et dans l'intérieur
de la terre. Sa dureté est extraordinaire ; il étincelle
contre l'acier, et donne une cassure vitreuse. Ses
espèces les plus remarquables sont le *grès,* le *quartz
hyalin,* le *jaspe,* l'*agate* et l'*opale.* — Le *grès* est
composé de grains plus ou moins volumineux de
sable quartzeux. Il fournit des pierres pour la construction et pour le pavage, des meules pour aiguiser les instruments d'acier. Souvent il est poreux,
et alors il sert, sous forme de plaques minces, à
filtrer les eaux. — Le *quartz hyalin* se présente toujours sous la forme cristalline. Quand il est en masse
compacte, il ressemble à du verre. Si la cristallisation est régulière et limpide, il prend le nom de
cristal de roche. Ce minéral, coloré par la présence
d'un métal, constitue les fausses pierres fines, la
fausse améthyste, la fausse topaze, le faux rubis, etc.
Le quartz hyalin forme le plus souvent des roches
distinctes, mais il se trouve aussi dans plusieurs
roches composées, sous la forme de grains cristal-

lisés, par exemple dans le granit. Les sables mouvants des bords de la mer, les sables des plaines arides appelées landes en Europe et steppes dans le nord de l'Asie, sont en grande partie composés de grains de quartz. Les cailloux et les graviers qu'on rencontre ordinairement dans le lit des torrents et des rivières ne sont aussi que des fragments de rochers de quartz, arrondis et réduits en petits grains par leur frottement et l'action des eaux. Le sable quartzeux entre dans la fabrication du verre et dans la composition des mortiers et des ciments.

Le *jaspe* est une substance opaque, à pâte fine, diversement colorée ; il est rouge, jaune ou vert, tantôt uniformément, tantôt par bandes ou taches. Toujours d'un prix élevé, et susceptible de prendre un beau poli, le jaspe sert à fabriquer toutes sortes de petits objets d'ornement. — L'*agate* est une pierre moins dure que le cristal de roche, mais qui cependant fait feu au choc du briquet. On distingue les agates fines ou les *calcédoines*, remarquables par la variété et la vivacité de leurs couleurs, et les agates grossières ou les *silex* : il en sera parlé aux pierres précieuses. — L'*opale*, désignée aussi sous le nom de *quartz* ou *silex opalin*, est composée de silice et d'eau. Parmi les variétés de cette pierre, on distingue l'*opale irisée,* d'un blanc laiteux et bleuâtre remarquable par ses reflets qui reproduisent les couleurs de l'arc-en-ciel. Elle est recherchée par les lapidaires, qui en font toutes sortes de bijoux.

Gypse. Le *gypse* ou *pierre à plâtre* est une substance molle qui se réduit facilement en poussière à l'aide de la chaleur : cette poussière est le *plâtre*. Les couleurs du gypse varient du jaune au blanc pur. Une de ses variétés est l'*albâtre gypseux*, qu'il faut se garder de confondre avec le véritable albâtre, qui est une pierre calcaire. Les principaux usages du plâtre sont bien connus : on l'emploie pour les plafonds, le devant des maisons, les corniches, le moulage des statues; on s'en sert aussi en agriculture pour amender les terres. Enfin, mêlé à l'eau et à la colle forte, il fournit une pâte qui devient solide par le refroidissement : c'est le *stuc*; on en fait certains ornements d'architecture, les billes d'écoliers, etc.

Feldspath. Le *feldspath* a presque la même dureté que le quartz, et n'est guère moins abondant; sa cassure est lamelleuse. Cette substance, généralement blanchâtre, entre dans la composition des granits et des porphyres, dont elle forme la partie essentielle. En mélangeant certaines variétés de feldspath, le *kaolin* et le *pétunzé,* on obtient une pâte d'une blancheur éclatante et d'une légère transparence : c'est la *porcelaine*.

Mica. Le *mica*, dont la couleur est variable, se présente toujours sous la forme de lames posées les unes sur les autres. Ces lames, souvent très-larges, sont flexibles, élastiques et douées d'une certaine transparence : aussi les a-t-on employées en Russie pour remplacer le verre à vitres. Le mica se trouve quelquefois en poudre; on en fait usage, sous le nom de *poudre d'or,* pour sécher l'écriture.

Talc. Le *talc* se présente généralement sous une forme feuilletée ou écailleuse ; il est tendre, flexible, onctueux au toucher. Une de ses espèces, connue sous le nom de *craie de Briançon*, est blanche comme la craie, et les tailleurs s'en servent pour tracer leur ouvrage sur le drap qu'ils veulent couper. D'autres espèces, diversement colorées, entrent dans la composition des crayons de pastel.

Pierres composées. On appelle *pierres* ou *roches composées* celles qui sont formées de la réunion de plusieurs minéraux combinés. Nous citerons, entre autres, le *granit*, le *porphyre*, la *lave*, le *basalte*, et les *ardoises*. — Le *granit* et le *porphyre* sont des roches très-dures, susceptibles d'un beau poli et employées dans les monuments publics. Le granit, de couleur variable, ordinairement grisâtre ou jaunâtre, fournit d'excellents matériaux pour le pavage des chaussées. Une des plus belles variétés de porphyre est le porphyre *rouge antique* ou *d'Égypte*. Les Égyptiens s'en servaient pour leurs obélisques, leurs statues, leurs bains. On distingue encore le *porphyre vert*, dit *porphyre ophite*, parce qu'il offre l'aspect d'une peau de serpent. — La *lave* et le *basalte*, produits volcaniques, sont des roches de couleur sombre, quelquefois employées comme pierres de construction ou pour le pavage des trottoirs. — Les *ardoises* se trouvent par bancs à la surface de la terre, sur les flancs des montagnes ou dans leur intérieur. Les blocs d'ardoises, extraits de la carrière, sont divisés en lames minces auxquelles on donne la forme et les dimensions convenables suivant les usages auxquels elles sont destinées; on s'en sert principalement pour couvrir les maisons et pour écrire dans les écoles.

Gemmes ou pierres précieuses. Par le mot de *gemmes* ou *pierres précieuses*, il faut entendre toutes les pierres naturelles employées dans la bijouterie comme objets de parure. Les plus remarquables sont le *diamant,* la *topaze,* l'*émeraude,* le *corindon,* la *turquoise,* le *grenat.* — Le *diamant,* le plus dur et le plus brillant de tous les minéraux connus, est du charbon pur, du carbone naturellement cristallisé. On le trouve au Brésil et dans l'Inde. Il est ordinairement incolore, c'est-à-dire blanc; mais quelquefois il est rose, bleu, vert, jaune et même noirâtre. Les diamants blancs sont généralement préférés, lorsqu'ils sont d'une belle eau, c'est-à-dire lorsqu'ils sont remarquables par leur transparence et leur limpidité. On donne au diamant tout son éclat en y taillant des facettes, et, comme aucune autre substance n'est capable de l'attaquer par le frottement, on ne parvient à l'user et à le polir qu'à l'aide de sa propre poussière. Le diamant taillé qui présente en dessus une facette, nommée *table,* entourée de plusieurs facettes obliques, est nommé *brillant,* et on appelle *rose* le diamant dont le dessus est taillé en pyramide, sans table. La grosseur des diamants est généralement peu considérable; leur poids s'évalue en carats, le carat équivalant à peu près à 0^{gr},21. Les pointes de diamant servent à couper le verre, et sa poussière, nommée *égrisé,* sert à tailler et à polir beaucoup d'autres pierres précieuses.— L'*émeraude* est d'un beau vert foncé; elle vient surtout du Pérou, du Brésil et de l'Égypte. Les variétés d'émeraude qui sont d'un vert bleuâtre prennent le nom d'*aigues-marines*. — La *topaze* est jaune; on la trouve au Brésil et en Sibérie. — Le *corindon*, le plus dur des minéraux après le diamant, comprend beaucoup d'espèces de pierres fines; tels sont : le *rubis oriental*, d'un rouge cramoisi, le *saphir oriental*, d'un beau bleu, l'*améthyste orientale*, de couleur violette, la *topaze orientale*, jaune. — La *turquoise* est une pierre opaque d'un bleu céleste. — Les *grenats* sont ordinairement rouges ou vermeils, quelquefois bruns, jaunes ou verdâtres. Les grenats d'Orient sont plus estimés que ceux qu'on trouve en Europe, principalement dans la Bohême et la Hongrie.

A côté des pierres précieuses se trouvent des pierres plus communes, parmi lesquelles il suffira de citer le *lapis-lazuli* et les *agates*. — Le *lapis-lazuli* ou *lazulite* est une pierre opaque, d'un bleu d'azur et à grains fins. Cette substance est rare; elle fournit aux arts une couleur très-recherchée sous le nom de *bleu d'outremer*. — Les *agates*, qui contiennent toutes plus ou moins de quartz, sont extrêmement variées dans leurs nuances et dans la disposition de leurs couleurs. Parmi les agates fines, nommées aussi *calcédoines*, les unes sont rouges comme la *cornaline*, les autres jaunes comme la *sardoine*, d'autres vertes comme la *chrysoprase*. Une des plus belles agates est l'*onyx*, qui porte des couleurs tranchées et qu'on emploie surtout à faire des camées. Les *silex* sont des agates grossières; les plus.

remarquables sont la *pierre à fusil*, qui, frappée par l'acier, produit de vives étincelles, et la *pierre meulière*, dont on fait les meules de moulin et des constructions monumentales.

Questionnaire.

De quoi sont composées les pierres? — Quelles sont les terres les plus communes? — Quelles sont les pierres les plus importantes? — Quelles sont les principales espèces de calcaire? — Quels sont les usages de la pierre à chaux? — Qu'appelle-t-on chaux vive? chaux éteinte? chaux hydraulique? — Indiquez les variétés les plus remarquables du marbre et leurs usages. — Qu'est-ce que l'albâtre calcaire? — A quoi sert-il? — Quelle est la nature de la pierre lithographique? — Quel usage en fait-on? — Quelle est la nature de la craie? — Comment prépare-t-on le blanc d'Espagne? — A quoi sert-il? — Qu'est-ce que le spath d'Islande? — Qu'est-ce que le quartz? — Quelles sont ses propriétés? — Mentionnez les espèces les plus remarquables et leur utilité. — Qu'est-ce que le gypse? — Quels sont les principaux usages du plâtre? — Donnez quelques détails sur le feldspath, le talc et le mica, et sur les divers usages auxquels ils peuvent être appliqués. — Qu'appelle-t-on pierres composées? — Donnez quelques détails sur le granit, le porphyre, la lave, le basalte et les ardoises. — Quelles sont les pierres qu'on désigne sous le nom de pierres précieuses? — Donnez quelques détails sur le diamant, la topaze, l'émeraude, le corindon, la turquoise et le grenat. — Mentionnez quelques autres pierres plus communes et l'usage qu'on en fait.

CHAPITRE XXVIII.

Les Métaux. Fer. Cuivre. Plomb. Étain. Zinc. Aluminium. Platine. Argent. Or. Mercure. — Métaux secondaires.

Les Métaux.

Les *Métaux* ou *substances métalliques* sont nombreux; on en compte plus de cinquante. Les plus communs, comme les plus remarquables par les usages auxquels on les applique, sont le *fer*, le *cuivre*, le *plomb*, l'*étain*, le *zinc*, l'*aluminium*, le *platine*, l'*argent*, l'*or* et le *mercure*. Il y en a beaucoup d'autres d'un usage secondaire, tels que l'*antimoine*, l'*arsenic*, le *cobalt*, le *bismuth*, le *manganèse* et le *chrome*.

Fer. Le *fer* est le métal le plus utile à l'homme, et, par un bienfait de la nature, c'est aussi celui qui se rencontre le plus fréquemment dans presque toutes les contrées de la terre. Quand on l'extrait des mines, il est presque toujours uni à des matières étrangères dont on le débarrasse par divers procédés. Ce métal, d'un gris bleuâtre, est très-dur, et il a besoin d'être rougi au feu de forge pour recevoir la forme qu'on veut lui donner. Il est ductile et peut se réduire en fils d'une extrême ténuité; on l'appelle alors *fil de fer*. La *fonte*, dite aussi *fer cru*, est le premier produit de la fusion, dans de hauts fourneaux, des minerais de fer mélangés avec du charbon. Coulée dans des moules de sable, la fonte se transforme en ustensiles de toute espèce, en grilles, en balcons, en tuyaux pour la conduite des eaux, en grosses pièces de mécanique. Le *fer forgé* se prépare avec la fonte par la voie de l'affinage, qui lui rend à peu près sa pureté primitive ; il est ordinairement forgé en barres. La fonte affinée est employée pour les constructions, les ponts, les rails de chemins de fer, les boulets de canons, les divers ouvrages de serrurerie, etc. L'*acier* est une combinaison de fer forgé et d'une petite quantité de charbon : ainsi produit, il est nommé *acier de cémentation*, et il sert à fabriquer les ressorts des voitures, des objets de quincaillerie, etc. On appelle *acier trempé* celui qui a été refroidi brusquement dans un liquide au moment où il est sorti de la forge : cette opération lui donne une dureté et une élasticité plus grandes. L'acier de cémentation, fortement chauffé et fondu, puis coulé dans des lingotières, donne l'*acier fondu* ou *acier fin*, qui est susceptible de prendre le plus beau poli : aussi est-il employé de préférence pour la bijouterie d'acier, les ressorts de montres, les instruments de chirurgie, etc. Outre ses nombreuses applications dans les arts, le fer s'emploie en médecine comme tonique, en poudre, en pastilles, en pilules, etc.

Cuivre. Le *cuivre* est un métal rouge, très-commun, mais que l'on trouve assez rarement à l'état natif, c'est-à-dire sans aucun mélange. Il est malléable et ductile, mais à un moindre degré que l'or et l'argent. On l'emploie pour la fabrication d'un grand nombre d'ustensiles, tels que des chaudières,

des casseroles, des baignoires, etc., et pour le dou-
blage des vaisseaux. Le cuivre, exposé à l'air ou
mis en contact avec des acides, s'altère rapidement;
il se couvre alors d'une matière verdâtre qui est le
vert-de-gris, un des plus violents poisons connus;
c'est pour ce motif qu'on étame les ustensiles
de cuivre destinés à la préparation des aliments.
Parmi les minerais de cuivre, nous citerons la *malachite,* composée de sous-carbonate de cuivre, dont
il existe de grands dépôts en Sibérie, et avec laquelle
on fait des revêtements de meubles et des objets
d'art. — Les alliages du cuivre les plus communs
sont le *bronze* et le *cuivre jaune.* Le *bronze,* qui est
un alliage de cuivre et d'étain, s'emploie pour
faire les médailles, les canons, les cloches d'église,
les statues, les colonnes qui décorent nos places
publiques, beaucoup d'objets d'ameublement, des
pendules, des vases, etc. — Le *cuivre jaune* ou *laiton,* qui est un alliage de cuivre et de zinc, sert
à faire des instruments de physique, les mouvements
d'horloges, des ustensiles de ménage, des boutons,
les épingles, etc.

Plomb. Le *plomb,* d'un blanc bleuâtre, est d'une
teinte brillante qui se ternit rapidement à l'air. Ce
métal, plus léger que l'or et que le platine, est mou
et fusible à une assez faible chaleur. Il se fait aussi
remarquer par la facilité avec laquelle il s'étend sous
le laminoir et se convertit en feuilles très-minces. Le
plomb s'emploie pour couvrir les toits et les terrasses, pour garnir les bassins et les réservoirs, pour
faire les tuyaux de conduite; on en fabrique aussi

les balles de fusil et le plomb de chasse. Allié à
l'antimoine, il sert à faire les caractères d'imprimerie ;
uni à l'étain, il donne la soudure des plombiers et
des ferblantiers. Ses composés les plus usités sont :
le *minium,* de couleur rouge, la *litharge,* de couleur
jaune, et la *céruse* ou *blanc de plomb,* employés soit
en peinture, soit dans la fabrication des glaces et du
verre de cristal. Les mines de plomb les plus considérables sont celles de l'Angleterre et de l'Allemagne. La France en possède aussi d'assez importantes dans quelques parties de la Bretagne.

Étain. L'*étain* est un métal d'un blanc d'argent,
plus dur et ayant plus d'éclat que le plomb. On l'emploie à confectionner des cuillers, des assiettes, des
vases ; il sert à revêtir certains ustensiles de cuivre,
pour les préserver du contact de l'air et les empêcher
de s'oxyder ou de se couvrir de vert-de-gris : cette
opération constitue l'art de l'étamage. Ses alliages
fournissent le *fer-blanc* et le *tain* des glaces : le premier de ces alliages n'est autre chose que du fer
laminé (tôle) trempé dans l'étain fondu ; le second est
un amalgame d'étain et de mercure qu'on applique
derrière des glaces pour leur donner la propriété de
réfléchir les images et les convertir en miroirs. Les
mines d'étain les plus considérables sont celles que
l'on trouve en Angleterre, en Bohême, au Mexique
et dans quelques parties de l'Asie et de l'Océanie.

Zinc. Le *zinc,* d'un blanc bleuâtre, est plus dur
que l'étain. On ne le trouve point à l'état natif, mais
les minerais dont on le tire sont nombreux ; les plus

communs sont la *blende* et la *calamine* : la première, désignée aussi sous le nom de sulfure de zinc, est une substance brune ou jaunâtre; la seconde est une pierre d'un aspect terreux et d'un blanc jaunâtre. Le zinc remplace sur beaucoup d'édifices modernes l'ardoise et la tuile; on le débite en feuilles pour cet usage. On en fait aussi des baignoires et des conduits; il entre dans la fabrication du laiton et dans la préparation du blanc de zinc employé en peinture. Il faut encore mentionner une application importante de ce métal; on a reconnu que le zinc mis en contact avec d'autres métaux peut les préserver de l'action des corps qui tendent à les oxyder : c'est ainsi que des feuilles de fer recouvertes de zinc sont impunément abandonnées à l'air ou à l'humidité, sans qu'elles éprouvent aucune altération. Les mines de zinc les plus abondantes de l'Europe sont celles de la Vieille-Montagne, sur la frontière de la Belgique et de la Prusse rhénane, et aussi celles qui sont exploitées en Angleterre, en Silésie et en Carinthie.

Aluminium. L'*aluminium* a pour caractères distinctifs une couleur d'un blanc grisâtre, intermédiaire entre la couleur de l'étain et celle de l'argent, et de plus une excessive légèreté jointe à la solidité des métaux les plus durs. On l'extrait de l'alumine, qui est une substance contenue dans les argiles. Il sert à faire toutes sortes d'objets pour l'industrie et l'économie domestique; il tient le milieu entre les métaux précieux et les métaux usuels.

Platine. Le *platine* est le plus pesant de tous les métaux. Sa couleur approche plutôt de celle de l'acier que de celle de l'argent. On le trouve à l'état natif ou plutôt à l'état d'alliage avec le fer et quelques autres métaux ; il se montre sous la forme de grains disséminés dans des sables qui renferment de l'or et des diamants. Le platine est le moins dilatable des métaux ; en même temps il est infusible au feu de forge, il résiste à l'action de presque tous les acides et il est inaltérable à l'air. Aussi l'emploie-t-on pour la fabrication des pièces d'horlogerie délicates, des creusets destinés aux opérations chimiques. Par le même motif, il a été adopté pour le type ou étalon du mètre. On trouve ce métal au Brésil et en Sibérie.

Argent. L'*argent* est un métal blanc, très-sonore ; on le trouve souvent à l'état natif, avec l'or, l'antimoine, l'arsenic, le soufre, etc. Souvent aussi il est mêlé avec un gaz appelé *chlore* et forme une pâte molle de couleur verdâtre. L'argent s'allie, comme l'or, à une certaine quantité de cuivre, avant d'être converti en monnaies et en ouvrages d'orfévrerie. L'argent est, après l'or, le plus ductile des métaux : on peut le réduire en feuilles si minces que huit mille de ces feuilles n'ont qu'une épaisseur de deux millimètres ; un gramme d'argent peut être étiré en un fil de deux mille cinq cents mètres de longueur. On appelle *plaqué* le cuivre recouvert d'une feuille d'argent très-mince. L'argenture se pratique généralement, comme la dorure, par les procédés galvanoplastiques. Les mines d'argent les plus riches se trouvent au Mexique et au Pérou.

Or. L'*or* se trouve en filons, en filaments déliés, engagés parmi des roches, ou, comme le platine, dans certains sables, en paillettes, en grains disséminés; on le rencontre aussi quelquefois en masses assez considérables nommées *pépites*. Ce métal existe souvent à l'état natif, en feuilles et en masses, le plus ordinairement dans des roches de quartz, avec le platine et le cobalt. L'or, remarquable par sa belle couleur jaune, est très-malléable et très-ductile : on peut le réduire en feuilles d'un neuf cent millième de mètre d'épaisseur; deux grammes d'or suffisent pour couvrir un fil d'argent de deux cents myriamètres de longueur. On ne peut l'employer dans les arts à l'état de pureté, parce qu'il est trop mou : on l'allie à une certaine quantité de cuivre. On fabrique avec l'or des bijoux et des monnaies[1]. La dorure se fait tantôt au moyen de feuilles d'or très-minces qu'on applique sur les objets, tantôt et plus généralement au moyen de la galvanoplastie. Les mines d'or les plus riches sont celles du Mexique, de la Californie et de l'Australie. L'Afrique et l'Asie renferment aussi des mines de ce métal.

Mercure. Le *mercure* ou *vif-argent* offre une particularité très-remarquable, celle de rester liquide à la température ordinaire. Il se solidifie à 40 degrés centésimaux de froid, et devient alors flexible comme l'étain. Sa couleur ressemble à celle de l'argent, et

---

1. La proportion de cuivre qui doit entrer, comme alliage, dans les monnaies et les bijoux, est réglée par la loi et garantie par le contrôle.

de là lui vient le nom de *vif-argent*. On le trouve à l'état natif, avec l'argent et le soufre. Ce métal, quand il est à l'état de pureté, sert à faire les baromètres et les thermomètres, à préparer certains médicaments et entre dans la composition du tain des glaces. On en fait encore usage dans l'affinage de l'or et de l'argent, c'est-à-dire pour séparer de ces deux métaux certaines substances qui en altèrent la pureté. Le mercure, par sa combinaison avec le soufre, donne le *cinabre* ou *vermillon*, belle couleur rouge qu'on emploie en peinture. Les mines les plus considérables de mercure sont celles d'Idria, en Autriche, d'Almaden, en Espagne, et d'Huancavélica, au Pérou.

Métaux secondaires. L'*antimoine*, métal cassant et brillant, est d'une couleur blanche bleuâtre; il entre dans la composition des caractères d'imprimerie et dans plusieurs préparations antimoniales employées en médecine, telles que l'*émétique*, qui est un vomitif, et le *beurre d'antimoine*, dont on se sert contre la morsure des animaux venimeux.

L'*arsenic* est un métal solide, de couleur grise et brillante. Les vapeurs qui se dégagent de l'arsenic métallique exposé à la chaleur ont une odeur analogue à celle de l'ail et sont très-dangereuses à respirer. — Le *cobalt* est peu employé dans les arts sous sa forme métallique; à l'état d'oxyde, il fournit une couleur d'un bleu clair.

Le *bismuth*, métal très-fragile, formé de grandes lames brillantes, est employé dans plusieurs arts et entre, comme l'antimoine, dans la composition des caractères d'imprimerie. — Le *chrome* donne un produit d'un beau vert, généralement employé pour la coloration des pierres précieuses artificielles, des émaux, et pour la peinture sur porcelaine. — Le *manganèse* sert à purifier le verre et à le colorer en violet ainsi que la porcelaine. Il sert aussi dans la fabrication des toiles peintes, mais surtout dans la composition des chlorures, qui rendent de si grands services à l'humanité par leur action comme désinfectants.

Parmi les métaux que nous venons d'étudier, l'or, l'argent, le cuivre, le fer, le mercure, le plomb et l'étain ont été connus des peuples de l'antiquité; les autres étaient inconnus des anciens. Ainsi la découverte du zinc remonte à l'année 1541, celle du platine à l'année 1735; celle de l'aluminium date de 1827, mais ce n'est qu'en 1852 que ce métal a été obtenu en masses compactes.

Questionnaire.

Quels sont les principaux métaux? — Quelles sont les qualités du fer? — Quelle préparation doit-il subir avant d'être employé? — Qu'est-ce que la fonte? — Qu'appelle-t-on fer forgé? — Quels sont les principaux usages du fer? — Comment se fabrique l'acier? — A quoi sert-il? — Quelles sont les propriétés du cuivre? — Comment se produit le vert-de-gris? — Qu'est-ce que la malachite? — Donnez quelques détails sur le bronze et le laiton. — Quelles sont les propriétés du plomb? — A quels usages est-il employé? — Quels sont ses composés les plus communs? — Qu'est-ce que l'étain? — A quoi sert-il? — Indiquez ses principaux alliages. — Qu'est-ce que le

zinc, et quel usage en fait-on ? — Qu'est-ce que l'aluminium
et quels sont ses usages ? — Qu'est-ce que le platine ? —
A quoi est-il principalement employé ? — Où se trouve
l'argent ? — Quelles sont ses qualités ? — Qu'est-ce que
le plaqué ? — Quelles sont les mines d'argent les plus
considérables ? — Où trouve-t-on l'or ? — Quelles sont
ses qualités ? — A quels usages est-il surtout employé ?
— Comment se pratique la dorure ? — Où sont situées
les mines d'or les plus riches ? — En quoi le mercure
diffère-t-il des autres métaux ? — A quels usages est-il
employé ? — Donnez quelques détails sur l'antimoine, l'arsenic, le cobalt, le bismuth, le chrome et le manganèse.

CHAPITRE XXIX.

Les Combustibles. Houille. Anthracite. Lignite. Tourbe. Soufre.
Bitume. Ambre jaune. — Les Sels. Sel gemme. Nitre. Alun.
Borax. — Les Terres. Argile. Marne. Tripoli. Terre végétale.
— Les fluides gazeux. Les eaux.

Les Combustibles.

Les *Combustibles* ou *substances inflammables* ont
par leurs produits une assez grande importance dans
le règne minéral. Les principaux sont : la *houille*,
l'*anthracite*, le *lignite*, la *tourbe*, le *soufre*, le *bitume* et l'*ambre jaune*.

Houille. La *houille* ou *charbon de terre*, substance
noire et luisante, brûle avec une épaisse fumée et
une odeur bitumineuse. Elle provient de grands
dépôts de matières végétales qui ont été minérali-
sées par le temps, et se compose essentiellement de
bitume et de carbone associés à une proportion

variable de substances terreuses. Le produit le plus
remarquable qu'on obtient de la houille par la distil-
lation est le gaz inflammable qui sert à l'éclairage et
qui est connu sous le nom de *gaz hydrogène bicar-
boné*. Suivant la quantité de bitume qu'elle contient,
la houille est plus ou moins propre à différents
usages. On appelle *houille grasse* celle qui est très-
chargée de bitume; *houille maigre,* celle qui est peu
bitumineuse. La houille grasse, qui donne deux fois
plus de chaleur qu'aucune sorte de bois, est surtout
recherchée pour le travail des forges et l'extraction
du gaz. La houille maigre s'emploie de préférence
pour la cuisson de la brique, du plâtre, de la chaux,
ainsi que pour chauffer les appartements. Le *coke,*
qui est le produit de la houille carbonisée, c'est-à-
dire privée de son bitume, est aujourd'hui d'un
grand usage, non-seulement dans les travaux des
fonderies, mais encore pour le chauffage domestique.
Les cendres de la houille sont mises à profit pour
amender les terres. La Belgique et l'Angleterre possèdent des mines très-abondantes de charbon de
terre; la France en possède aussi, surtout dans les
départements du Nord, de la Loire, de Saône-et-Loire
et de l'Aveyron. Ce combustible doit être regardé
comme une de nos principales richesses, parce qu'il
permet d'alimenter constamment les usines, pour
lesquelles le bois serait insuffisant et trop cher.

L'exploitation des mines de houille occupe de
nombreux ouvriers, mais elle n'est pas sans dangers.
Les couches de houille dégagent continuellement du
gaz hydrogène carboné, lequel, étant plus léger que
l'air, se rassemble à la partie supérieure des galeries

et forme par son mélange avec l'air un gaz très-inflammable. Si le feu est accidentellement communiqué à ce gaz, il détone violemment et peut causer les plus terribles désastres. Un célèbre chimiste anglais, nommé Davy, a inventé une lampe de sûreté, consistant en une lampe ordinaire enfermée dans une espèce de cage en toile métallique dont les fils sont d'un très-petit diamètre et les mailles très-serrées. Lorsque le mineur, muni d'une pareille lampe, se trouve dans un milieu inflammable, l'explosion n'a lieu qu'au sein de la cage, parce que la toile métallique refroidit assez la flamme produite par l'explosion pour qu'elle ne se propage pas au dehors.

Anthracite. L'*anthracite* est une substance noire, brillante, brûlant lentement et avec difficulté sans répandre ni fumée ni odeur. Ces derniers caractères la distinguent de la houille. Elle produit une chaleur intense et peut servir aux mêmes usages que la houille, mais elle exige un fort courant d'air. C'est avec l'anthracite mêlée à de la houille et à une petite quantité d'argile qu'on prépare les bûches dites économiques. La France possède des mines d'anthracite assez importantes.

Lignites. Le *lignite,* comme le charbon de terre, est une substance végétale minéralisée. Il brûle généralement avec facilité et il est employé comme combustible dans les appartements. Certaines espèces de lignite, d'un beau noir, sont susceptibles d'un poli brillant; elles servent, sous le nom de *jais* ou *jayet,* à fabriquer des bijoux.

Tourbe. La *tourbe* provient aussi de matières végétales. Elle se trouve ordinairement dans le voisinage des étangs, des lieux marécageux où certaines plantes aquatiques croissent avec abondance. La tourbe est employée comme chauffage; elle brûle facilement, avec ou sans flamme, en dégageant beaucoup de fumée. On en recueille les cendres pour les répandre sur les champs, qu'elles rendent plus fertiles. On peut aussi la convertir facilement en un charbon propre aux mêmes usages que le coke provenant de la houille. Plusieurs départements de la France, et surtout ceux de la Somme et du Pas-de-Calais, renferment des tourbières considérables.

Soufre. Le *soufre* est une substance dure et cassante, de couleur jaune, plus pesante que l'eau, et brûlant avec une flamme d'un bleu pâle qui produit des vapeurs suffocantes. On le trouve dans la nature, tantôt seul, tantôt associé à des métaux, à la surface de certaines roches, mais surtout aux environs des volcans, dans des endroits appelés *solfatares.* La plus célèbre solfatare est à Pouzzoles, près du mont Vésuve. Chauffé en vase clos à une haute température, le soufre entre en ébullition et se réduit en vapeurs jaunes qui se condensent, par le refroidissement, sous la forme d'une poussière très-fine appelée *fleur de soufre.* Le soufre est employé dans la fabrication des allumettes, de la poudre à canon et de l'acide sulfurique. On se sert aussi du soufre liquéfié par la chaleur pour prendre des empreintes de médailles ou pour sceller le fer dans la pierre; la médecine en fait usage pour combattre les maladies de la peau.

Bitume. On appelle *bitume* une substance minérale, tantôt liquide comme la poix fondue, tantôt solide, mais s'enflammant toujours avec facilité, et dégageant une odeur particulière qui la fait reconnaître. Il y a divers espèces de bitume. Le *bitume liquide*, nommé aussi *naphte* ou *pétrole*, dont il existe des sources abondantes en Amérique, est employé comme huile à brûler; mais son usage n'est pas sans danger et exige de grandes précautions.— L'*asphalte* est une autre espèce de bitume, de couleur noire, qu'on trouve en masses compactes sur les eaux du lac Asphaltite, en Judée, et dans plusieurs localités de la France, notamment à Seyssel, dans le département de l'Ain. On l'emploie pour faire le goudron des navires; on s'en sert encore pour remplir les jointures des pierres ou des dalles dans la construction des bassins et des terrasses. Certaines espèces de cette substance sont employées aujourd'hui comme dallage pour les trottoirs et les pièces des rez-de-chaussée et des sous-sols.

Ambre jaune. L'*ambre jaune* ou *succin*, espèce de résine fossile, est une substance transparente, d'une odeur agréable; il brûle avec flamme, et prend à une faible chaleur la consistance de l'huile : il paraît provenir, comme les lignites, d'une matière végétale. L'ambre jaune n'est guère employé que

dans la bijouterie ; il ne faut pas le confondre avec
l'ambre gris, qui est un produit du règne animal.
On recueille l'ambre jaune principalement dans les
sables des bords de la mer Baltique.

Les Sels.

Les *Sels* ou *substances salines* ont pour propriété
générale d'être solubles dans l'eau. Ils sont ordinairement cristallisés. Tous les composés d'oxygène et
d'un métal, combinés avec un ou plusieurs acides,
donnent une foule de sels. Mais tous ces produits
existent rarement à l'état naturel ; ils sont le résul-
tat du travail des chimistes. Les substances salines
les plus usuelles sont le *sel gemme*, le *nitre*, l'*alun*
et le *borax*.

Sel gemme. Le *sel gemme* se trouve au sein de la
terre, dans des mines dont quelques-unes ont une
étendue très-considérable. Celles de Wieliczka, en
Pologne, et celles de Dieuze, en France, dans le département de la Meurthe, sont aussi remarquables
par leur étendue que par l'importance des produits
qu'elles donnent. Le sel, quand il a été extrait des
mines, est soumis à diverses opérations qui ont pour
but de le purifier. Cette substance s'extrait aussi
des sources salées, et surtout des eaux de la mer,
qu'on amène dans des fossés peu profonds où l'action du soleil les fait rapidement évaporer. Le sel
purifié, et constituant ce qu'on appelle le *sel de cuisine*, est un objet de première nécessité : il entre
dans presque tous nos aliments. Il sert à la conser-

vation des substances alimentaires, à la fabrication de la soude destinée aux verreries et à une foule d'usages économiques et industriels. On l'emploie aussi pour assaisonner la nourriture des bestiaux et pour amender les terres.

Nitre. Le *nitre*, vulgairement *salpêtre*, est de couleur blanche et laisse un goût d'amertume si l'on en met un morceau sur la langue. Il se forme naturellement sur les murs des vieux édifices, dans les caves, dans les écuries; on le retire des vieux plâtras quand on démolit une maison. On l'obtient aussi d'une manière artificielle, en mélangeant des matières organiques, animales ou végétales avec du plâtre. Le nitre entre dans la composition de la poudre à canon et des feux d'artifice. C'est encore du nitre que l'on extrait l'*eau-forte* ou *acide nitrique étendu d'eau*, d'un emploi si général dans les arts.

Alun. L'*alun* est un sel de la blancheur et de la transparence du nitre. Il existe tout formé aux environs de quelques volcans; mais c'est artificiellement et par divers procédés qu'on l'obtient en grandes quantités. L'eau imprégnée d'alun s'étend sur le papier pour l'empêcher de boire; cette dissolution sert également à fixer la couleur sur les étoffes. L'alun s'emploie encore pour préserver de la putréfaction les substances animales, pour raffiner le sucre, pour clarifier les eaux bourbeuses. Enfin la médecine fait un fréquent usage de l'alun calciné, réduit en poudre blanche et légère.

Borax. Le *borax* est un sel blanc, d'une saveur douceâtre, que l'on débite sous la forme d'une poudre blanche. Il se tire du fond de certains lacs dans les Indes ; mais on est parvenu à le faire artificiellement comme les deux sels précédents. On l'emploie surtout pour la soudure du fer et de quelques autres métaux, et dans la préparation des couleurs employées sur verre ou sur porcelaine.

Les Terres.

Les *Terres* ne sont jamais pures ; elles consistent dans un mélange de plusieurs minéraux. Nous avons indiqué les principales en parlant des substances pierreuses, auxquelles les terres se rapportent toutes. Nous ne parlerons donc ici que de l'*argile*, de la *marne*, du *tripoli* et de la *terre végétale*.

Argile. L'*argile* est une terre douce au toucher, et formant avec l'eau une sorte de pâte qui se durcit en cuisant. L'argile se trouve presque partout, et, suivant son état de pureté, on la fait servir à des usages différents.

L'*argile commune*, nommée aussi *terre glaise*, est employée pour garnir les bassins et les empêcher de perdre l'eau, pour fabriquer les carreaux, les tuiles, les briques communes, et pour modeler toutes sortes d'objets. On la choisit plus fine pour la poterie. Celle que les sculpteurs emploient pour modeler les objets d'art porte le nom particulier d'*argile plastique*. L'*argile blanche* sert à fabriquer la terre de pipe et la faïence. Le vernis de la poterie se fait avec les oxydes de plusieurs métaux, entre autres les oxydes de plomb et de manganèse ; le vernis ou la *couverte* de la faïence et de la porcelaine est un émail de silice provenant de cailloux pulvérisés, puis vitrifiés par l'action du feu. L'*argile à porcelaine* ou *kaolin*, résultant de la décomposition du feldspath, est employée à la fabrication de la porcelaine. Toutes ces espèces d'argiles, quand on les emploie, doivent être mélangées avec une certaine quantité de sable. L'*argile à foulon*, dite aussi *terre à foulon*, est très-tendre et sert principalement à enlever aux draps l'huile employée dans leur fabrication : dans beaucoup de pays on en fait usage, en guise de savon, pour nettoyer le linge. L'*argile ferrugineuse* fournit à la peinture l'ocre jaune.

Marne. La *marne* est un mélange d'argile, de craie et de sable. Ces matières s'unissent en proportions très-variables et fournissent les différentes espèces de marnes. On ne l'emploie qu'en agriculture pour améliorer la nature des terrains, usage qui était pratiqué dans les temps anciens. La marne argileuse sert aussi pour la poterie et la verrerie, et la marne à foulon pour l'apprêt des draperies.

Tripoli. Le *tripoli* est une espèce d'argile qui ressemble assez ordinairement à de la brique compacte ; souvent il en a la couleur rougeâtre, avec des teintes différentes de blanc, de jaune, de vert et de brun. Le tripoli est d'un grand usage dans les arts : on l'emploie à polir le verre, les pierres dures et les métaux, surtout le cuivre et les différents alliages de ce métal, dont il relève singulièrement l'éclat.

Terre végétale. Le sol des parties habitables de notre globe est presque partout recouvert d'une couche de terre de couleur noirâtre, qu'on nomme *terre végétale*, parce qu'elle provient de la décomposition des végétaux et qu'elle est propre à entretenir la vie des plantes.

Les fluides gazeux. Les eaux.

Parmi les principaux fluides gazeux qu'on rencontre sur la terre à l'état naturel, l'*air atmosphérique* est le plus répandu; on le retrouve à la surface et dans les cavités du globe; c'est un mélange de deux gaz, l'*oxygène* et l'*azote* [1]. Le gaz oxygène existe dans tous les minéraux que la chimie appelle oxydes. Le gaz azote fait partie d'un grand nombre de composés organiques. Le *gaz hydrogène*, mélangé avec le soufre et avec le phosphore, se dégage de plusieurs souterrains et de quelques sources chaudes; combiné avec le carbone, il est très-répandu dans les mines de charbon. Enfin le *gaz acide carbonique*, plus pesant que l'air atmosphérique, occupe toujours des lieux bas, tels que le fond des puits et des grottes; il se développe encore au-dessus des cuves en fermentation et dans les

---

1. L'oxygène, l'azote et l'hydrogène, corps simples non métalliques, désignés sous le nom de *métalloïdes*, sont surtout du domaine de la Chimie.

fours à chaux. Tous ces gaz, à l'exception de l'air atmosphérique, sont dangereux à respirer ; l'oxygène lui-même, bien qu'il rende seul l'air respirable, peut, s'il est respiré pur, donner la mort.

L'*eau* est, après l'air atmosphérique, la substance la plus répandue sur le globe. Elle n'est jamais pure, mais celle des fleuves et des rivières peut être regardée comme telle quant à ses usages. L'eau est formée par la combinaison de deux gaz dont nous venons de parler, l'hydrogène et l'oxygène. Parmi les différentes espèces de l'eau considérée comme un genre, on cite : les eaux des fleuves, des rivières et des lacs ; les eaux des sources ou des fontaines, qui contiennent plus ou moins de chaux et d'autres principes calcaires ; les eaux des mers et des lacs salés, qui contiennent de la soude, de la magnésie et de la chaux en diverses proportions ; enfin les eaux minérales, qui jaillissent du sein de la terre, et qui contiennent en dissolution diverses substances, telles que des gaz, des sels, etc. La médecine emploie avec succès les eaux minérales sous forme de boissons, de bains et de douches, pour la guérison de certaines maladies. Les eaux minérales les plus efficaces sont les *eaux sulfureuses,* qui contiennent du soufre, et les *eaux gazeuses,* qui contiennent du gaz acide carbonique. Assez souvent les eaux minérales sortent chaudes du sein de la terre, et on les désigne alors sous le nom d'*eaux thermales.* La France possède beaucoup de sources thermales, notamment dans les Pyrénées.

Questionnaire.

Quels sont les principaux combustibles? — Qu'est-ce que la houille? — D'où provient-elle? — De quoi est-elle composée? — Quel est le produit le plus remarquable qu'on en tire? — A quels autres usages est-elle employée? — Où se trouvent les mines de houille les plus abondantes? — A quels dangers sont exposés les mineurs? — Qu'est-ce que la lampe de sûreté? — Qu'est-ce que l'anthracite? — Quels sont ses usages? — Donnez quelques détails sur les lignites et sur leur emploi. — Qu'est-ce que la tourbe? — A quoi sert-elle? — Où trouve-t-on le soufre? — Quels usages en fait-on? — Qu'est-ce que le bitume? — Indiquez-en les diverses espèces et l'emploi qu'on en fait. — Qu'est-ce que l'ambre jaune? — A quoi l'emploie-t-on? — Quels sont les principaux sels? — D'où s'extrait le sel gemme? — Quels sont les principaux usages du sel? — Donnez quelques détails sur le nitre, l'alun et le borax. — Quelles sont les principales terres? — Qu'est-ce que l'argile? — Indiquez-en les diverses espèces et les usages auxquels on les applique. — Qu'est-ce que la marne? — A quoi sert-elle? — Donnez quelques détails sur le tripoli et sur la terre végétale. — Mentionnez les principaux fluides gazeux. — Quels sont les deux gaz dont l'air atmosphérique est composé? — Ces deux gaz sont-ils respirables quand ils sont seuls, c'est-à-dire non mélangés? — Où se développe le gaz acide carbonique? — Qu'est-ce que l'eau en général? — Quelles sont les différentes espèces d'eaux? — Qu'appelle-t-on eaux minérales? — Quel usage la médecine en fait-elle?

CHAPITRE XXX.

II. Géologie.

Constitution générale du globe terrestre. Roches et terrains.—
Division géologique des terrains. — Terrains sédimentaires
ou neptuniens. — Terrains ignés ou plutoniques. — Phénomènes géologiques actuels. — Action des eaux: sédiments,
phénomènes de transports, glaciers.—Action de l'air et des
vents.—Action de la chaleur centrale de la terre: soulèvements; tremblements de terre; éruptions volcaniques. —
Concordance des faits géologiques avec le récit des livres
saints.

La Géologie (science de la terre) a pour objet
l'étude de la structure du globe terrestre, c'est-à-
dire l'ordre dans lequel sont groupés et disposés les
matériaux qui le constituent. Elle s'occupe des différentes roches dont il se compose et des terrains formés par ces roches; enfin, elle nous fait connaître
les révolutions qu'a subies le globe par l'effet du
déplacement des eaux, des tremblements de terre
et des éruptions volcaniques.

**Constitution générale du globe terrestre. Ro-
ches et terrains.** La cosmographie [1] nous enseigne
que le globe terrestre a la forme d'un sphéroïde légèrement aplati aux deux pôles. L'écorce ou enveloppe
solide de ce globe est formée de diverses masses

---

1. L'étude de la *cosmographie*, science qui s'occupe particulièrement de la terre dans ses rapports avec les autres astres,
se lie intimement à l'étude de la géologie.

minérales appelées *roches,* dont les unes, telles que les granits et les grès, sont dures et consistantes, et les autres, telles que les sables et les argiles, sont molles et dépourvues de consistance. Les diverses espèces de roches ne concourent pas en égale proportion à la composition de l'écorce solide du globe. Les roches feldspathiques entrent pour près de la moitié dans la partie connue de l'enveloppe terrestre; les roches quartzeuses y entrent pour un tiers; les plus abondantes après celles-là sont les roches argileuses et schisteuses, puis les calcaires. Les *terrains* sont les masses plus ou moins considérables dans lesquelles sont réparties les roches diverses qui composent, comme on l'a déjà dit, l'écorce solide de notre globe.

Division géologique des terrains. En étudiant la structure du globe sur le flanc des montagnes, dans les vallées profondes, dans les fentes des rochers, dans les mines à de grandes profondeurs, on a reconnu dans la formation de l'enveloppe terrestre une régularité qui a permis de diviser cette enveloppe en plusieurs couches distinctes. Ces couches, qui diffèrent les unes des autres ou par leur composition, ou par leur âge, ou par les êtres organisés qu'elles renferment, semblent se correspondre sur les diverses parties de la terre, et lui former chacune une enveloppe particulière.

L'étude de ces différentes couches de la terre a fait reconnaître plusieurs sortes de terrains bien distinctes, toujours placés les uns au-dessus des autres, dans un ordre fixe qui est précisément celui de leur formation successive. On les partage en deux grandes séries : 1° les *terrains sédimentaires* ou *neptuniens;* 2° les *terrains ignés* ou *plutoniques.*

Terrains sédimentaires. Les terrains sédimentaires ou neptuniens, qui s'étendent sur d'immenses surfaces, se sont formés au sein des eaux. On les reconnaît à leur nature stratifiée, c'est-à-dire à leur disposition par strates ou couches parallèles et généralement à peu près horizontales. Ils contiennent presque toujours des débris de corps organisés, désignés sous le nom de *fossiles*[1], et ces corps diffèrent d'autant plus de ceux qui vivent actuellement, que les couches qui les renferment sont plus anciennes. Les divisions qu'on a établies dans la succession des terrains sédimentaires, d'après la nature des débris organiques qu'ils renferment, ont reçu le nom de *périodes* ou *époques géologiques.*

Sous le rapport de leur composition minéralogique, les terrains sédimentaires sont calcaires, argileux, marneux ou siliceux. Toutefois, certaines couches sédimentaires sont composées de minerais métalliques ou de dépôts charbonneux.

Les terrains sédimentaires sont subdivisés en *terrains primaires* ou de *transition, terrains secondaires* ou *moyens, terrains tertiaires* ou *supérieurs, terrains quaternaires* ou *alluviens.*

Les *terrains primaires* constituent la base de la série générale des terrains stratifiés. Ils sont aussi désignés sous le nom de *terrains de transition,* parce

---

1. Voir, pour ce qui concerne les *fossiles,* le chapitre XXXI.

qu'ils forment comme le passage des terrains primitifs[1] aux terrains secondaires. Les principales substances minérales qu'on trouve dans les terrains primaires sont des schistes argileux, des grès, des
marbres, des dépôts charbonneux d'anthracite. Les
terrains secondaires ou moyens se composent de
roches calcaires, de grès, de sables, d'argiles, de
craie, de houille, de sel. Les *terrains tertiaires* ou
supérieurs sont constitués par une succession de
dépôts marins et d'eau douce, superposés ou accolés
les uns aux autres. Les roches dont ils sont formés
sont les grès, le calcaire grossier, le gypse, la marne,
les sables, les lignites. Les *terrains quaternaires*, les
plus récents de tous, sont composés de sables, de
cailloux et de fragments de roches. On les nomme
aussi terrains *alluviens* ou d'*alluvion,* parce que les
substances minérales dont ils sont constitués ont une
certaine analogie avec les *alluvions*[2] qui se forment
encore de nos jours.

Terrains ignés. Les terrains ignés ou plutoniques
ont été formés par l'action du feu central; ils sont le
produit d'éruptions émanées du sein de la terre. Les
terrains ignés anciens, dits aussi terrains *primitifs,*
représentent le terrain primitif sur lequel s'étendent

1. On appelle terrains *primitifs* les terrains *ignés anciens* qui
forment la première zone solidifiée de l'enveloppe terrestre.
Il en sera parlé après les terrains sédimentaires.

2. On nomme *alluvions* l'accumulation successive de vase,
de sable, de débris organiques et d'autres matériaux, entraî-
nés et rejetés par les eaux sur les côtes de la mer, sur les rivages et à l'embouchure des fleuves et des rivières.

les premiers dépôts stratifiés des terrains sédimentaires. Mais, à diverses époques, et par suite des
soulèvements de la masse centrale, les terrains ignés
se sont épanchés à la surface du sol, tantôt par des
bouches circonscrites comme celle des volcans,
tantôt par d'immenses fissures, et se sont souvent
intercalés entre les couches des terrains sédimentaires dont ils ont modifié la texture et la composition : ces changements sont désignés sous le nom de
métamorphisme.

Les terrains ignés se distinguent des terrains sédimentaires en ce qu'ils n'offrent dans leur disposition aucune régularité, aucune symétrie : aussi les
dit-on *non stratifiés.* Ils forment au sein ou à la surface des terrains sédimentaires des dépôts, des amas,
des filons; ils ne renferment ni cailloux roulés, ni
débris organiques. Les principales substances minérales dont ils sont formés sont les granits, les porphyres, les trachytes[1], les basaltes, les laves.

Phénomènes géologiques actuels. Les phénomènes géologiques dont nous venons de parler se
renouvellent encore chaque jour, mais d'une manière insensible, et sont produits par trois agents
principaux : l'eau, l'air atmosphérique, et la chaleur
centrale du globe terrestre. Il suffit, pour s'en convaincre, de considérer les changements que la terre
éprouve à sa surface par l'action des eaux, de l'air,
des tremblements de terre et des volcans.

---

1. Les trachytes sont des roches feldspathiques se rappro-
chant des porphyres.

Action des eaux; sédiments, phénomènes de transports, glaciers. Les eaux des fleuves et des torrents exercent une action plus ou moins considérable, suivant la rapidité de leur cours. Dans le lit des torrents, l'eau use, par un frottement continuel, ses rives escarpées : elle entraîne dans son cours les pierres, le gravier, le sable, en telle quantité que l'embouchure des fleuves en est souvent obstruée ; si elle se précipite du sommet d'une montagne, elle brise les rochers et les obstacles qu'elle rencontre. L'eau bourbeuse doit sa couleur au limon dont elle est chargée ; ce limon se dépose sur les bords ou dans le fond par couches lentes et successives : telle est l'origine des îles qui surgissent du sein des fleuves.

L'action des eaux de la mer est encore plus puissante que celle des fleuves. Si la mer est bordée de rochers et de falaises, elle les attaque incessamment par ses vagues, jusqu'à ce que la pierre, minée dans ses fondements, se renverse sur le rivage. Alors les fragments, roulés par le flux et le reflux, s'arrondissent en galets et se réduisent enfin en sable ou en terre. C'est ainsi que se forment les alluvions des côtes de l'Océan, ces bandes de terres fertiles qui font reculer la mer, au point que des villes primitivement bâties sur ses bords s'en trouvent aujourd'hui éloignées de plusieurs kilomètres. Les amas de matières que les torrents, les fleuves et les vagues de la mer enlèvent sans cesse de la surface des roches, et qu'ils transportent au loin pour les déposer, soit dans de grandes profondeurs, soit sur des bas-fonds, sont désignés sous le nom de *sédiments.*

L'eau, à l'état de glace, concourt encore à produire ces phénomènes de transports dont l'action est incessante. Dans diverses parties de la terre, les flancs des montagnes et les hautes vallées sont couverts de neiges perpétuelles, qui forment de grands amas de glaces connus sous le nom de *glaciers*. Ces amas de glaces, en glissant sur les pentes qui les supportent, entraînent avec eux des débris de rochers qui s'accumulent dans les vallées basses en monticules allongés.

Action de l'air et des vents. L'action de l'air atmosphérique, moins sensible et plus lente que celle de l'eau, décompose cependant les rochers les plus durs et rend aux plaines les particules empruntées aux montagnes. La violence des vents produit des changements plus remarquables ; elle soulève des nuages de sable sur les bords de la mer et les refoule dans l'intérieur des terres. Ces accidents sont fréquents en France, sur les côtes du golfe de Gascogne, et expliquent la formation des dunes ou collines de sable qui envahissent le continent.

Action de la chaleur centrale de la terre ; soulèvements, tremblements de terre, éruptions volcaniques. On a souvent constaté que la chaleur s'accroît à mesure qu'on creuse plus avant dans le sol ; et comme cette chaleur augmente avec une progression régulière, on a calculé qu'à cent trente kilomètres au-dessous de la surface, elle devait être suffisante pour fondre les roches les plus dures : ce qui a donné lieu de supposer que l'intérieur du globe est dans un état de fusion. Ce fait expliquerait les tremblements de terre, les éruptions volcaniques et les sources thermales. On considère aussi comme un des effets de la chaleur centrale les diverses éruptions de roches ignées, qui, à certaines époques, ont donné naissance aux chaînes de montagnes. Ces éruptions sont désignées sous le nom de *soulèvements*.

Les tremblements de terre, produits des feux souterrains, agitent et soulèvent la surface du sol comme les flots d'une mer irritée. Alors des montagnes s'écroulent, des terrains s'élèvent ou s'affaissent ; souvent les fleuves et les fontaines tarissent ou changent de cours ; souvent aussi les secousses ressenties sur les continents se transmettent à la mer, et se communiquent aux vaisseaux qui voguent à sa surface. Lorsque ces secousses sont très-violentes, le sol est affreusement bouleversé, les édifices sont renversés de fond en comble, les hommes et les animaux perdent la vie. Ces terribles désastres ne se produisent heureusement qu'à de rares intervalles et seulement dans un petit nombre de localités.

Les volcans (*fig.* 60) doivent également leur origine aux feux souterrains. Ordinairement situés à peu de distance de la mer, ils sont quelquefois disposés sur une même ligne dans une chaîne de montagnes. Une éruption volcanique est, comme un tremblement de terre, l'un des phénomènes les plus terribles qui se passent à la surface du globe. La montagne vomit, par une ouverture appelée *cratère*, des flammes et de la cendre au milieu d'épais tourbillons de fumée ; elle lance des pierres brûlantes et d'énormes rochers à de grandes distances, au bruit des détonations sou-

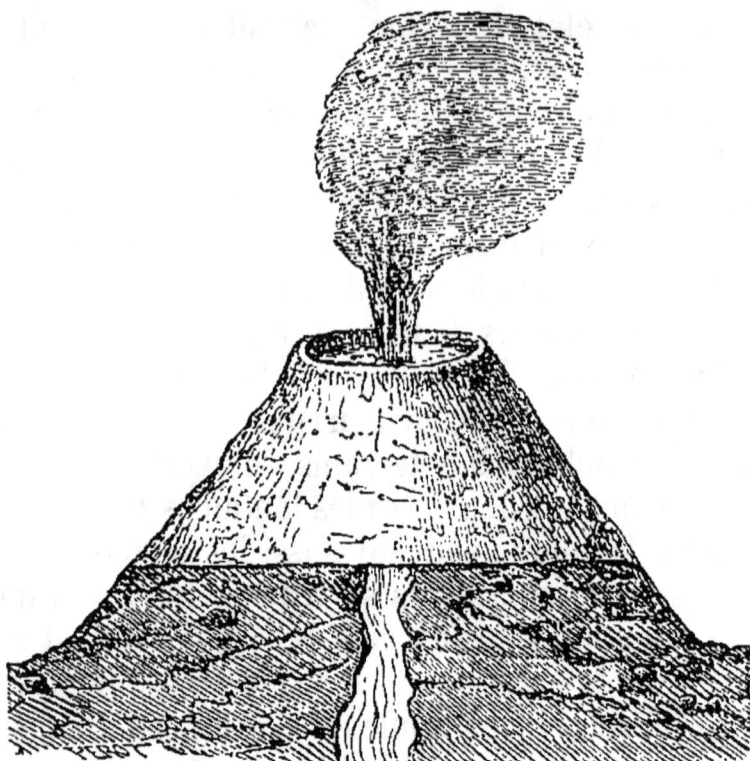

Fig. 60. — Volcan.

terraines et des coups redoublés de la foudre. Bientôt
les flancs de la montagne s'entr'ouvrent, et il s'en
échappe une rivière de feu, appelé la *lave,* dont les
torrents consument ou renversent tout sur leur passage. Outre les volcans *brûlants,* ou qui sont actuellement en activité, l'intérieur des continents renferme
un grand nombre de volcans *éteints,* c'est-à-dire qui
ne jettent plus ni flammes ni fumée : les montagnes
de l'Auvergne, en France, ne sont que des volcans
éteints. Les éruptions volcaniques changent fréquemment la surface du sol secondaire en le couvrant de
lave et de matières en fusion appelées *scories.* Les
roches noires de l'Auvergne et du Vivarais sont des

laves durcies par les siècles; en Italie, les villes d'Herculanum et de Pompeï sont encore ensevelies sous un torrent de laves sorties du mont Vésuve. Il existe aussi des volcans sous-marins. C'est à leur action qu'est due l'apparition d'îles nouvelles.

Concordance des faits géologiques avec le récit des livres saints. La géologie, qui s'appuie aujourd'hui sur des faits clairement démontrés, fournit des documents précieux à l'histoire de la terre. Elle nous apprend que la plupart des couches minérales dont se composent nos continents actuels ont été déposées sous les eaux qui recouvraient dans l'origine ces continents; que ceux-ci sont sortis successivement du sein des mers, ainsi que les chaînes de montagnes qui les traversent; enfin, que la vie n'a pas toujours existé sur le globe, et qu'elle a commencé par les organisations les plus simples. Les découvertes dues aux progrès de la science et aux travaux des plus illustres géologues concordent à cet égard avec les récits des livres saints.

Les jours ou les époques de la création, telle qu'elle est décrite par Moïse dans la Genèse, confirment admirablement les faits de la science géologique. Ainsi l'immense dépôt qui forme la surface du globe correspond au chaos, à cette vaste confusion des éléments dans les eaux. Les couches dans lesquelles on rencontre des débris d'êtres organisés correspondent, par leur ancienneté respective, à l'ordre qui a présidé à la naissance de ces êtres : on y rencontre les plantes d'abord, les poissons ensuite, et enfin les animaux terrestres. Puis une vaste ceinture de terrains bouleversés atteste partout l'action de ce déluge universel qui est raconté dans les livres saints et dont la tradition s'est conservée dans le souvenir de tous les peuples.

Questionnaire.

Quel est l'objet de la géologie? — Comment est constituée l'enveloppe solide du globe terrestre? — Quel sens faut-il donner au mot roches? — Qu'est-ce que les terrains? — Comment sont-ils placés? — En combien de séries sont-ils partagés? — Comment les terrains sédimentaires sont-ils subdivisés? — Quels sont les caractères de ces terrains? — Comment se sont-ils formés? — Donnez quelques détails sur les terrains primaires. — Quelles sont les principales substances qui les constituent? — Mêmes questions pour les terrains secondaires, les terrains tertiaires et les terrains quaternaires. — Comment les terrains ignés ont-ils été formés?— Que représentent-ils? — Expliquez comment les terrains ignés ont modifié la structure des terrains sédimentaires? — Quelles sont les principales roches dont ils sont formés? — Donnez quelques détails sur l'action exercée par les eaux des fleuves et des mers. — Quel nom donne-t-on aux amas de matières transportés par les eaux? — Comment les glaciers concourent-ils à produire des phénomènes de transports?—Indiquez quelques-uns des changements produits par l'action de l'air. — Qu'appelle-t-on soulèvements? — Quels sont les faits qui font admettre l'existence d'un feu central dans le sein de la terre? — Donnez quelques détails sur les tremblements de terre. — Décrivez les éruptions volcaniques. — Comment ces éruptions changent-elles la surface du sol? — Montrez que les faits géologiques concordent de tout point avec la narration des livres saints.

CHAPITRE XXXI.

Fossiles. — Pétrifications. — Cristaux. — Stalactites et Stalagmites. — Basaltes.

Parmi les diverses substances minérales qui sont l'objet particulier de l'étude de la géologie, parce qu'on les trouve à l'état naturel dans les divers terrains, nous mentionnerons principalement les *fossiles*, les *pétrifications*, les *cristaux*, les *stalactites* et les *stalagmites*, les *basaltes*.

Fossiles. On désigne sous le nom de *fossiles* les divers débris de corps organisés qui se rencontrent dans les couches minérales de l'écorce terrestre ; ce sont tantôt des empreintes de plantes ou d'animaux, tantôt des fragments organiques de coquillages ou d'ossements (*fig.* 64). Ces débris ou restes organisés, qui forment une masse considérable, ne se trouvent pas toujours dans le même état : les uns sont conservés dans leur composition primitive ; les autres ont changé de nature, et leur substance première est remplacée par la substance de la roche qui les renferme.

Parmi les fossiles qui nous sont connus, beaucoup se rapportent à un ordre de choses qui n'existe plus ; quelques espèces d'animaux, auxquels ces restes appartiennent, ont disparu du globe. Plus on descend dans l'écorce de la terre, plus les fossiles s'éloignent de la nature actuellement vivante. Ainsi, dans les couches supérieures des terrains, on rencontre des débris d'éléphants, de rhinocéros, d'ours, de cerfs, qui diffèrent peu des mêmes espèces vivantes. Mais les couches plus profondes et plus anciennes contiennent de grands mammifères appartenant à des genres qui ne sont plus. Plus'bas encore se trouvent des reptiles qui offrent des dimensions gigantesques et des formes toutes différentes de ce qui existe aujourd'hui. Un illustre savant, Cuvier, qui par ses travaux admirables nous a donné la connaissance de certains animaux dont la race est éteinte depuis longtemps, a puissamment contribué au progrès des études géologiques.

Les fossiles caractéristiques qu'on rencontre dans les divers dépôts de terrains sédimentaires sont pour les terrains primaires, parmi les animaux, plusieurs espèces de polypiers, telles que les encrines, des mollusques, des crustacés, des poissons appartenant à des familles complétement éteintes; parmi les végétaux, des fougères, des fucus, des prêles. Pour les terrains secondaires, ce sont, parmi les animaux, diverses espèces de mollusques, telles que les ammonites, les orthocères, des poissons, des oiseaux, des reptiles gigantesques, tels que les plésiosaures et les ichthyosaures; parmi les végétaux, des fougères, des algues, des conifères. Pour les terrains tertiaires, ce sont des coquilles marines ou fluviatiles, des limnées, des volutes, d'énormes pachydermes, tels que le paleotherium et le mastodonte, espèce d'éléphant. Enfin, pour les terrains quaternaires, des poissons, des reptiles, des oiseaux, des insectes, des mollusques, des rhinocéros, des

Fig. 61. — *Fossiles.*

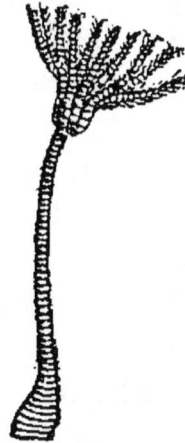

Fougères.

Polypiers : encrine.

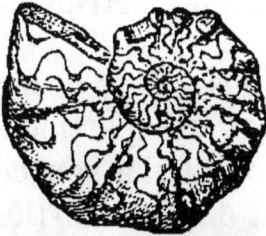

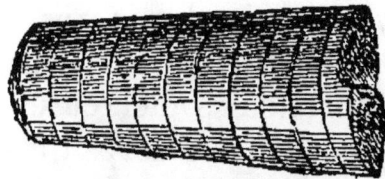

Mollusques : ammonite.

Mollusques : orthocère.

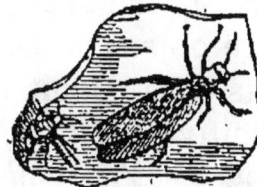

Poissons.

Insectes.

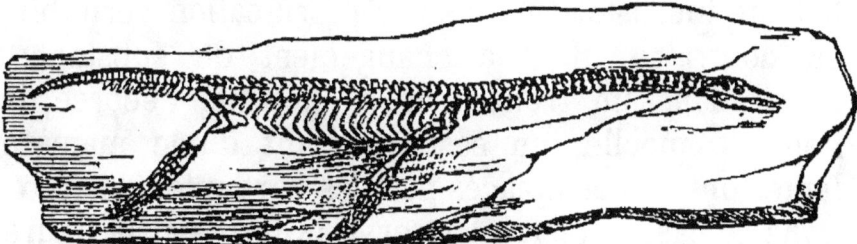

Reptiles : plésiosaure.

Bel. *His t. nat.*

22

hippopotames, des mammouths ou éléphants, animaux herbivores ou carnassiers dont les genres et les espèces n'existent plus aujourd'hui, mais qui se rapprochent sensiblement des espèces actuellement vivantes. On trouve aussi dans les mêmes terrains des dépôts de coquilles analogues ou identiques aux espèces qui sont actuellement répandues, soit dans les mers, soit dans les lacs et les fleuves.

Pétrifications. On donne le nom de *pétrifications* à des corps organisés dont les molécules détruites ont été remplacées par des molécules minérales. Il ne faut pas confondre les véritables pétrifications avec les simples incrustations.

Dans les incrustations, certaines eaux, chargées de particules pierreuses, déposent ces particules à la surface des corps qu'elles arrosent. La source de Saint-Alyre, dans le département du Puy-de-Dôme, est douée de cette singulière propriété. Si l'on plonge dans cette eau une pomme, une branche d'arbre, une grappe de raisin, un oiseau, ou tout autre objet, on les retire, peu de temps après, couverts d'un enduit terreux et conservant leur forme primitive. Mais il n'y a pas changement de substance; si l'on enlève l'enduit minéral, on retrouve la pomme ou la branche d'arbre : il y a donc seulement incrustation. Dans la pétrification véritable, au contraire, il y a changement de substance. Ainsi, dans un tronc d'arbre pétrifié, l'écorce, le bois, la moelle, en se détruisant d'une manière lente, ont été remplacés par des particules de silex. Dans ce cas, la pierre conserve la forme et la figure exactes du corps pétrifié; souvent même il est possible de reconnaître le genre et l'espèce de la plante.

Les pétrifications n'embrassent pas seulement le règne végétal; les matières animales se rencontrent aussi pétrifiées, mais ce sont seulement les parties solides, telles que les ossements. Les couches du globe terrestre abondent en matières pétrifiées, soit animales, soit végétales, et c'est principalement dans les terrains anciens que les pétrifications se rencontrent.

Cristaux. Les *cristaux* sont des substances minérales qui prennent d'elles-mêmes, dans de certaines conditions, une figure régulière et constante. Dans le langage vulgaire, le mot *cristal* indique un corps transparent; en minéralogie, il faut entendre par ce mot un corps à facettes polies, mais non pas toujours transparentes. Dans un grand nombre de cas, le cristal conserve la couleur et l'apparence du corps dont il provient. Le même minéral affecte plusieurs formes dans ses cristallisations ; mais toutes ces formes peuvent se ramener à une seule par une opération particulière appelée *clivage,* qui est surtout en usage à l'égard du diamant et des autres pierres précieuses. On emploie une lame de couteau très-fine et très-dure, et en la plaçant dans un certain sens sur la pierre qu'on veut diviser, on obtient de nouvelles faces aussi planes, aussi lisses que les premières. Les cristaux de gypse, qui se trouvent en abondance dans les carrières de plâtre et que les enfants appellent vulgairement *pierres à Jésus,* offrent l'exemple d'un

clivage très-facile : au moindre effort on les sépare
en lames fines et parallèles. Par cette division mécanique, très-usitée dans les arts, on parvient à changer
la figure d'un cristal sans que l'éclat en soit visible-
ment altéré.

Les cristaux ont tous une figure géométrique. La
plus simple est celle d'un cube ou d'un dé à jouer :
tel est le sel commun. Les autres formes cristallines
sont extrêmement variées : ainsi il y a des cristaux
ronds et sphériques, d'autres en forme de cônes et
de fuseaux, d'autres en forme de pyramides, de
prismes, de rameaux minces et filamenteux, en forme
de lames, de feuillets, de croix, de rosaces, d'éven-
tails, etc.

Le cristal d'Islande est un des cristaux les plus
curieux que nous offre la nature. Il a la propriété
d'une double réfraction, c'est-à-dire que les objets
regardés au travers paraissent doubles. Cette propriété empêche de le confondre avec le cristal de
roche ; ce dernier, quand il est pur, est aussi clair
et aussi transparent qu'une eau limpide : on le trouve
en grande quantité dans les Alpes. Quelques cristaux renferment des insectes et des plantes dans
une pleine intégrité. Cette circonstance prouve que
la cristallisation s'est opérée au moyen de l'eau.
D'autres présentent un autre genre de curiosité,
connu sous le nom d'arborisation : ce sont des cristaux d'une extrême finesse qui se groupent les uns
sur les autres, se ramifient, pour ainsi dire, dans
une même pierre, et y produisent l'apparence d'un
arbrisseau dépouillé de ses feuilles.

Stalactites et Stalagmites. On désigne sous le nom de *stalactites* et de *stalagmites* des concrétions calcaires qui se forment, dans l'intérieur des grottes et des cavernes naturelles, par l'infiltration lente et continue des eaux (*fig.* 62). Les stalactites sont attachées au plafond; elles croissent de haut en bas, sont allongées et de forme conique. On les compare ordinairement à ces grosses aiguilles de glace qui se produisent pendant l'hiver au bord de nos toits. Les stalagmites se forment sur le sol perpendiculairement au-dessous des premières, et croissent de bas en haut; elles ont la forme de mamelons. Quelquefois ces deux genres de concrétions se réunissent, se groupent de mille manières, atteignent de grandes

Fig. 62. — Stalactites et Stalagmites.

proportions et présentent les formes les plus variées:
ce sont de vastes colonnades, des palais de cristal,
d'immenses draperies, des cascades pétrifiées. Au
nombre des grottes les plus célèbres par leurs dépôts de stalactites on cite celle d'Antiparos, dans
l'archipel grec, et, en France, celle de Notre-Dame
de la Balme, dans le département de l'Isère.

Basaltes. Les *basaltes*, qui constituent une roche
noire ou brune, souvent très-dure et compacte, sont
le produit de volcans éteints (*fig.* 63). Tantôt on les
rencontre en filons intercalés dans toutes sortes de
roches, tantôt ils s'étendent en grandes nappes qui
recouvrent comme un manteau la surface du sol.
Souvent, par suite du retrait que le refroidissement
leur a fait subir après leur fusion, les masses basal-
tiques sont divisées en fragments prismatiques, pla-

Fig. 63. — Basaltes.

cés dans une position verticale et présentant les apparences les plus extraordinaires, par exemple, de longues et magnifiques colonnades, des chaussées gigantesques : telles sont la grotte de Fingal, dans l'île de Staffa, l'une des Hébrides, et la Chaussée des Géants, près de Bushmill, en Irlande.

L'étude de la Minéralogie et de la Géologie, en nous montrant les merveilles que renferme le sein de la terre, n'est pas moins propre que l'étude de la zoologie et de la botanique à élever nos pensées vers le Créateur de toutes choses pour l'adorer et le bénir. Tout ce que Dieu a créé n'est point fait seulement pour nous servir de spectacle, mais aussi pour nous donner tout ce qui peut être utile aux besoins de la vie. Sur la terre, dans le sein de la terre, les œuvres de Dieu publient partout sa puissance, sa sagesse et sa bonté infinies.

Questionnaire.

Que désigne-t-on sous le nom de fossiles? — Donnez quelques détails sur ces débris d'êtres organisés. — Mentionnez les fossiles caractéristiques qui se rencontrent dans les terrains sédimentaires, primaires, secondaires, tertiaires et quaternaires. — Qu'appelle-t-on pétrifications? — Sont-elles la même chose que les incrustations? — Que se passe-t-il dans la véritable pétrification? — Quelles sont les substances qui se rencontrent pétrifiées au sein de la terre? — Qu'est-ce que les cristaux? — En quoi consiste l'opération appelée clivage? — Quelle figure les cristaux affectent-ils? — Qu'est-ce que le cristal d'Islande? — Indiquez quelques faits remarquables qui se rapportent aux cristaux. — Que désigne-t-on sous le nom de stalactites et de stalagmites? — Comment se forment les unes et les autres? — Quelles sont les grottes les plus célèbres par leurs dépôts de stalactites? — Donnez quelques détails sur les basaltes. — Quelles pensées doit faire naître en nous l'étude du règne minéral?

CHAPITRE XXXII.

Conclusion. — Récapitulation des trois règnes de la Nature. — Distribution géographique des minéraux, des végétaux et des animaux.

Après avoir étudié les productions diverses de la nature, après avoir admiré l'art qui éclate dans toutes les parties du globe terrestre, pouvons-nous méconnaître la main qui a créé tant de merveilles et qui les renouvelle sans cesse? Quel admirable aspect nous offre la terre que nous habitons! Les métaux utiles ou précieux, les pierres, les combustibles, enfouis dans les entrailles de la terre, et arrachés par l'industrie humaine qui a su les appliquer à tant d'usages divers; les fleuves parcourant les vallées et fertilisant les campagnes; les vergers avec leurs arbres chargés de fruits que la culture a multipliés à l'infini et perfectionnés; les prairies émaillées de fleurs et produisant en abondance les plantes fourragères; les plaines couvertes de riches moissons; les coteaux étalant leurs ceps de vigne chargés de fruits; les forêts semées d'arbres élégants ou majestueux : au milieu de cette végétation, l'oiseau chantant sous le feuillage, l'insecte bourdonnant dans le calice des fleurs; les animaux faits pour servir l'homme et l'aider dans ses travaux ; enfin, l'homme, doué de raison, créé à l'image de Dieu, appliquant son intelligence à toutes les sciences, à toutes les industries, élevant des temples, bâtissant des villes, couvrant la mer de vaisseaux : un tel spectacle n'est-il pas fait pour élever notre âme par degrés jusqu'à la hauteur de son origine, jusqu'à son Créateur ? N'est-ce pas Dieu qui a répandu avec profusion sur notre globe toutes les richesses qui nous pénètrent d'admiration et de reconnaissance? N'est-ce pas lui qui a donné à l'homme les moyens d'user de tant de bienfaits divers et d'exécuter les œuvres où brille l'intelligence dont il l'a doué? C'est donc en contemplant et en étudiant la nature que nous pouvons le mieux nous pénétrer de la bonté et de la toute-puissance divines. Dans ce but, après avoir décrit sommairement les généralités les plus importantes de l'histoire naturelle, nous allons en résumer les trois grandes divisions, c'est-à-dire les trois règnes, et montrer comment les minéraux, les végétaux et les animaux sont distribués sur le globe terrestre.

Voyons d'abord les minéraux, corps bruts et dépourvus d'organes, jetés çà et là par les bouleversements du globe, sous la forme de sables, de rochers, de filons métalliques. L'écorce terrestre, hérissée de hautes montagnes ou déchirée par des ravins profonds, semble étaler à plaisir toutes les variétés de formes et de couleurs. Là des blocs de granit et de porphyre ; ici des roches calcaires remplies de débris organiques ; ailleurs, le marbre, le grès, la houille, alternant avec la marne, le gypse et le sel. Au milieu de ces masses principales, où brillent de toutes parts le quartz hyalin, l'agate, le jaspe, le feldspath aux reflets nacrés et métalliques, le mica revêtu de paillettes d'or et d'argent, l'amiante incombustible, les stalactites aux formes bizarres, et tant d'autres substances, la nature, prodigue de ses trésors, a encore semé les pierres précieuses et les métaux : les premières, de l'éclat le plus vif, des couleurs les plus brillantes, d'une cristallisation limpide, avidement recherchées par le luxe et pour la parure ; les seconds, les plus importants de tous les minéraux, employés dans les sciences, dans les arts, dans toutes les conditions de la vie humaine.

La Providence, inépuisable dans ses bienfaits, abandonnant à l'homme toutes les richesses minérales, songeait encore à lui en créant les variétés fécondes du règne végétal. Il y a des plantes pour tous les climats, et une destination visible de chaque plante à chaque terrain : les unes ont besoin de soleil et les autres d'ombre ; les montagnes sont propres aux unes et les vallons aux autres ; le voisinage de l'eau et les lieux secs ont les leurs ; un sable aride convient à la bruyère. Le sol des contrées qui s'avancent vers la zone glaciale ne laisse croître que des bouleaux, des sapins, des lichens et des mousses. Les pays de la zone tempérée offrent une végétation variée, abondante, riche surtout en produits utiles. Mais c'est dans les régions tropicales que la nature déploie tout le luxe, toute la majesté des productions végétales : c'est là que les fougères, ces plantes si humbles, si modestes dans nos climats, atteignent les proportions des grands arbres de nos forêts.

Il y a des plantes pour tous les climats, et l'on peut dire que chaque climat a ses productions spéciales. Les fruits acides sont plus communs dans les pays chauds où ils sont plus nécessaires; les fruits d'un goût plus doux et plus diversifié sont plus abondants là où la chaleur est plus modérée. L'Europe possède tous les fruits propres aux climats tempérés, les plantes alimentaires les plus utiles, soit pour l'homme, soit pour les animaux domestiques. Ainsi le poirier, le prunier, le pêcher, l'abricotier, le cerisier, le pommier, sont communément répandus dans la région moyenne; l'olivier, le figuier, l'oranger, le citronnier, dans la région méridionale. On peut cultiver presque partout le blé, le seigle, l'orge, l'avoine, les pommes de terre. C'est aussi en Europe, surtout dans la région méditerranéenne, que la vigne donne ses produits les plus estimés. L'Asie et l'Amérique ont leurs productions aussi variées qu'abondantes et appropriées aux climats sous lesquels elles croissent : le bananier, le palmier, le caféier, l'arbre à thé, le cacaoyer, la canne à sucre, le riz, les arbres à épices, les plantes aromatiques, le cotonnier, des bois précieux pour la teinture et l'ébénisterie. L'Afrique, brûlée par les ardeurs du soleil, possède, comme l'Amérique, les dattiers, les bananiers, les cocotiers; de plus, les arbres à gomme et l'immense baobab, dont les rameaux abritent de leur ombre des espaces très-étendus. L'Océanie, privée de la plupart des fruits de l'Europe, a reçu en partage l'arbre à pain, dont les fruits sont la principale nourriture d'un grand nombre d'insulaires du monde maritime. L'habitant des tropiques trouve dans le cocotier son abri, sa nourriture et ses vêtements; l'Arabe, qui parcourt les déserts, a un aliment excellent dans les fruits du dattier, et l'Islandais, dont la terre est presque constamment couverte de glace et de neige, découvre dans une humble plante de son rivage, le lichen, une nourriture saine et abondante. Enfin il faudrait de longues pages pour passer en revue cette infinie variété des végétaux qui donnent tant de produits utiles à l'industrie, aux arts, à l'économie domestique, à la médecine.

Si, après les richesses du règne végétal, nous considérons les êtres qui sont du domaine de la zoologie, nous remarquerons encore que chaque pays a des animaux appropriés à son climat. Et d'abord quels services ne nous rendent pas dans nos contrées le bœuf et la vache, le cheval et l'âne, le mouton et la brebis, les meilleurs, les plus utiles, les plus précieux des animaux domestiques? La vache nous donne son lait aussi bon qu'abondant; le bœuf, sa chair excellente : de plus, le bœuf est un serviteur indispensable pour les travaux des champs; il fait la force de l'agriculture. Le cheval n'est pas moins utile pour le labourage, pour porter ou traîner des fardeaux; l'âne se recommande par sa patience, sa sobriété, sa robuste constitution, par la sûreté de sa marche à travers les pays de montagnes, dans des chemins étroits, pierreux, escarpés. Le mouton et la brebis nous fournissent tout à la fois de quoi nous nourrir et nous vêtir, sans compter les avantages que nous retirons du suif, de la peau de ces animaux, auxquels il semble que la nature n'ait, pour ainsi dire, rien accordé en propre, rien donné que pour le rendre à l'homme. Dans les plaines arides de l'Arabie, le chameau est la bête de somme par excellence; son lait, sa chair, son poil qui se renouvelle tous les ans, fournissent aux premiers besoins de l'Arabe, qui regarde cet animal comme un présent du ciel. Le renne n'est pas un animal domestique moins précieux pour les peuples qui habitent les steppes glacées de la Laponie et de la Sibérie.

Parmi les animaux sauvages les plus utiles pour l'homme, le cerf, le chevreuil, le daim, le sanglier, peuplent les bois et les forêts de l'Europe. L'Asie possède le buffle, l'éléphant, le dromadaire, qui peuvent être réduits en domesticité; l'Afrique, le chameau et le zèbre; l'Amérique, le bison, le lama, l'alpaga. Les animaux à fourrures habitent particulièrement le nord de l'Europe, de l'Asie et de l'Amérique, et fournissent, dans leur dépouille, des vêtements qui garantissent du froid les habitants de ces contrées.

Que de ressources pour les besoins de la vie, que de produits utiles ne nous offrent pas encore tous ces oiseaux que nous élevons ou qui vivent librement dans les champs et les bois, tous ces poissons que renferment les mers et les fleuves, sans parler de ces insectes industrieux qui nous donnent le miel, la cire et la soie.

Qui a commandé aux animaux domestiques d'obéir à l'homme pour partager avec lui son travail, de ne faire usage de leur force que pour son service, d'accepter son joug sans résistance, d'aimer sa maison plus que leur liberté, et de respecter la voix d'un enfant qui aurait ordre de les conduire? Qui a jeté sur la terre tant de genres d'animaux, tant d'espèces, tant de variétés, avec leurs mouvements, leur adresse et leur instinct? qui a donné des ailes à l'oiseau, des nageoires au poisson, à tous deux des organes différents, mais appropriés à leur destination? Qui leur a inspiré le sentiment de leur conservation, le besoin d'élever et de protéger leur progéniture, les moyens de trouver leur nourriture dans la terre, dans les champs, sur les plantes et sur les fruits; la constance et la force de construire leurs habitations dans le creux des arbres, sous le feuillage ou dans le fond des cavernes? Celui qui a tiré l'univers du néant, celui qui a imprimé à cet univers le cachet de sa puissance, Dieu seul est l'auteur de ces merveilles, dont la contemplation confond l'orgueil, éblouit la raison de l'homme, mais lui fait aussi comprendre que, si par son corps il n'est qu'un atome de ce grand tout appelé la création, il en est le roi par la pensée, reflet de l'intelligence divine.

L'Écriture sainte nous apprend que Dieu, après avoir créé l'homme à son image et ressemblance, lui donna la domination sur les poissons de la mer, sur les oiseaux du ciel, et sur tous les animaux qui se meuvent sur la terre. Cette domination, l'homme l'exerce grâce à la raison, à l'intelligence dont Dieu l'a doué, et il la témoigne par les caractères extérieurs qui le distinguent des autres êtres de la création. « Tout, dit Buffon, annonce dans l'homme le maître de la terre ; tout marque en lui, même à l'extérieur, sa supériorité sur tous les êtres vivants. Il se soutient droit et élevé ; son attitude est celle du commandement ; sa tête regarde le ciel, et présente une face auguste sur laquelle est imprimé le caractère de sa dignité. L'image de l'âme y est peinte par la physionomie ; l'excellence de sa nature perce à travers les organes matériels, et anime d'un feu divin les traits de son visage ; son port majestueux, sa démarche ferme et hardie, annoncent sa noblesse et son rang. »

Que la nature soit donc le premier livre de l'enfance, le livre de tous les hommes, parce qu'ils y trouveront les preuves les plus éclatantes de la puissance, de la sagesse et de la bonté de Dieu. Cette étude, en élevant nos pensées vers l'auteur de toutes choses, nous apprend aussi tout ce que nous lui devons de gratitude et d'amour. Or, le seul moyen de nous montrer reconnaissants des bienfaits qu'il nous prodigue, c'est de conformer nos sentiments et nos actions aux lois qu'il nous a données.

Questionnaire.

Quel est le spectacle que nous offre la nature? — La sagesse et la bonté du Créateur ne se manifestent-elles pas dans la distribution des minéraux, des végétaux et des animaux sur le globe terrestre? — Mentionnez les substances minérales les plus importantes. — N'y a-t-il pas des plantes pour tous les sols et pour tous les climats? — Quels sont les végétaux les plus utiles que l'Europe possède? — Quels sont ceux des autres parties du monde? — Mêmes questions pour les animaux domestiques ou sauvages. — Qu'est-ce qui distingue l'homme des autres êtres de la création? — Qui lui a donné l'empire sur tous ces êtres? — Comment pouvons-nous témoigner à Dieu notre reconnaissance?

FIN.

COURS COMPLET D'ENSEIGNEMENT ÉLÉMENTAIRE

mis à la portée de la jeunesse, avec questionnaires, à l'usage des institutions et des pensionnats, par **M. G. Beleze**, chevalier de la Légion d'honneur, officier d'académie, chef d'institution de Paris; 25 vol. in-18. Chaque volume se vend séparément 1 f. 50 c.

Livre de Lecture courante, Choix de traits historiques sur les devoirs de la jeunesse; in-18; 30 *vignettes*.

Exercices de Mémoire et de Style, Morceaux choisis en vers et en prose: in-18.

Grammaire française, suivant les principes de l'Académie, suivie de notions d'analyse grammaticale et logique; in-18.

Exercices français sur la grammaire; in-18.

Corrigés des Exercices français; in-18.

Petit Dictionnaire de la Langue française; in-18.

Le même Dictionnaire, suivi d'un Dictionnaire historique et géographique; in-18, 2 f.

Dictées et Lectures sur les éléments des sciences et les inventions et découvertes; in-18.

Éléments de Littérature, suivis de notions d'histoire littéraire ancienne et moderne; in-18.

Géographie Moderne, physique, politique et économique, mise à la portée de la jeunesse; in-18, *cartes et gravures*.

Atlas élémentaire de Géographie Moderne, composé de 10 cartes; in-4°, 2 f. 50 c.

Histoire Sainte, mise à la portée de la jeunesse; in-18, *carte*.

Histoire de France, mise à la portée de la jeunesse; édition continuée jusqu'à ce jour; in-18, *carte*.

Histoire Ancienne, mise à la portée de la jeunesse; in-18, *carte*.

Histoire Romaine, mise à la portée de la jeunesse; in-18, *carte*.

Histoire du Moyen Age, mise à la portée de la jeunesse; in-18, *carte*.

Histoire Moderne, mise à la portée de la jeunesse; in-18, *carte*.

Histoire Contemporaine, mise à la portée de la jeunesse; in-18, *cartes*.

Histoire d'Angleterre, mise à la portée de la jeunesse; in-18, *carte*.

Mythologie, mise à la portée de la jeunesse; in-18, *planche gravée*.

Arithmétique, mise à la portée de la jeunesse, avec exercices de calcul et problèmes; in-18, *planche gravée*.

Solutions des Problèmes de l'Arithmétique; in-18, *br.* 50 c.

Physique et Chimie, mises à la portée de la jeunesse; in-18, *gravures*.

Histoire Naturelle, mise à la portée de la jeunesse; in-18, *gravures*.

Cosmographie, mise à la portée de la jeunesse; in-18, *planches gravées*.

www.ingramcontent.com/pod-product-compliance
Lightning Source LLC
Chambersburg PA
CBHW061124220326
41599CB00024B/4154